三峡梯级电站水资源决策支持系统研究与开发

姚华明　潘红忠　汤正阳　著

中国水利水电出版社
www.waterpub.com.cn

·北京·

内 容 提 要

三峡梯级水库群规模庞大，水库间联系复杂，调度任务多，联合优化调度运行时难度巨大，在国内外都无先例可循，也缺乏统一有效的管理和协调决策支持系统。本课题基于金沙江下游的三峡梯级水库群的综合利用需求，兼顾上游其他电站运行情况和电力市场环境，以梯级电站的电量最大或效益最优为目标，构建整个长江上游综合水文、水资源、水能的精准模拟体系，研究流域梯级水库联合优化调度模型、集成耦合技术和求解算法，发展和优化联合优化调度方案，探讨预报及调度运行评价、上下游利益分配的关键技术，研发一套扩展性、兼容性强，具有自主知识产权的集调度方案编制、评估、实施和反馈于一体的水资源管理决策支持系统，解决生产调度中的科学和工程应用问题。

图书在版编目（ＣＩＰ）数据

三峡梯级电站水资源决策支持系统研究与开发 / 姚华明，潘红忠，汤正阳著. -- 北京：中国水利水电出版社，2023.6
ISBN 978-7-5226-1545-5

Ⅰ.①三… Ⅱ.①姚… ②潘… ③汤… Ⅲ.①梯级水电站－水资源－决策支持系统 Ⅳ.①TV74

中国国家版本馆CIP数据核字(2023)第104154号

策划编辑：陈艳蕊　　　　责任编辑：邓建梅　　　　封面设计：梁燕

书　　名	三峡梯级电站水资源决策支持系统研究与开发 SAN XIA TIJI DIANZHAN SHUIZIYUAN JUECE ZHICHI XITONG YANJIU YU KAIFA
作　　者	姚华明　潘红忠　汤正阳　著
出版发行	中国水利水电出版社 （北京市海淀区玉渊潭南路 1 号 D 座　100038） 网址：www.waterpub.com.cn E-mail：mchannel@263.net（答疑） 　　　　sales@mwr.gov.cn 电话：（010）68545888（营销中心）、82562819（组稿）
经　　售	北京科水图书销售有限公司 电话：（010）68545874、63202643 全国各地新华书店和相关出版物销售网点
排　　版	北京万水电子信息有限公司
印　　刷	三河市鑫金马印装有限公司
规　　格	170mm×240mm　16 开本　22 印张　344 千字
版　　次	2023 年 6 月第 1 版　2023 年 6 月第 1 次印刷
定　　价	96.00 元

前　　言

　　长江是我国水力资源最丰富的河流，长江干流金沙江下游有 6 座巨型水电站，对应的梯级水库群是长江流域最大的水库群，装机容量和年发电量均位居世界水电行业之首。长江上游干流梯级水库群担负着防洪、发电、航运、供水、生态环境保护等多项功能，综合利用要求高、电网拓扑结构复杂，是典型的高维度、多目标、非线性、随机动态系统。研制三峡梯级水库群联合优化调度决策支持系统将提升中国长江电力股份有限公司（简称"长江电力"）所属梯级水库群的管理水平，提高长江电力水库调度的核心竞争力，发挥巨大综合效益，既符合调度生产实际的需求，也是长江电力"十三五"乃至"十四五"提质增效工作的需要。

　　本书以长江上游流域控制性大型水库为研究对象，建立水库调度规则，模拟上游水库未来调度运行的可能情景，分析上游水库群调蓄对三峡梯级电站的影响，研发支撑联合调度的径流模拟计算方法及其河道演算模型，满足不同时间尺度的梯级水电站入库流量的一致性要求，并开发相应的软件功能；综合考虑防洪、供水、航运、生态等水资源综合利用需求和电力市场需求，分析梯级水库群长中短期及实时优化调度的目标函数及约束条件，分别构建各层次调度模型及嵌套耦合模型，并寻求多种快速有效的优化算法；研究滚动优化的综合调度集成技术，研制可用于指导生产管理的水库群长中短期优化调度模型及电站实时优化运行模型，建立适应生产调度需求的常规调度模型并开发相应的软件功能。基于长系列数据，对长中短期预报成果及梯级水库调度的结果进行评估，根据评估结果推荐未来时段或指定情景下的预报模型和调度方案，提出优化建议，并开发相应的软件功能；设计和开发支撑金沙江下游——三峡梯级电站水资源管理决策支持系统的数据平台，实现决策支持系统与三峡梯级水调自动化系统之间的数据传输和应用交互;对各软件功能模块进行集成,建设具有自主知识产权的金沙江下游——三峡梯级电站水资源管理决策支持系统,实现方案编制、评估、实施和反馈的一体化功能,满足水库群防洪、航运、发电、供水、生态、应急、电力市场等多目标综合调度需求;对输入和输出进行分类分层,构建以用户为中心、面向对象的人机交互界面。

作　者
2023 年 6 月

目　　录

第 1 章　绪　　论

1.1　研究背景及意义

长江是我国水力资源最丰富的河流,长江干流金沙江下游有 6 座巨型水电站,这 6 座水电站是乌东德、白鹤滩、溪洛渡、向家坝、三峡和葛洲坝,其对应的梯级水库群是长江流域最大的水库群,总防洪库容 376.43 亿立方米(各水库防洪库容分布如图 1.1 所示),占长江上中游总防洪库容的 2/3。总装机容量超过 7000 万千瓦(装机分布如图 1.2 所示)、年均发电量超过 3000 亿千瓦时,装机容量和年发电量均位居世界水电行业之首。

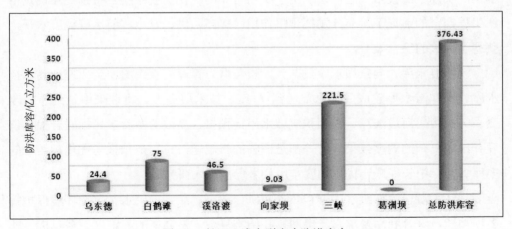

图 1.1　长江干流大型水库防洪库容

乌东德水电站 2020 年全部投产,白鹤滩水电站已于 2021 年 7 月开始投产发电,2022 年底全部机组安装完成。届时,三峡梯级电站开发将从建设期逐步过渡到运行管理期,六座梯级电站构成了长江干流最大的梯级水库群。

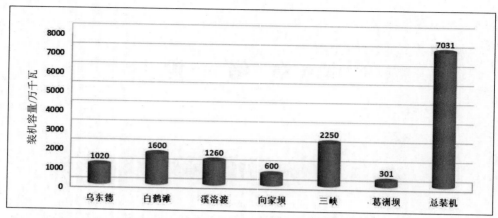

图 1.2　长江干流大型水电站装机容量分布

　　溪洛渡、向家坝水库投产前，中国长江电力股份有限公司（以下简称"长江电力"）仅调度管理三峡、葛洲坝两库。由于葛洲坝水库的调节能力较小，其与三峡的联合调度仅限于短期和实时调度。针对三峡单库调度和三峡—葛洲坝梯级水库的短期联合调度，长江电力和国内外科研单位开展了大量研究工作，攻克了许多生产实际中的技术难题，研制出了实用可靠的优化调度系统。特别是在满足枢纽工程安全的前提下，充分发挥预报作用，提高防洪、发电、航运等调度水平，获得了巨大的综合效益。

　　溪洛渡水库、向家坝水库投产后，长江电力管理的水库增加到 4 座。乌东德水库、白鹤滩水库建成后，总数达到 6 座。技术层面上，将迎来由量到质的改变——长距离河道演算、大面积流域水雨情预报、高效的多库多目标联合优化调度算法、复杂的调度效果评价等都是面临的新难题，特别是预报与优化相结合的多库多目标中长期联合优化调度实用技术仍需深入研究。

　　长江上游干流梯级水库群担负着防洪、发电、航运、供水、生态环境保护等多项功能，综合利用要求高、电网拓扑结构复杂，是典型的高维度、多目标、非线性、随机动态系统。除长江电力所属的 6 个水电站外，长江上游还建有很多水电站。长江上游主要干支流年径流量及分布如图 1.3 和图 1.4 所示，支流年径流量占三峡坝址总流量的 85%。可知，支流上水电站的运行方式对金沙江下游至三峡梯级水库的入流有很大影响，但支流上水电站隶属不同发电集团，其调度方式和发电计划对长江电力现阶段尚不能完全共享，因此入流不确定性增加，从而也大大增加了处于下游的长江电力调度部门的难度。因此管理乌东德—葛洲坝梯级水库群系统极具挑战，为实现整体综合效益最大化必须采用联合优化调度技术。

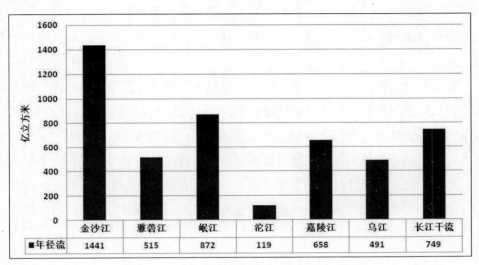

图1.3　长江上游主要干支流年径流量分布图

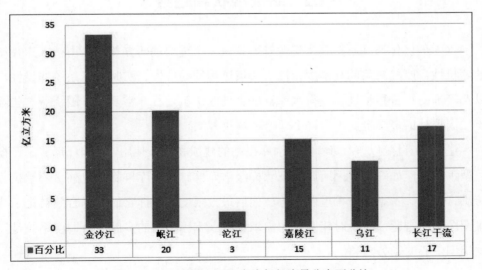

图1.4　长江上游主要干支流年径流量分布百分比

目前长江电力水调自动化系统只能完成溪洛渡—葛洲坝四库的常规联合调度计算，与其他科研单位合作研制的梯级水库优化调度系统可做中短期调度计算，但不具备中长期优化调度功能。随着电力系统改革的快速推进，对中长期发电计划的要求会越来越高。现阶段通过人工设置边界条件和约束条件，分别制作各水库中长期发电计划的技术手段和调度系统，已不能满足电力系统改革和生产管理的需求，秉承"早研究、早受益"的理念，研制乌东德—葛洲坝六库联合优化调度决策支持系统，方便、快捷、准确地为梯级水库群调度管理提供最优决策是当务之急。

综上所述，研制金沙江下游——三峡梯级水库群联合优化调度决策支持系统将提升长江电力所属梯级水库群管理水平，提高长江电力水库调度的核心竞争力，发挥巨大综合效益。既符合调度生产实际的需求，也是长江电力"十三五"乃至"十四五"提质增效工作的需要。该系统的应用将给长江电力带来新的发电效益增长点，对公司的可持续发展至关重要。本书内容面向生产实际，重点解决调度运行中的热点和难点问题，最终形成一套长江电力拥有自主知识产权的梯级水库联合优化调度决策支持系统。

1.2　研究现状和趋势

水库群优化调度一直是水资源管理领域一个重要的研究热点。由于入库径流的随机性，研究对象的高维度特性，决策过程的动态性、实时性、系统非线性，以及管理的多目标特性，使得水库群联合调度决策过程非常复杂。围绕着这些难点，国内外诸多学者提出了许多理论和解决方法。

进入 21 世纪以来，随着大批水库电站的建成和投入使用，我国已形成了一批巨型水库群，如三峡集团所属的三峡梯级水库群。该水库群除发电外，还承担着防洪、供水、生态保护等重要任务。如何最大限度地发挥它们的综合效益是三峡集团面临的难题，也是时代发展的需求。建立完善实用的多库联合调度系统是三峡梯调中心的当务之急。

梯级水库群优化调度是一个多层次的决策管理过程，需要根据系统实时需求和约束对未来不同的时间尺度（中长短期）做出相应的决策。决策过程的关键技术包括长中短期径流预报和长中短期系统优化。

　　大系统优化技术是实现水库群优化调度的关键技术，也是国内外学者研究的焦点，相关的理论成果很多。我国现代实用水库调度研究始于 20 世纪 70 年代，初期以单库调度为主，80 年代开始水库群多目标优化调度研究，其间出现了一系列理论与方法，包括多目标多层次优化法、多目标调度模糊优选方法等。最具影响的是我国著名学者张勇传院士创造性地提出了凸动态规划理论并证明凸性在递推计算中的传递定理，建立了调度函数和余留效益统计迭代算法，有效地解决了多库问题中"维数灾难"这一著名难题。

　　迄今已有的研究成果为我国制定长江上游水库群联合调度提供了应用基础，初步建成了长江防洪调度系统和三峡梯级防洪、发电调度系统。但是，由于对多目标调度机制及其影响因素认识不足，所建立的静态模型尚不能完全反映流域不同区间供用水的动态变化和竞争特性，限制了已有成果的工程应用价值，所以现有方法尚不能完全满足实际生产管理中的综合要求。关于水库群系统优化调度的成熟实用技术研究一直受到我国科技部门的高度重视，2015—2020 年间，国家基金委、科技部多次将梯级水库群多目标联合调度技术列为重大专项课题，从理论到实际应用仍有很长的过程。

　　梯级水库群联合调度研究源于工业发达国家，主要集中在水文预报、防洪调度、发电调度和生态调度等方面，并取得了许多代表性的成果和进展。但总体而言，研究对象规模比较有限，在流域生态调度方面效果显著，具有鲜明特色。20世纪 60 年代，有关学者最早开始利用线性规划和动态规划研究水库群联合调度问题。随后 50 多年间，美国陆军工程兵团（United States Army Corps of Engineers，USACE）、法国电力集团（Electricite De France，EDF）、加拿大魁北克水电公司（Hydro Quebec）和丹麦水利研究所（Danish Hydraulic Institude，DHI）相继开发了不同的水库群联合调度模型和工程应用系统。近年来，围绕水资源系统复杂耦合关系，各国政府和国际组织开展了广泛的研究工作。2013 年，国际水文科学协会（International Association of Hydrological Sciences，IAHS）正式发布并启动了以"变化环境下水文科学与社会系统（Panta-Rhei，2013—2022）"为主题的国际水文未来十年科学计划。2015 年，美国国家科学基金会（National Science Foundation，United States，NSF）宣布启动一项包括 17 个研究领域的资助计划，用以支持复杂水资源系统优化问题的研究。

对于大型水库群系统，寻找快速有效的优化算法一直是水资源领域最热门的研究课题。直到 80 年代末，佐治亚理工学院 Aris Georgakakos 教授提出了"ELQG"优化算法，多库联合调度的优化计算才在实际调度中真正实现。该算法收敛速度快、不存在维数灾难问题（计算时间和存储空间与维数呈线性关系）、能处理确定和不确定性输入，是目前为止多库调度最有效的优化引擎。该算法应用于 17 个水库的希腊国家电力公司水库系统，一年五十二周的优化问题，可在微机上求解并仅需一分钟。采用"ELQG"算法为优化引擎的佐治亚理工学院水资源管理决策支持系统（Georgia Institute of Technology Decision Support System，GTDSS）被世界十多个大型流域的管理机构和电力公司调度部门使用。

除理论研究外，随着计算机技术的高速发展，国外关于水库群优化调度决策支持软件相关产品的开发也非常丰富。有影响力且应用较广的有美国陆军工程兵团水力工程中心开发的 HEC 系列（HEC-DSS，HEC-ResSim，HEC-HMS），丹麦水利研究所的 MIKE SHE，科罗拉多大学的 RiverWare，佐治亚理工学院的水资源管理决策支持系统 GTDSS，加州大学伯克利分校研究教育中心研发的 CalSim。其中 MIKE SHE 和 RiverWare 是商业软件，HEC 系列是免费共享软件，GTDSS 和 CalSim 是定制软件。

目前，世界上应用最广泛的调度系统是美国陆军工程兵团水利工程中心开发的 HEC 系列。美国陆军工程兵团在美国和其他国家负责运行管理很多流域，其所属的所有水库群调度管理均采用他们自己的产品 ResSim。但是，在实际应用时，不同的流域都只保留信息系统和交互界面的一致，调度模型、约束条件都做了深度的二次开发。美国陆军工程兵团水资源调度信息比较透明，几乎所有工程的实时决策方案和实时历史数据都在网上公开。

丹麦水利研究所开发的 MIKE 系列主要用于设计分析和评估演算，用于生产调度作业的应用并不多见。

CalSim 是加州大学伯克利分校研究教育中心专门为加州水资源局开发的用于加州州属和联邦政府所属的 20 多个水库和北水南调设施运行调度的软件。加州水资源系统被称为世界上最复杂的水资源系统，除了传统的防洪、发电、灌溉、调水要求外，还涉及地下、地表水相互补偿、出海口海湾生态约束、年度灌溉供水合同签订等。CalSim 系统采用线性规划算法制订中长期调度的月决策过程，该系统不包括短期模型和实时调度模型。

RiverWare 最成功的应用是田纳西河 13 座水库的联合调度。该系统是最早将水文预报与水库群短期决策相结合的集成系统。RiverWare 也采用线性规划算法制订短期调度的优化决策。

近些年，GTDSS 在水库群联合优化调度领域异军突起，在实际应用方面也获得巨大成功，目前已被二十多家发电公司和流域管理机构所采用。GTDSS 是唯一实现径流预报与中、长、短期调度模型集成并自动滚动更新的系统。成功的应用案例有埃及阿斯旺高坝/低坝系统（HAD-DSS），这是世界上第一个将中长期、短期预报与水库调度控制模型相结合的水库调度系统。HAD-DSS 运行后，阿斯旺水库年发电效益增加了 5%，供水保证率达到 100%。

另一案例是美国东南部的 ACF 流域，该流域包括四个梯级水库，由美国陆军工程兵团运行管理，原先使用 ResSim 软件。由于 ResSim 无法考虑生态、环境约束，也没有联合优化调度模块，调度结果无法满足综合利用的需求，因此，调度管理部门多次被河流保护者协会和其他组织投诉。后来，美国陆军工程兵团决定采用 GTDSS 和 ResSim 并列运行，结合两者的优势，进行对比联合调度。并列运行结果表明，GTDSS 优化引擎制订的结果具有明显的优势，尤其是短期调度决策。由于 GTDSS 充分利用预报信息，并实时滚动更新，丰水期水库可以在高水位运行，结合预报避免弃水，效益得到显著提高。为此，ACF 调度中心基本上抛弃了原有设计的防洪限制水位，充分利用水库的整个调节库容。这是传统调度方式和优化调度方式第一次在实际系统应用中进行对比，在业界产生了很大影响。

GTDSS 的另一成功应用是加州萨克拉门托流域水库群调度系统（INFORM DSS），该系统包括北加州的四个大型水库和北水南调输水系统，兴利目标包括发电、防洪、供水、海水倒灌控制等。伯克利分校研究教育中心研发的管理系统 CalSim 只能用于中长期规划和方案对比研究，但没有短期和实时调度功能。加州流域管理机构采用 GTDSS 技术，开发了一套决策支持系统 INFORM DSS，包括预报和中长期短期调度模型，解决了系统中长期供水与发电的矛盾，提高了发电效益。鉴于前期的工作效果，加州能源局和水资源管理局决定将 INFORM DSS 的应用扩展到其他流域，目前正在实施项目的第四期工程应用。GTDSS 的核心技术之一是其多库联合优化调度算法。

综上所述，以上软件都包括相似的功能模块：信息系统、水文预报、水力演算、长中短期调度、长期评估等，考虑的约束包括防洪、发电、生态、供水、灌溉等。这些软件都提供了很好的集成平台和可视化界面，可以方便地扩展功能，添加新的模型。各功能模块相对独立，通过数据库访问实现信息交换。所有软件自带了许多简化的通用模型工具，只要提供必要的输入数据，就可以很快地实现简单的系统模拟演算。设计部门和研究机构广泛地应用这些自带模型工具做理论分析和快速评估演算。

商业软件一般都提供了良好的二次开发工具。理论上讲，二次开发可以实现任意需求的功能，一个实用系统的功能扩展取决于二次开发者的专业能力。但由于商业通用软件无法事先考虑实际水资源系统复杂的约束条件和管理的多目标，所以，在实际使用时，针对系统的特殊要求，都需要做深度二次开发。二次开发需要掌握原系统使用的开发语言和环境，对系统结构和约定要非常熟悉，需要很强的专业背景和编程经验。一般深度开发都是由专业咨询公司承担，开发成本巨大。当原系统升级后，二次开发的模型也需要相应更新，维护成本非常高。

总之，上述应用系统将普适性的算法都固化成通用模块，但对不同的应用对象和特殊要求还需要进行有针对性的二次开发。由于制度和约束的差异，这些系统很难直接应用于我国的水库群调度，且二次开发的工作量要远远大于自主研发。

1.3　主要研究内容

围绕长江经济带重大战略需求，结合三峡集团提质增效、保持世界水电领跑者地位的需要，以突破金沙江下游的三峡梯级水库群联合调度面临的关键科学问题和工程应用技术瓶颈为目标，攻克金沙江下游的三峡梯级水库群防洪、航运、发电、供水、生态保护等综合调度存在的技术难题，研制快速有效的梯级水库河道仿真模型、长中短期梯级水库群优化调度模型、预报及调度运行评估模型，开发具有自主知识产权、丰富的分析决策手段及成果展示的软件系统，提升长江电力在水资源开发利用领域的科研创新能力，提高金沙江下游的三峡梯级水库群科学调度水平和水能资源利用率。

金沙江下游的三峡梯级水库群肩负着繁重的防洪、发电、航运、泥沙、生态保护等综合任务，是开发长江、治理长江的核心工程，调度运行中面临诸多挑战，如乌东德、白鹤滩接受国家电网、南方电网调度；白鹤滩、溪洛渡均为高库拱坝，拱坝的运行调度对安全性要求较高，溪洛渡还存在"一库两站两调"、分层取水、泄洪流态复杂等难题；向家坝泄洪设施运用复杂，泄洪易引起坝址区和周边建筑物低频振动问题，向家坝下游水位受其他公司电站运行影响且航运要求高、协调部门多，水位变幅控制困难，未来还有灌溉取水等约束；三峡水库作为长江流域的骨干性控制枢纽工程，承担任务重、约束条件多、调度管理关系复杂、协调难度大，不仅要承担设计之初的防洪、发电、航运功能，更新增了补水、生态保护、库尾拉沙、抗旱、压咸潮、船舶施救等应急功能；葛洲坝是三峡枢纽的航运反调节枢纽，库容小、水位变化灵敏、约束严格、实时调度水位控制难度大。此外，水电站群输电距离长、受电区域多、电力交易规则各有特点且未固化。

由上可见，三峡梯级水库群规模庞大，水库间联系复杂，调度任务多，联合优化调度难度大，且在国内外无先例可循，也缺乏统一有效的管理和协调决策支持系统。本书基于三峡梯级水库群的综合利用需求，兼顾上游其他电站运行情况和电力市场环境，以梯级电站的电量最大或效益最优为目标，构建整个长江上游综合水文、水资源、水能的精准模拟体系，研究流域梯级水库联合优化调度模型，集成耦合技术和求解算法，发展和优化联合优化调度方案，探讨预报及调度运行评价、上下游利益分配的关键技术，研发一套扩展性、兼容性强，具有自主知识产权的集调度方案编制、评估、实施和反馈于一体的水资源管理决策支持系统，解决生产调度中的科学和工程应用问题。

本书研究的内容包括水库、河道仿真模拟研究及软件开发，梯级水库群优化调度模型研究及软件开发，预报及调度运行评估模型研究及软件开发，系统集成技术研究及软件开发等4个课题。本书主要解决优化调度问题，径流预报另设专题研究，其结果作为外部输入提供给调度模型。

1.3.1　水库、河道仿真模拟研究及软件开发

以长江上游流域控制性大型水库为研究对象，建立水库调度规则，模拟上游水库未来调度运行的可能情景，分析上游水库群调蓄对三峡梯级电站的影响；研发支撑联合调度的径流模拟计算方法及其河道演算模型，满足不同时间尺度的梯级水电站入库流量的一致性要求；开发相应的软件功能。

1.　水库模拟模型

上游水库模拟范围为乌东德以上金沙江干支流梯级水库、乌东德—葛洲坝长江干流区域的各支流水文控制站以上流域梯级水库，主要包括金沙江中游（梨园、阿海、金安桥、龙开口、鲁地拉、观音岩）、雅砻江（锦屏一级、锦屏二级、二滩、桐子林）、岷江嘉陵江（紫坪铺、瀑布沟、碧口、宝珠寺、亭子口、草街）、乌江（洪家渡、乌江渡、构皮滩、思林、沙沱、彭水、银盘、江口）等。

具体研究内容包括：

（1）搜集、整理分析历史调度运行数据，分析上游水库群建设运行对三峡梯级电站入库流量的影响；

（2）定量研究长中短期上游电站调度运行规律，建立水库调度规则，构建不同时间尺度的上游水库调度运行模拟模型；

（3）初步研究电力系统和受电区域的时空用电规律，分析不同情景下上游水库可能的运行情景或策略；

（4）研究上游水库群调度运行的模拟展示方式。水库模拟模型需解决上游水库群调度计划未知情况下的河道径流过程集合预报及运行影响分析问题。

2.　河道演进模型

河道演算模型范围为乌东德至葛洲坝长江干流区域，具体包括攀枝花、桐子林—乌东德河段、乌东德—白鹤滩河段、白鹤滩—溪洛渡河段、溪洛渡—向家坝河段、向家坝、高场—三峡河段（向家坝、高场—朱沱河段、朱沱、北碚—寸滩河段、寸滩、武隆—三峡河段）、三峡—葛洲坝河段、葛洲坝—枝城河段。

具体研究内容包括：

（1）建立连续的河道洪水演进模型，分析三峡梯级电站运行对水文过程和梯

级内下游电站入库流量的影响（如向家坝出库流量变化对三峡入库流量的影响），以及区间支流来水匹配的计算方法，满足不同时间尺度的三峡梯级电站入库流量的一致性要求；

（2）研究建库后坝址间、库区内、河道内洪枯水传播形式的变化及特征，分析溪洛渡—向家坝、三峡—葛洲坝水库间短期出入库流量不平衡问题，建立适合中短期调度的河道精细化仿真模型，实现给定边界条件和调度方案后，乌东德—葛洲坝电站上下游沿程水面线和出入库流量的仿真模拟。

1.3.2 梯级水库群优化调度模型研究及软件开发

该部分研究在综合考虑防洪、供水、航运、生态保护等水资源综合利用需求和电力市场需求，分析梯级水库群长中短期及实时优化调度的目标函数及约束条件，分别构建各层次调度模型及嵌套耦合模型，并寻求多种快速有效的优化算法；研究滚动优化的综合调度集成技术，研制可用于指导生产管理的水库群长中短期优化调度模型及电站实时优化运行模型；建立适应生产调度需求的常规调度模型；开发相应的软件功能。

1. 厂内经济运行

厂内经济运行是短期优化调度的具体体现，主要研究厂内工作机组的最优台数、组合及启停次序，机组间负荷的最优分配，厂内最优运行方式的制订和实施等。厂内经济运行的时间长度为日，计算时间步长为小时、15 分钟。

模型应考虑机组运行工况、线路送出、检修情况、电力市场需求等约束，还应考虑溪洛渡左、右岸电厂不同电网调度的问题，并为乌东德、白鹤滩可能存在的类似问题预留可选模块。模型中相关约束应贴合生产实际，与电网要求、电站实际运行情况相协调。

2. 短期优化调度

短期优化调度是中长期优化调度的具体体现，也是厂内经济运行的控制手段，主要是将中长期优化调度结果能在更短时段（日、小时或 15 分钟）内合理分配，确定各水电站逐小时或逐 15 分钟负荷及运行状态，制订各水电站短期最优运行方式。短期优化调度的时间长度为旬、周、日，计算时间步长为小时、15 分钟。

短期优化调度主要开展两个方面的工作：一是根据来水情况、电站特点、水库运行、电力系统及电力市场（如市场供需变化、已签订合同、竞争对手影响、各区域各时段价格变化）等需求，制订计划期（未来 1 日或 1 旬内多日）的优化调度方式（计划）。二是以计划期内的运行方式（计划）为指导，根据面临时段及其后时段水情、负荷等信息的可能变化，实时修正原方式（计划）。

电力市场条件下，电价和电量均存在不确定性，相应的短期优化调度计划分为竞价阶段和负荷分配执行阶段，每个阶段的优化目标不同。竞价阶段，根据当前水情和市场情况，报送时段价格及出力计划至电力交易中心，该阶段的优化目标是发电效益（发电量、发电收入、调峰容量等）最大化；负荷分配执行阶段，根据电网下达计划进行厂间负荷分配，梯级水电站统一电价时以发电耗水量最小为优化目标，不同电价时以发电效益最大为优化目标。由于电力市场中电价的分时性、水电站水头的可变性（随工况的变化而变化）、来水的随机性等因素影响，梯级电站效益还应考虑水能在后续时段的利用情况和分时电价。

短期优化调度可制作未来 1～10 日的运行方式（计划），计算时间步长为 15 分钟。模型应具备良好的交互性与扩展性，根据电力市场需求、短期电价预测、计划修改、应急救援等要求设立交互功能，满足 10 日内的不同计划期（12 小时、1 日、3 日等），不同时间步长（15 分钟、30 分钟、1 小时等）组合下的计算要求。

根据计划期不同，结合 1.3.1 节中课题的研究成果，考虑各级电站间水流传播的影响，划定梯级电站联合调度范围，定制梯级电站联合优化调度方案，为梯级电站联合调度提供决策支持。

3. 中长期优化调度

中长期优化调度是在已知梯级水库入流过程等条件下，寻求优化准则达到极值的梯级水电站出力过程和相应的梯级水库蓄泄状态变化过程。中长期优化调度是梯级水库运行的总体指导，也是短期优化调度确定边界条件的依据。中长期优化调度的时间长度为年、月、旬，计算时间步长为旬、周、日。

中长期优化调度常用的优化准则有梯级发电量最大化和发电效益最大化等。

中长期优化调度应具备滚动决策修正功能；应针对汛期、消落期、蓄水期、不供不蓄期等不同时期以及不同时段内电力市场供需、预测电价、已签订合同等边界条件制订相应的调度策略；计算时间步长可以混合使用，如枯水期为旬，汛期/蓄水期等特殊时期为日。

4. 长中短期优化调度模型耦合嵌套

该部分主要提及水库群研究梯级水库群不同时间尺度调度模型耦合嵌套方法，短时间尺度模型为长时间尺度模型提供反馈，长时间尺度调度模型计算结果为短时间尺度调度模型提供控制边界条件；中长期调度模型提供多目标权衡曲线；根据径流预报信息和水库群运行工况的滚动更新，中长期调度模型滚动修正余留期调度计划；考虑实际需求与预报偏差，中期模型逐日更新计算，长期模型逐周（旬、月）滚动更新计算。

5. 常规调度模型

常规调度模型研究基于给定水位、出力、出库流量或混合控制方式，建立长中短期、实时常规调度模型，批量计算单电站或梯级电站发电量，其中长期模型以旬为计算步长（汛期、蓄水期等特殊时期可选择日为计算步长），中短期模型以日为计算步长，实时模型以 15 分钟为计算步长。常规调度模型中应包含电站出力计划编制、中小洪水优化调度、泄水设施最优控制等模块，实现高精度可实用的电站出力计算、调洪演算及闸门启闭方案。

本节课题以 1.3.1 节中课题的相关研究成果为基础，构建不同时间尺度、不同应用需求的 6 种调度模型。模型建立应充分考虑电力市场需求，鉴于电力市场尚处于起步阶段，交易规则存在不确定性，模型应具备强大的交互功能，且电力市场相关模块应具备可扩展性。现根据调度模块计算得到不同发电方案后，待市场部将决策方案投入市场竞争后，将电力市场反馈信息作为约束，进行实际调度方案的调整计算。调度模型系统输入为多组预报产品，考虑不同调度需求对应的边界条件，输出多组调度方案，以供权衡参考，同时作为 1.3.3 节中课题的输入。

1.3.3　预报及调度运行评估模型研究及软件开发

基于长系列数据，对长中短期预报成果及梯级水库调度的结果进行评估，根据评估结果推荐未来时段或指定情景下的预报模型和调度方案，提出优化建议，并开发相应的软件功能。

1. 水文预报成果评估

基于长系列径流历史资料，对不同预报软件或不同预报员的预报成果，根据《水文情报预报规范》（GB/T 22482—2008）的要求，采用绝对误差、相对误差、确定性系数等评价方法和评定标准对预报成果进行评定。

在分析不同预报软件评估结果的基础上，建立实时预报修正方法，提出预报软件改进方法，提高模型预报精度。结合集合预报成果，提出集合预报产品评价方法，并给出单一预报或集合预报结果的置信水平。

2. 梯级水库群调度运行评估

调度方案制订完成后，进行评估后实施。同时，水库群系统会随着时间的推移而改变。系统变化后，调度部门需要快速地、科学地评估这些变化对系统的影响，以便制订出相应的调度策略。基于长系列调度运行资料，开展的研究工作主要包括：

（1）方案评估。

1）评估已制订的长、中、短期方案，给出评估结果及意见；

2）评估集合调度方案集，按照指定目标集给出推荐的方案次序；

3）利用评估结果修正、完善调度模型。

（2）资源评估。

1）以规程规定调度方式、最优调度方式等为评估基础，对梯级电站调度运行结果进行评估分析，给出评估标准；

2）评估防洪、发电等调度效益中人为因素与自然因素的影响；

3）评估流域结构变化、调度规则改变（比如防洪限制水位、电力市场）、综合利用（防洪、发电、灌溉、供水/调水、环境）需求变化对调度运行的影响；

4）评估乌东德—葛洲坝各电站对发电的相对贡献率；

5）利用评估结果修正、完善调度模型。

1.3.4　系统集成技术研究及软件开发

该部分主要设计和开发支撑金沙江下游——三峡梯级电站水资源管理决策支持系统的数据平台，实现决策支持系统与三峡梯级水调自动化系统之间的数据传输和应用交互；对各软件功能模块进行集成，建设具有自主知识产权的金沙江下游——三峡梯级电站水资源管理决策支持系统，实现方案编制、评估、实施和反馈的一体化功能，满足水库群防洪、航运、发电、供水、生态保护、应急、电力市场等多目标综合调度需求；对输入和输出进行分类分层，构建以用户为中心、面向对象的人机交互界面。

1. 系统数据基础平台

系统数据基础平台是设计和开发支撑金沙江下游——三峡梯级电站水资源管理决策支持系统的数据基础平台，平台硬件利用三峡梯级水调自动化系统外网综合数据平台硬件设施，不单独采购。系统的基础数据和应用数据按照水调自动化系统数据库的编码和应用方式统一存储，实现数据标准化及数据支撑，提高数据存储效率，实现信息的高效共享和快速应用。

三峡梯级水调自动化系统外网综合数据平台是梯级调度决策支持系统的统一支撑平台，建于安全Ⅲ区，采用云计算架构搭建，通过虚拟化的共享存储资源池和计算资源池为金沙江下游——三峡梯级电站水资源管理决策支持系统（以下简称决策支持系统）提供基础设施信息服务。三峡梯级水调自动化系统外网综合数据平台可向决策支持系统提供的资源包括：

（1）存储资源。不少于 10TB 的存储容量。

（2）计算资源。不少于 2 台虚拟服务器，每台服务器配置 16 核 2.8GHz CPU，64GB 内存。服务器可运行国产安全 Linux 操作系统或 Windows Server 2012 操作系统。

2. 系统功能集成和接口

该部分研究水库群联合优化调度系统相关集成技术，总体建设决策支持系统，集成完善的水库及河道仿真模拟方法库、长中短期及实时优化调度工具库、预报及调度运行评估模型库，并为后续功能扩展升级提供二次开发接口，实现本章决策支持系统的应用功能。

该部分实现决策支持系统与三峡梯级水调自动化系统之间的数据传输和应用交互，系统整体功能和架构作为三峡梯级水调自动化系统的集成模块，以功能模块的形式供三峡梯级水调自动化系统用户调用。主要内容包括统一的数据库平台设计和搭建、数据通信与处理模块的设计和开发、配置管理功能模块的设计和开发、可变时空尺度的空间信息与三维可视化信息管理模块的设计和开发、业务应用的 GIS 可视化展示及制作。

实现决策支持系统根据业务应用的发展需求进行弹性伸缩，在有新的业务需求时，可以实现系统的灵活扩展和应用的快速部署上线。系统提供丰富的二次开发应用程序接口（Application Programning Interface，API）（包括底层接口函数、控制协议、开发工具等）资源，支持用户对相关功能模块进行二次开发。

3. 系统人机交互及查询展示功能

对输入和输出进行分类分层，构建以用户为中心、面向对象的人机交互界面。开发批量处理数据输入、参数设置和多元化结果输出的交互功能和界面，输出结果包括报表、结构化文档等形式；开发流域水资源全景调度情景推演仿真交互界面；创建梯级电站调度体系图形化建模工具，开发具有高度可扩展性与普适性的通用流域水资源管理组件化平台。

信息查询与展示功能应能对系统中所有采集和处理的数据方便地进行查询；同时结合用户的需求，能以图形、表格等形式展示出来。通过各种专业图形将数据可视化呈现，从而更加直观、快捷地将数据信息传达给用户。系统能在画面布局功能的支持下，将各种图形展示方式在屏幕上灵活地排列分布，并支持用户的互动操作。通过交互式数据可视化表达方式，使得用户可对呈现的数据进行挖掘、整合，辅助用户进行视觉化分析与决策思考。

4. 用户及权限管理功能

系统应实现严格的用户及权限管理，严格控制用户登录身份，保证其对本系统的资源安全使用。系统用户及权限管理要求如下：

（1）系统应具有专用的身份鉴别模块，对登录系统的用户身份的合法性进行核实，只有通过系统身份验证的用户才能登录系统并在规定的权限内进行操作。

（2）系统应对同一用户采用两种或两种以上组合的鉴别技术实现用户身份鉴别。系统应能实施强制性口令复杂度检查，并可设定口令更换期限，应用软件口令应加密存储。

（3）系统应提供登录失败处理功能，可采取结束会话、限制非法登录次数、锁定账户或自动退出等措施进行登录失败处理。系统应能对单个账户的多重并发会话进行限制。

5. 系统管理功能

系统管理与监控功能包括如下几种：

（1）系统日志管理。系统应对系统应用程序的运行日志及用户的操作日志进行管理，管理员可通过统一的界面对各个服务器运行程序的运行日志进行管理。系统还可根据运行日志进行报警。

（2）应用软件管理。系统应对应用软件进行管理，主要配置、操作等管理界面集中在管理中心，并提供统一的菜单和权限管理。

第 2 章　数据整理与分析

根据研究需求及主要研究内容，确定研究区域、收集相应的数据资料，并对数据资料进行系统的整理、分析。

2.1　研　究　区　域

本书研究的区域为金沙江下游至葛洲坝，包括 6 座水库以及相应的河段。

目前长江上游主要支流上已建成大型梯级水库群，这些水库群已经改变了长江上游天然径流的时空分布。由于支流上这些水库的管理权分属不同的发电企业，目前尚未与本书研究的 6 座水库形成统一调度机制。因此，支流的影响在本书研究中作为已知边界条件输入。本书研究区域的系统概化图如图 2.1 所示。

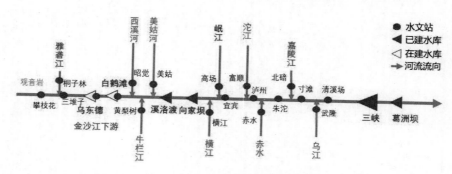

图 2.1　研究区域的系统概化图

图 2.1 中，研究区域内有 19 个水文站、已建的 4 座水库和在建的 2 座水库，水文站基本信息见表 2.1。在调度管理中，支流控制水文站点（攀枝花、桐子林、昭觉、黄梨树、美姑、横江、高场、富顺、赤水、北碚、武隆）的流量由上游水库决定，在本书的研究中假定已知。干流站点（三堆子、溪洛渡入流、向家坝入流、宜宾、泸州、朱沱、寸滩、清溪场、三峡入流、葛洲坝入流）的流量，采用水量平衡或河道演进模型计算得出。除此之外，输入的边界数据还包括各站点间的区间径流。

表 2.1　水文站基本信息

河道名	站点序号	站点名	经度	纬度	流量-水位曲线号
金沙江中游	1	攀枝花	101.74357	26.571246	40160058
雅砻江	2	桐子林	101.83126	26.68054	691000701
金沙江下游	3	三堆子	101.83556	26.595	691000101
金沙江下游	4	乌东德	102.62376	26.299512	
金沙江下游	5	白鹤滩	102.87675	27.27107	
岷江	10	高场	104.41	28.80083	40161215
嘉陵江	16	北碚	106.45142	29.81249	40162226
乌江	18	武隆	107.79596	29.3131	40163469
长江上游	11	宜宾	104.62833	28.771667	40160105
长江上游	13	泸州	105.45972	28.91361	40160110
长江上游	15	朱沱	105.84889	29.01306	40160115
长江上游	17	寸滩	106.58812	29.61993	40160125
长江上游	19	清溪场	107.41864	29.75487	40160135
西溪河	6	昭觉	102.8525	28.011389	691001701
牛栏江	7	黄梨树	103.73915	26.500378	691001301
美姑河	8	美姑	103.01222	28.115833	691001801
横江	9	横江	104.34417	28.55806	40160650
沱江	12	富顺	105.00194	29.18028	40161808
赤水	14	赤水	105.6984	28.587	40163008

2.2　水文资料分析

收集的水文站点基础数据主要包括地理位置、水位流量关系曲线以及历史流量或水位观测时间系列。水位流量关系曲线主要用于水文流量观测值的相互转化，历史流量或水位观测时间系列主要用于建立河道演进模型。

2.2.1　水位流量关系拟合分析

为保证模型精度，首先必须对这些基础数据进行校核和整理，在此基础上，为提高运算效率，站点水位流量关系全部用分段非线性函数拟合，函数形式和拟合误差统计值见表 2.2。

表2.2 水文站水位流量关系拟合函数及误差统计值

站点序号	站点名	曲线分段号	水位分段下限	水位分段上限	绝对误差平均值	误差标准差	相关系数	A1	A2	A3	A4	A5
1	攀枝花	1	986	996	2.89	3.52	0.999998	2.784683E+09	-9.349315E+05	1.883422E+02	-9.359362E+10	9.215967E+11
2	桐子林	1	982	992	6.79	8.60	0.999984	-5.800100E+09	1.961661E+06	-3.980634E+02	1.942249E+11	-1.905430E+12
2	桐子林	2	992	1000	2.22	2.41	0.999999	-1.943566E+09	6.506627E+05	-1.306934E+02	6.541624E+10	-6.450465E+11
6	昭觉	1	11.5	13.5	1.07	1.73	0.999787	-5.951274E+05	1.569879E+04	-2.463266E+02	2.250296E+06	2.488692E+06
6	昭觉	2	13.5	15.2	0.17	0.21	0.999999	6.494966E+04	1.424322E+03	-1.797795E+Q1	2.687996E+05	-3.261091E+05
7	黄梨树	1	1592	1599	1.48	1.82	0.999982	6.360243E+07	-6.632965E+03	0.000000E+00	-3.390137E+09	5.082199E+10
8	美姑	1	36.5	38	1.07	1.35	0.999879	-3.848525E+05	1.807985E+03	0.000000E+00	3.055506E+06	-6.821475E+06
8	美姑	2	38	40	2.85	3.62	0.999958	7.938721E+05	-3.320866E+03	0.000000E+00	-6.672307E+06	1.575932E+07
9	横江	1	285	287	2.49	3.13	0.999643	-5.389297E+07	3.146388E+04	0.000000E+00	1.214105E+09	-7.692614E+09
9	横江	2	287	290	3.89	4.73	0.999968	2.394241E+07	-1.379535E+04	0.000000E+00	-5.429122E+08	3.462354E+09
10	高场	1	274	277	3.79	4.49	0.999985	5.888334E+07	-3.549086E+04	0.000000E+00	-1.305679E+09	8.141936E+09
10	高场	2	277	281	2.85	3.47	9.999998	1.345981E+06	-7.383614E+02	0.000000E+00	-3.114894E+07	2.022416E+08
11	宜宾	1	255	260	20.22	28.90	0.999927	-3.274099E+09	4.251552E+06	-3.312296E+03	5.595295E+10	-2.801364E+11
11	宜宾	2	260	265	17.60	25.03	0.999991	-5.140878E+09	6.520634E+06	-4.962250E+03	8.889430E+10	-4.503276E+11
11	宜宾	3	265	270	19.53	25.45	0.999997	-1.704588E+09	2.120315E+06	-1.582244E+03	2.976627E+19	-1.527715E+11
11	宜宾	4	270	276	0.00	0.00	1.000000	3.800642E+03	-7.842589E+04	5.745576E-07	-1.131948E+10	-9.883416E+05
12	富顺	1	263	267	3.77	4.91	0.999983	-2.740005E+09	3.451507E+06	-2.608629E+03	4.754327E+10	-2.416835E+11
12	富顺	2	267	269	2.40	1.95	0.999998	1.135905E+10	-1.421549E+07	1.067387E+04	-1.977407E+11	1.008483E+12
13	泸州	1	224	234	24.55	31.11	0.999989	1.459647E+08	-2.117781E+05	1.844864E+02	-2.360474E+09	1.118491E+10
13	泸州	2	234	244	19.67	26.34	0.999998	-1.424826E+06	7.258410E+02	5.459367E-01	3.055271E+07	-1.806747E+08
14	赤水	1	222	227	3.10	3.65	0.999982	-3.041450E+07	4.626706E+04	-4.215771E+01	4.799243E+08	-2.217668E+09
15	朱沱	1	197	207	20.93	24.97	0.999992	-1.605478E+06	2.854197E+03	-2.906803E+00	2.303495E+07	-9.557378E+07
16	北碚	1	175	184	23.49	27.90	0.999947	2.347713E+08	-4.346775E+05	4.828636E+02	-3.360024E+09	1.408812E+10
16	北碚	2	184	190	24.73	30.37	0.999956	-1.551355E+07	3.071473E+04	-3.600449E+01	2.134609E+08	-8.566089E+08
16	北碚	3	190	192	18.48	25.91	0.999987	4.291415E+10	-7.516110E+07	7.898319E+04	-6.314973E+11	2.722470E+12
17	寸滩	1	165	167	22.52	27.69	0.999979	-1.551266E+11	3.105950E+08	-3.731234E+05	2.135011E+12	-8.608644E+12
17	寸滩	2	167	170	24.44	29.13	0.999977	5.081379E+09	-1.006232E+07	1.195540E+04	-7.032184E+10	2.851144E+11
17	寸滩	3	170	174	0.00	0.00	1.000000	2.998000E+03	3.880412E+03	-4.517414E-06	2.796033E+01	-4.862145E+05
18	武隆	1	167	183	3.17	4.15	0.999997	-9.650241E+04	2.346921E+02	-3.118927E-01	1.148654E+06	-3.820828E+06

拟合函数形式为：

$$Q = A1H + A2H^2 + A3H^3 + A4H^{0.5} + A5 \qquad\qquad （2.1）$$

式中，H 为水位，单位为米；Q 为流量，单位为立方米每秒；$A1$、$A2$、$A3$、$A4$、$A5$ 为拟合系数。

由拟合结果可知，上述水文站点的水位流量关系拟合函数都具有很高的精度，相关系数均接近于 1。

2.2.2　流量系列统计分析

根据上述站点 2015—2017 年逐时流量系列，求得各站年平均流量值见表 2.3，关键站点的年平均径流量对比如图 2.2 所示。

表 2.3　各站年平均流量统计值（2015—2017 年）

站点序号	站名	平均流量/立方米每秒	年平均径流量/亿立方米
1	攀枝花水文站	1742	549
2	桐子林水文站	1793	565
3	昭觉水文站	37	12
4	黄梨树水文站	93	29
5	美姑水文站	33	11
6	横江水文站	257	81
7	高场水文站	2349	741
8	富顺水文站	618	195
9	赤水水文站	250	79
10	北碚水文站	2755	869
11	武隆水文站	1597	504
12	乌东德水文站	3626	1144
13	白鹤滩水文站	4370	1378
14	溪洛渡出库流量	4208	1327
15	向家坝出库流量	4245	1339
16	朱沱水文站	7897	2490
17	寸滩水文站	10071	3176

续表

站点序号	站名	平均流量/立方米每秒	年平均径流量/亿立方米
18	溪洛渡入库流量	4208	1327
19	三峡入库流量	12689	4001
20	向家坝入库流量	4239	1337
21	三峡出库流量	12666	3994
22	葛洲坝入库流量	13056	4117

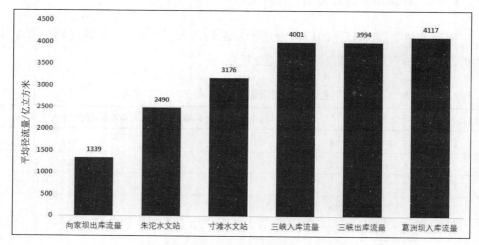

图 2.2　关键站点年平均径流量对比图（2015—2017 年）

（1）三峡坝址年平均径流量为 4000 亿立方米，其中，向家坝以上流域贡献 1339 亿立方米，占三峡入库总量的 33%；向家坝下游至三峡库区主要支流年平均径流总量为 2468 亿立方米，占径流总量的 62%；干流区间径流总量为 161 亿立方米，约占径流总量的 5%。由此可见，上游支流水库群的合理调度可大大改变三峡入库流量的时间分布，从而可帮助三峡电站维持在高水位运行，减少库水位波动，增加经济效益。

（2）三峡水库年平均出库流量为 3994 亿立方米，而葛洲坝水库年平均入库流量为 4117 立方米，根据水量平衡，葛洲坝区间年平均径流增量为 123 亿立方米，相当于年径流总量的 3.7%。

初步水文计算表明，三峡—葛洲坝区间降雨不会产生如此大的径流增量，这么大的差值应该是三峡、葛洲坝水库出入库流量计算误差所致。实际调度管理中也发现三峡—葛洲坝出入库流量不平衡的问题，这一问题将在后面章节专门进行研究。

与此类似的出入库不平衡问题在溪洛渡—向家坝梯级水库间则没有出现。根据计算，向家坝入流总量与溪洛渡出流总量，年平均相差 10 亿立方米，相当于年均径流总量的 0.7%，考虑到区间降雨产流的影响，该差值应在合理范围之内。

继续统计分析各站点的月径流量分布，各站点的月径流量分布见表 2.4，关键站点的月径流量比较如图 2.3 所示。

表 2.4　各站点的月径流量分布　　　　　　　　　单位：立方米

对比项	1 月	2 月	3 月	4 月	5 月	6 月	7 月	8 月	9 月	10 月	11 月	12 月
攀枝花水文站	648	664	564	594	935	2016	3590	3181	3798	2176	1420	894
桐子林水文站	1330	1297	1458	1074	962	1672	2394	2321	3964	2632	1487	902
溪洛渡入库流量	2273	2187	2260	2027	2219	4467	7373	6942	9152	5797	3486	2188
乌东德水文站	1900	1896	1946	1702	1836	3595	6143	5881	8108	5092	2852	1754
向家坝入库流量	2266	2068	2409	2878	2725	4069	7078	6941	8279	6012	3607	2396
白鹤滩水文站	2108	2128	2238	1746	2105	4431	8176	6664	9099	5641	3238	1991
三峡入库流量	5769	5622	6826	9471	11263	18542	22589	18470	20099	17168	9501	6494
葛洲坝入库流量	6606	6609	7748	10998	14601	19404	23249	18771	16944	14551	9800	6930
昭觉水文站	1	1	1	1	9	420	1	6	1	1	1	1
黄梨树水文站	33	34	34	32	33	60	234	218	210	119	54	44
美姑水文站	6	5	5	16	20	90	49	50	77	24	8	5
横江水文站	119	108	126	155	147	409	428	579	447	283	145	134
高场水文站	1179	1183	1258	1346	1753	3202	4139	3946	3858	3061	1752	1424
富顺水文站	561	561	561	561	586	613	762	694	820	577	561	561
赤水水文站	100	98	146	178	340	592	351	354	300	248	123	165
朱沱水文站	4022	3703	4238	4960	5483	9366	13652	13451	14218	10816	6157	4398
北碚水文站	1625	1624	1728	2311	2638	3793	4096	3215	3719	3833	2591	1829
寸滩水文站	4667	4507	5229	6677	7915	12805	17526	16267	17466	13920	8032	5471
武隆水文站	901	926	1069	1651	2136	3400	3011	1622	1331	1427	925	727
溪洛渡出流	2304	2105	2433	2893	2750	4041	6965	6778	8079	5937	3648	2426
向家坝出库流量	2273	2082	2431	2901	2735	4244	7043	6927	8079	6062	3604	2420
三峡出库流量	6552	6559	7691	10734	14145	18759	22242	18173	16259	13984	9598	6864

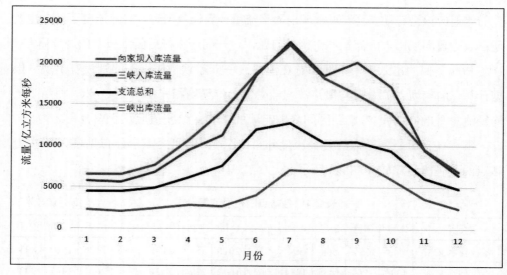

图 2.3 关键站点月径流量分布图

由表 2.4 和图 2.3 可知,每年 5—11 月为三峡水库丰水期,其间出现两次洪峰,分别发生在 7 月和 9 月,两次洪峰分别由向家坝上游流域和上游支流汇流产生。向家坝上游洪峰一般出现在 6—7 月,而下游支流洪峰则推迟 1~2 个月,出现在 8—9 月。两个子流域的错峰可为梯级联合调度提供更大的优化空间。

如图 2.3 所示,丰水期为 6—8 月,三峡出库流量与入库流量基本相同,这说明这三个月三峡水库基本没有进行月调节,水库长时间维持在相对较低的汛期水位对发电效益有巨大影响。因此,在保证防洪安全的前提下,采用灵活的调度方式,可以发挥水库调蓄作用,产生更大的经济效益。

2.3　水库水电站数据分析

水库的基本数据包括水库特征值、水位-库容曲线,以及与发电计算相关的数据,如机组出力曲线、水头损失曲线、尾水曲线等。历史运行数据包括库水位、入库流量、出库流量、尾水位、出力以及弃水流量等。

由表 2.5 可知,溪洛渡、向家坝、三峡、葛洲坝 4 座水库总的防洪库容为 277.33 亿立方米,仅占三峡年平均入库径流量 4000 亿立方米的 7%。

表 2.5　已建四座水库基本信息

水库序号	水库名	装机/万千瓦	正常蓄水位/米	死水位/米	汛期限制水位/米	调节库容/亿立方米	防洪库容/亿立方米	正常蓄水位库容/亿立方米	汛限水位库容/亿立方米	总库容/亿立方米	死水位库容/亿立方米
1	溪洛渡	1260	600	540	560.00	64.60	46.50	115.70	69.23	129.10	51.10
2	向家坝	600	380	370	370.00	9.03	9.03	49.77	40.74	51.63	40.74
3	三峡	2250	175	135	145.00	165.00	221.50	393.00	171.50	450.44	228.00
4	葛洲坝	301	66	62.5	64.50	7.11	0.30	7.41	7.11	7.41	6.25

2.3.1　水库水位-库容曲线拟合分析

为提高模型运算效率，同样对各水库的水位-库容曲线进行分段拟合，得到拟合函数关系见表 2.6。

拟合函数形式为：

$$H = A1S + A2S^2 + A3S^3 + A4/S + A5S^{0.5} + A6 \qquad （2.2）$$

式中，H 为水位，单位为米；S 为库容，单位为亿立方米；$A1$，$A2$，$\cdots$，$A6$ 为拟合系数。

由表 2.6 可知，所有拟合函数都具有很高的精度，相关系数均接近于 1。拟合曲线与原始数据对比如图 2.4～图 2.9 所示。

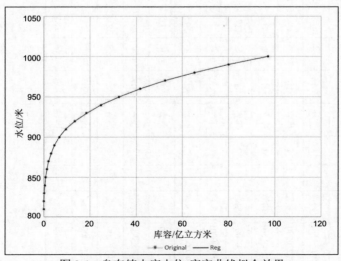

图 2.4　乌东德水库水位-库容曲线拟合效果

表 2.6 各水库水位-库容关系曲线拟合关系

点号	水库名	维数	分段号	X_{name}	Y_{name}	X_{min0}	X_{max0}	A1	A2	A3	A4	A5	A6	A7
90230000	乌东德	2	1	库容	水位	24.74	97.01	-8.318295E-01	9.536658E-04	0.000000E+00	0.000000E+00	2.539084E+01	-8.832595E+00	8.620435E+02
80230000	白鹤滩	2	1	库容	水位	0.72	66.48	2.834259E+00	-1.618940E-02	6.704721E-05	9.650062E-02	-1.915317E+01	3.063353E+01	6.408897E+02
80230000	白鹤滩	2	2	库容	水位	66.48	248.25	-6.102320E-01	4.003800E-04	0.000000E+00	9.279560E-02	2.607459E+01	0.000000E+00	5.622465E+02
691000001	溪洛渡	2	1	库容	水位	0.00	51.12	-3.045656E+00	3.952742E-02	-3.171149E-04	0.000000E+00	3.634332E+01	0.000000E+00	3.746394E+02
691000001	溪洛渡	2	2	库容	水位	51.12	129.55	-6.082865E-01	1.273187E-01	-1.851572E-06	0.000000E+00	2.443840E+01	0.000000E+00	3.932974E+02
591000001	向家坝	2	1	库容	水位	0.00	25.83	-5.247852E-01	8.046090E03	0.000000E+00	0.000000E+00	1.854512E+01	0.000000E+00	2.642361E+02
591000001	向家坝	2	2	库容	水位	25.83	59.63	2.556416E+00	-2.490714E-02	1.303651E-04	0.000000E+00	0.000000E+00	0.000000E+00	2.983854E+02
30230000	三峡	2	1	库容	水位	0.01	7.00	5.330818E-01	-1.583265E-01	0.000000E+00	2.100644E-03	1.282523E+01	0.000000E+00	4.972249E+01
30230000	三峡	2	2	库容	水位	7.00	103.30	-8.226081E-01	1.530607E-03	0.000000E+00	3.813332E-01	1.572318E+01	0.000000E+00	3.862944E+01
30230000	三峡	2	3	库容	水位	103.30	393.01	-5.320864E-01	1.891343E-01	0.000000E+00	2.631957E-04	1.973036E+01	0.000000E+00	-4.294549E+01
30230000	三峡	2	4	库容	水位	393.01	573.64	-2.807994E+00	6.031191E-04	0.000000E+00	7.363494E-04	1.153301E+02	0.000000E+00	-1.288307E+03
10210000	葛洲坝	2	1	库容	水位	11.64	18.95	2.962753E+01	-4.926198E-02	0.000000E+00	0.000000E+00	0.000000E+00	0.000000E+00	3.146649E+01

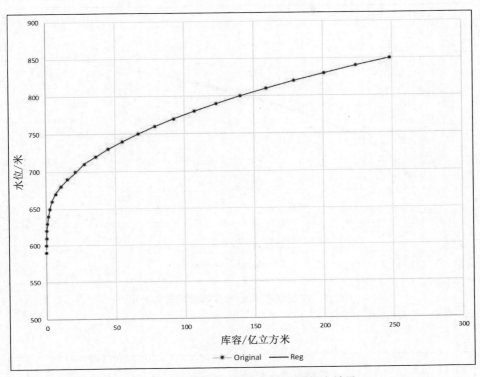

图 2.5 白鹤滩水库水位-库容曲线拟合效果

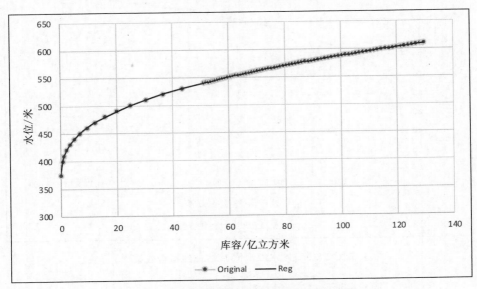

图 2.6 溪洛渡水库水位-库容曲线拟合效果

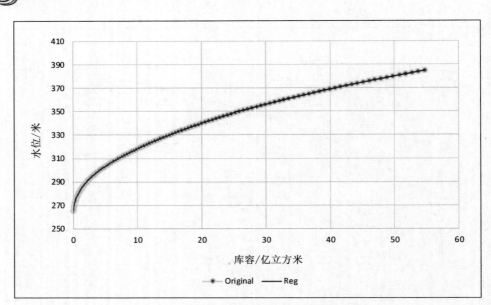

图 2.7　向家坝水库水位-库容曲线拟合效果

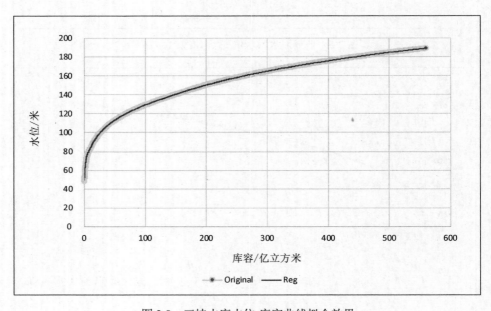

图 2.8　三峡水库水位-库容曲线拟合效果

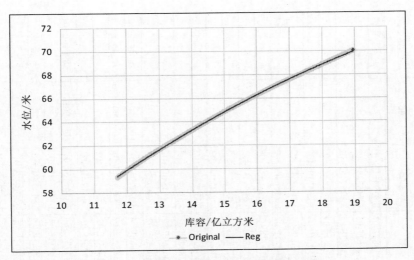

图 2.9　葛洲坝水库水位-库容曲线拟合效果

2.3.2　电站下游水位-流量曲线拟合分析

为提高模型运算效率，对各电站尾水水位-流量曲线进行拟合，拟合结果见表 2.7。拟合函数形式：

三维拟合函数：

$$HT = A1Q + A2Q * HD + A3Q^2 HD + A4HD^2 + A5 \qquad （2.3）$$

二维拟合函数：

$$HT = A1Q + A2Q^2 + A3Q^3 + A4/Q + A5Q^{0.5} + A6 \qquad （2.4）$$

式中，HT 为尾水水位，单位为米；Q 为下泄流量，单位为立方米每秒；HD 为下游水库水位，单位为米；$A1$，$A2$，$\cdots$，$A6$ 为拟合系数。

拟合结果表明，三维拟合函数更适用于溪洛渡电站和三峡电站，二维拟合函数更适用于向家坝电站和葛洲坝电站。由表 2.7 可知，所有拟合函数都具有很高的精度，相关系数均接近于 1。拟合曲线与原始数据对比如图 2.10～图 2.15 所示。

尾水水位流量关系曲线主要用于计算机组工作净水头，从而确定机组工作出力与流量大小，是电站出力计算的重要环节。尾水曲线的计算误差会导致出力和流量的计算误差，直接影响水量平衡计算。已有调度实际表明，部分水库现有的尾水水流量关系曲线误差较大，需由实际运行数据校正，后面将会对此作专题讨论。

表 2.7　各电站出库流量与下游水位曲线拟合统计

曲线号	曲线名称	维数	分段号	Q_{min0}	Q_{max0}	H_{min0}	H_{max0}	绝对误差平均值	误差标准差	相关系数	A1	A5	A6	A7
90160170	乌东德	3	1	0	3000	0	815	0.09	0.11	1.000	8.823582E-03	8.039411E+02		
90160170	乌东德	3	2	3000	6000	0	815	0.03	0.03	1.000	1.784867E-03	8.145328E+02		
90160170	乌东德	3	3	6000	10000	0	815	0.05	0.06	1.000	1.302703E-03	8.176746E+02		
90160170	乌东德	3	4	10000	20000	0	815	0.14	0.15	1.000	9.114286E-04	8.217279E+02		
90160170	乌东德	3	5	20000	45000	0	815	0.18	0.21	1.000	6.895027E-04	8.263150E+02		
90160170	乌东德	3	6	0	3000	815	815	0.16	0.21	1.000	2.577202E-01	3.196931E+02		
90160170	乌东德	3	7	3000	6000	815	820	0.10	0.12	1.000	4.756815E-02	6.216640E+02		
90160170	乌东德	3	8	6000	10000	815	820	0.05	0.06	1.000	1.107797E-02	7.246663E+02		
90160170	乌东德	3	9	10000	20000	815	820	0.14	0.14	1.000	4.222188E-03	7.615543E+02		
90160170	乌东德	3	10	20000	45000	815	820	0.17	0.21	1.000	1.857545E-03	7.877857E+02		
90160170	乌东德	3	11	0	3000	820	830	0.08	0.10	1.000	7.601052E-02	3.652556E+02		
90160170	乌东德	3	12	3000	6000	820	830	0.09	0.11	1.000	1.155669E-01	3.173346E+02		
90160170	乌东德	3	13	6000	10000	820	830	0.06	0.07	1.000	3.638868E-02	5.510409E+02		
90160170	乌东德	3	14	10000	20000	820	830	0.11	0.12	1.000	1.106769E-02	6.814580E+02		
90160170	乌东德	3	15	20000	45000	820	830	0.16	0.19	1.000	6.040177E-03	7.636738E+02		
80160170	白鹤滩	2	1	0	9000			0.07	0.08	1.000	-6.243868E-04	3.024196E-01	0.000000E+00	5.806443E+02
80160170	白鹤滩	2	2	9000	14000			0.12	0.17	1.000	-9.038352E-02	1.371422E+01	0.000000E+00	1.928401E+01
691000006	溪洛渡	3	1	0	5000			0.15	0.24	1.000	4.848137E-02	1.833572E+02		
691000006	溪洛渡	3	2	5000	25000			0.20	0.21	1.000	5.417705E-03	3.045970E+02		
591000104	向家坝	2	1	1371	16300	264	278	0.01	0.01	1.000	-8.411788E-04	2.106615E-01	0.000000E+00	2.589716E+02
30160179	三峡	3	1	0	10000			0.01	0.01	1.000	3.301972E-04	3.230741E+01		
30160179	三峡	3	2	10000	30000			0.02	0.03	1.000	1.015987E-01	2.840673E+01		
30160179	三峡	3	3	30000	60000			0.01	0.02	1.000	8.773685E-04	2.920859E+01		
30160179	三峡	3	4	60000	90000			0.01	0.01	1.000	4.703952E-04	4.034486E+01		
10129907	葛洲坝#7	2	1	3046	85882	30	60	0.00	0.00	1.000	5.560835E-04	4.771918E-04	0.000000E+00	3.723249E+01
10129908	葛洲坝#8	2	1	3110	92412	30	60	0.03	0.03	1.000	2.635715E-05	1.028088E-01	0.000000E+00	3.195587E+01

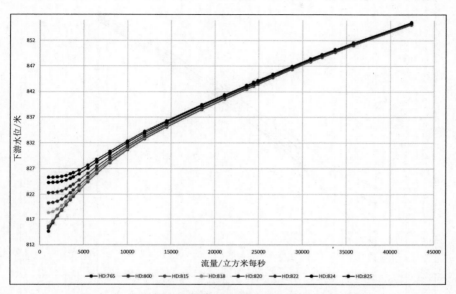

图 2.10 乌东德出库流量-白鹤滩水位-下游水位关系曲线

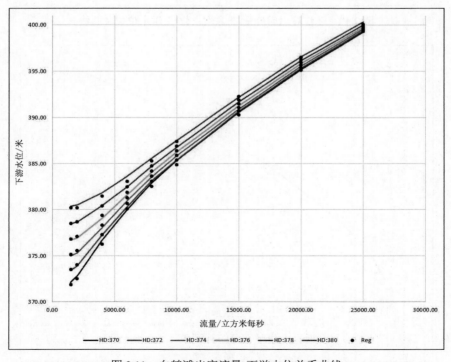

图 2.11 白鹤滩出库流量-下游水位关系曲线

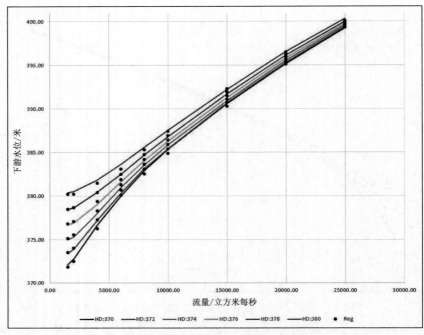

图 2.12　溪洛渡出库流量-向家坝水位-下游水位关系曲线

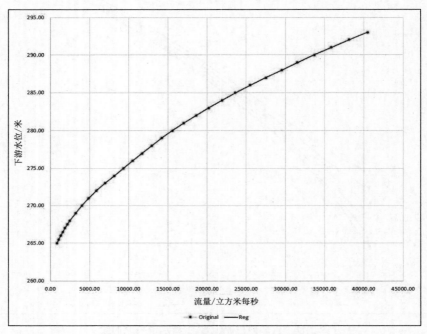

图 2.13　向家坝出库流量-下游水位关系曲线

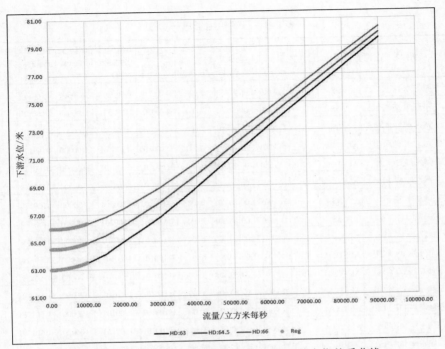

图 2.14 三峡出库流量-葛洲坝水位-三峡下游水位关系曲线

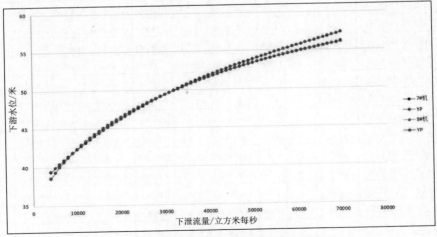

图 2.15 葛洲坝出库流量-下游水位关系曲线

2.3.3 机组出力曲线出力-水头-流量（N-H-Q）拟合分析

收集各电站的机组信息，整理如下，见表 2.8～表 2.11。

表2.8　三峡机组信息一览表

机组号	机组名	厂家	机组型号组别	最大水头/米	最小水头/米	额定水头/米	发动机额定功率/万千瓦	机组过流曲线ID	实际预想出力曲线ID	机组水头损失曲线ID	下游水位流量曲线ID	公共水头损失曲线ID
1	三峡左岸 1F 机组	VGS	1	113.00	71.00	80.60	70.00	31100201	31500201	33100000	30160179	
2	三峡左岸 2F 机组	VGS	1	113.00	71.00	80.60	70.00	31100201	31500201	33100000	30160179	
3	三峡左岸 3F 机组	VGS	1	113.00	71.00	80.60	70.00	31100201	31500201	33100000	30160179	
4	三峡左岸 4F 机组	ALSTOM	2	113.00	71.00	80.60	70.00	31100101	31500101	33100000	30160179	
5	三峡左岸 5F 机组	ALSTOM	2	113.00	71.00	80.60	70.00	31100101	31500101	33100000	30160179	
6	三峡左岸 6F 机组	ALSTOM	2	113.00	71.00	80.60	70.00	31100101	31500101	33100000	30160179	
7	三峡左岸 7F 机组	VGS	1	113.00	71.00	80.60	70.00	31100201	31500201	33100000	30160179	
8	三峡左岸 8F 机组	VGS	1	113.00	71.00	80.60	70.00	31100201	31500201	33100000	30160179	
9	三峡左岸 9F 机组	VGS	1	113.00	71.00	80.60	70.00	31100201	31500201	33100000	30160179	
10	三峡左岸 10F 机组	ALSTOM	2	113.00	71.00	80.60	70.00	31100101	31500101	33100000	30160179	
11	三峡左岸 11F 机组	ALSTOM	2	113.00	71.00	80.60	70.00	31100101	31500101	33100000	30160179	
12	三峡左岸 12F 机组	ALSTOM	2	113.00	71.00	80.60	70.00	31100101	31500101	33100000	30160179	
13	三峡左岸 13F 机组	ALSTOM	2	113.00	71.00	80.60	70.00	31100101	31500101	33100000	30160179	
14	三峡左岸 14F 机组	ALSTOM	2	113.00	71.00	80.60	70.00	31100101	31500101	33100000	30160179	
15	三峡右岸 15F 机组	东电	3	113.00	71.00	85.00	70.00	31100601	31500600	33100000	30160179	
16	三峡右岸 16F 机组	东电	3	113.00	71.00	85.00	70.00	31100601	31500600	33100000	30160179	
17	三峡右岸 17F 机组	东电	3	113.00	71.00	85.00	70.00	31100601	31500600	33100000	30160179	
18	三峡右岸 18F 机组	东电	3	113.00	71.00	85.00	70.00	31100601	31500600	33100000	30160179	
19	三峡右岸 19F 机组	ALSTOM	4	113.00	71.00	85.00	70.00	31100401	31500400	33100000	30160179	
20	三峡右岸 20F 机组	ALSTOM	4	113.00	71.00	85.00	70.00	31100401	31500400	33100000	30160179	
21	三峡右岸 21F 机组	ALSTOM	4	113.00	71.00	85.00	70.00	31100401	31500400	33100000	30160179	
22	三峡右岸 22F 机组	ALSTOM	4	113.00	71.00	85.00	70.00	31100401	31500400	33100000	30160179	
23	三峡右岸 23F 机组	哈电	5	113.00	71.00	85.00	70.00	31100501	31500500	33100000	30160179	
24	三峡右岸 24F 机组	哈电	5	113.00	71.00	85.00	70.00	31100501	31500500	33100000	30160179	
25	三峡右岸 25F 机组	哈电	5	113.00	71.00	85.00	70.00	31100501	31500500	33100000	30160179	
26	三峡右岸 26F 机组	哈电	5	113.00	71.00	85.00	70.00	31100501	31500500	33100000	30160179	
27	三峡地下电站 27F 机组	东电	6	113.00	71.00	85.00	70.00	31100603	31500602	33100001	30160179	
28	三峡地下电站 28F 机组	东电	6	113.00	71.00	85.00	70.00	31100603	31500602	33100001	30160179	
29	三峡地下电站 29F 机组	ALSTOM	7	113.00	71.00	85.00	70.00	31100403	31500102	33100001	30160179	
30	三峡地下电站 30F 机组	ALSTOM	7	113.00	71.00	85.00	70.00	31100403	31500102	33100001	30160179	
31	三峡地下电站 31F 机组	哈电	8	113.00	71.00	85.00	70.00	31100501	31500500	33100001	30160179	
32	三峡地下电站 32F 机组	哈电	8	113.00	71.00	85.00	70.00	31100501	31500500	33100001	30160179	
33	三峡电源电站 X1F 机组	哈电	9	113.00	71.00	85.00	5.00	31100301	31500300	33100000	30160179	
34	三峡电源电站 X2F 机组	哈电	9	113.00	71.00	85.00	5.00	31100301	31500300	33100000	30160179	

表 2.9　溪洛渡、向家坝机组信息一览表

机组号	机组名	厂家	机组型号组别	最大水头/米	最小水头/米	额定水头/米	发动机额定功率/万千瓦	机组过流曲线 ID	实际预想出力曲线 ID	机组水头损失曲线 ID	下游水位流量曲线 ID	公共水头损失曲线 ID
1	溪洛渡左岸电站 1F 机组	哈电	1	229.40	149.50	197.00	70.00	691000121	691000123	691000124	691000006	
2	溪洛渡左岸电站 2F 机组	哈电	1	229.40	149.50	197.00	70.00	691000121	691000123	691000224	691000006	
3	溪洛渡左岸电站 3F 机组	哈电	1	229.40	149.50	197.00	70.00	691000121	691000123	691000324	691000006	
4	溪洛渡左岸电站 4F 机组	哈电	1	229.40	149.50	197.00	70.00	691000121	691000123	691000424	691000006	
5	溪洛渡左岸电站 5F 机组	哈电	1	229.40	149.50	197.00	70.00	691000121	691000123	691000524	691000006	
6	溪洛渡左岸电站 6F 机组	哈电	1	229.40	149.50	197.00	70.00	691000121	691000123	691000624	691000006	
7	溪洛渡左岸电站 7F 机组	VHS	2	229.40	149.50	197.00	70.00	691000221	691000223	691000724	691000006	
8	溪洛渡左岸电站 8F 机组	VHS	2	229.40	149.50	197.00	70.00	691000221	691000223	691000824	691000006	
9	溪洛渡左岸电站 9F 机组	VHS	2	229.40	149.50	197.00	70.00	691000221	691000223	691000924	691000006	
10	溪洛渡右岸电站 10F 机组	东电	3	229.40	149.50	197.00	70.00	691000321	691000323	691001024	691000006	
11	溪洛渡右岸电站 11F 机组	东电	3	229.40	149.50	197.00	70.00	691000321	691000323	691001124	691000006	
12	溪洛渡右岸电站 12F 机组	东电	3	229.40	149.50	197.00	70.00	691000321	691000323	691001224	691000006	
13	溪洛渡右岸电站 13F 机组	东电	3	229.40	149.50	197.00	70.00	691000321	691000323	691001324	691000006	
14	溪洛渡右岸电站 14F 机组	东电	3	229.40	149.50	197.00	70.00	691000321	691000323	691001424	691000006	
15	溪洛渡右岸电站 15F 机组	东电	3	229.40	149.50	197.00	70.00	691000321	691000323	691001524	691000006	
16	溪洛渡右岸电站 16F 机组	东电	3	229.40	149.50	197.00	70.00	691000321	691000323	691001624	691000006	
17	溪洛渡右岸电站 17F 机组	东电	3	229.40	149.50	197.00	70.00	691000321	691000323	691001724	691000006	
18	溪洛渡右岸电站 18F 机组	东电	3	229.40	149.50	197.00	70.00	691000321	691000323	691001824	691000006	
1	向家坝左岸电站 1F 机组	哈电	1	113.60	82.50	100.00	75.00	591000121	591000123	591000124	591000104	
2	向家坝左岸电站 2F 机组	哈电	1	113.60	82.50	100.00	75.00	591000121	591000123	591000124	591000104	
3	向家坝左岸电站 3F 机组	哈电	1	113.60	82.50	100.00	75.00	591000121	591000123	591000124	591000104	
4	向家坝左岸电站 4F 机组	哈电	1	113.60	82.50	100.00	75.00	591000121	591000123	591000124	591000104	
5	向家坝右岸电站 5F 机组	THA	2	113.60	82.50	100.00	75.00	591000221	591000223	591000524	591000104	
6	向家坝右岸电站 6F 机组	THA	2	113.60	82.50	100.00	75.00	591000221	591000223	591000624	591000104	
7	向家坝右岸电站 7F 机组	THA	2	113.60	82.50	100.00	75.00	591000221	591000223	591000724	591000104	
8	向家坝右岸电站 8F 机组	THA	2	113.60	82.50	100.00	75.00	591000221	591000223	591000824	591000104	

表 2.10　葛洲坝机组信息一览表

机组号	机组名	厂家	机组型号组别	最大水头/米	最小水头/米	额定水头/米	发动机额定功率/万千瓦	机组过流曲线 ID	实际预想出力曲线 ID	机组水头损失曲线 ID	下游水位流量曲线 ID	公共水头损失曲线 ID
0	葛洲坝二江电站 0F 机组	韶关	1	27.00	6.30	18.60	2	11102001	11502000	13119802	10129907	13119802
1	葛洲坝二江电站 1F 机组	东电	2	27.00	10.60	18.60	17	11117501	11517500	13119802	10129907	13119802
2	葛洲坝二江电站 2F 机组	东电	2	27.00	10.60	18.60	17	11117501	11517500	13119802	10129907	13119802
3	葛洲坝二江电站 3F 机组	哈电	3	27.00	9.10	18.60	15	11114601	11512591	13119802	10129907	13119802
4	葛洲坝二江电站 4F 机组	哈电	3	27.00	9.10	18.60	15	11114601	11512591	13119802	10129907	13119802
5	葛洲坝二江电站 5F 机组	哈电	3	27.00	9.10	18.60	15	11114601	11512591	13119802	10129907	13119802
6	葛洲坝二江电站 6F 机组	哈电	3	27.00	9.10	18.60	15	11114601	11512591	13119802	10129907	13119802
7	葛洲坝二江电站 7F 机组	哈电	3	27.00	9.10	18.60	12.5	11112501	11512593	13119802	10129907	13119802
8	葛洲坝大江电站 8F 机组	哈电	4	27.00	9.10	18.60	15	11114601	11512591	13119801	10129908	13119801
9	葛洲坝大江电站 9F 机组	哈电	4	27.00	9.10	18.60	15	11114601	11512591	13119801	10129908	13119801
10	葛洲坝大江电站 10F 机组	哈电	4	27.00	9.10	18.60	12.5	11112501	11512593	13119801	10129908	13119801
11	葛洲坝大江电站 11F 机组	哈电	4	27.00	9.10	18.60	12.5	11112501	11512593	13119801	10129908	13119801
12	葛洲坝大江电站 12F 机组	东电	5	27.00	9.10	18.60	15	11114602	11512591	13119801	10129908	13119801
13	葛洲坝大江电站 13F 机组	东电	5	27.00	9.10	18.60	12.5	11112501	11512593	13119801	10129908	13119801
14	葛洲坝大江电站 14F 机组	东电	5	27.00	9.10	18.60	15	11114602	11512591	13119801	10129908	13119801
15	葛洲坝大江电站 15F 机组	东电	5	27.00	9.10	18.60	15	11114602	11512591	13119801	10129908	13119801
16	葛洲坝大江电站 16F 机组	哈电	4	27.00	9.10	18.60	12.5	11112501	11512593	13119801	10129908	13119801
17	葛洲坝大江电站 17F 机组	哈电	4	27.00	9.10	18.60	12.5	11112501	11512593	13119801	10129908	13119801
18	葛洲坝大江电站 18F 机组	哈电	4	27.00	9.10	18.60	15	11114601	11512591	13119801	10129908	13119801
19	葛洲坝大江电站 19F 机组	哈电	4	27.00	9.10	18.60	12.5	11112501	11512593	13119801	10129908	13119801
20	葛洲坝大江电站 20F 机组	东电	5	27.00	9.10	18.60	12.5	11112501	11512593	13119801	10129908	13119801
21	葛洲坝大江电站 21F 机组	东电	5	27.00	9.10	18.60	15	11114602	11512591	13119801	10129908	13119801

表 2.11　乌东德、白鹤滩机组信息一览表

电站号	电站名	机组号	机组名	厂家	机组型号组别	最大水头/米	最小水头/米	额定水头/米	发动机额定功率/万千瓦	机组过流曲线 ID	实际预想出力曲线 ID	机组水头损失曲线 ID	下游水位流量曲线 ID
1	乌东德	1	乌东德左岸机组 1F	VHS	1	163.40	106.00	137.00	85.00	91100501	91100400	903100000	90160170
1	乌东德	2	乌东德左岸机组 2F	VHS	1	163.40	106.00	137.00	85.00	91100501	91100400	903100000	90160170
1	乌东德	3	乌东德左岸机组 3F	VHS	1	163.40	106.00	137.00	85.00	91100501	91100400	903100000	90160170
1	乌东德	4	乌东德左岸机组 4F	VHS	1	163.40	106.00	137.00	85.00	91100501	91100400	903100000	90160170
1	乌东德	5	乌东德左岸机组 5F	VHS	1	163.40	106.00	137.00	85.00	91100501	91100400	903100000	90160170
1	乌东德	6	乌东德左岸机组 6F	VHS	1	163.40	106.00	137.00	85.00	91100501	91100400	903100000	90160170
1	乌东德	7	乌东德右岸机组 1F	AHC	2	163.40	106.00	137.00	85.00	91100502	91100400	903100001	90160170
1	乌东德	8	乌东德右岸机组 2F	AHC	2	163.40	106.00	137.00	85.00	91100502	91100400	903100001	90160170

续表

电站号	电站名	机组号	机组名	厂家	机组型号组别	最大水头/米	最小水头/米	额定水头/米	发动机额定功率/万千瓦	机组过流曲线ID	实际预想出力曲线ID	机组水头损失曲线ID	下游水位流量曲线ID
1	乌东德	9	乌东德右岸机组 3F	AHC	2	163.40	106.00	137.00	85.00	91100502	91100400	903100001	90160170
1	乌东德	10	乌东德右岸机组 4F	AHC	2	163.40	106.00	137.00	85.00	91100502	91100400	903100001	90160170
1	乌东德	11	乌东德右岸机组 5F	AHC	2	163.40	106.00	137.00	85.00	91100502	91100400	903100001	90160170
1	乌东德	12	乌东德右岸机组 6F	AHC	2	163.40	106.00	137.00	85.00	91100502	91100400	903100001	90160170
2	白鹤滩	1	白鹤滩左岸电站 1F 机组	DEC	1	243.10	163.90	202.00	100.00	81100500	81100400	803100000	80160170
2	白鹤滩	2	白鹤滩左岸电站 2F 机组	DEC	1	243.10	163.90	202.00	100.00	81100500	81100400	803100000	80160170
2	白鹤滩	3	白鹤滩左岸电站 3F 机组	DEC	1	243.10	163.90	202.00	100.00	81100500	81100400	803100000	80160170
2	白鹤滩	4	白鹤滩左岸电站 4F 机组	DEC	1	243.10	163.90	202.00	100.00	81100500	81100400	803100000	80160170
2	白鹤滩	5	白鹤滩左岸电站 5F 机组	DEC	1	243.10	163.90	202.00	100.00	81100500	81100400	803100000	80160170
2	白鹤滩	6	白鹤滩左岸电站 6F 机组	DEC	1	243.10	163.90	202.00	100.00	81100500	81100400	803100000	80160170
2	白鹤滩	7	白鹤滩左岸电站 7F 机组	DEC	1	243.10	163.90	202.00	100.00	81100500	81100400	803100000	80160170
2	白鹤滩	8	白鹤滩左岸电站 8F 机组	DEC	1	243.10	163.90	202.00	100.00	81100500	81100400	803100000	80160170
2	白鹤滩	9	白鹤滩右岸电站 1F 机组	HEC	2	243.10	163.90	202.00	100.00	81100501	81100400	803100001	80160170
2	白鹤滩	10	白鹤滩右岸电站 2F 机组	HEC	2	243.10	163.90	202.00	100.00	81100501	81100400	803100001	80160170
2	白鹤滩	11	白鹤滩右岸电站 3F 机组	HEC	2	243.10	163.90	202.00	100.00	81100501	81100400	803100001	80160170
2	白鹤滩	12	白鹤滩右岸电站 4F 机组	HEC	2	243.10	163.90	202.00	100.00	81100501	81100400	803100001	80160170
2	白鹤滩	13	白鹤滩右岸电站 5F 机组	HEC	2	243.10	163.90	202.00	100.00	81100501	81100400	803100001	80160170
2	白鹤滩	14	白鹤滩右岸电站 6F 机组	HEC	2	243.10	163.90	202.00	100.00	81100501	81100400	803100001	80160170
2	白鹤滩	15	白鹤滩右岸电站 7F 机组	HEC	2	243.10	163.90	202.00	100.00	81100501	81100400	803100001	80160170
2	白鹤滩	16	白鹤滩右岸电站 8F 机组	HEC	2	243.10	163.90	202.00	100.00	81100501	81100400	803100001	80160170

对比分析各机组的过流能力曲线，并生成机组效率曲线，如图 2.16～图 2.18 所示。

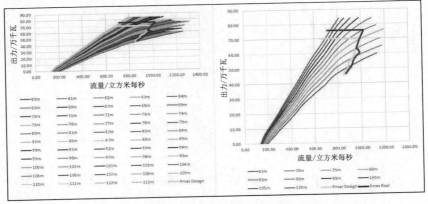

图 2.16 三峡机组过流能力曲线示意图

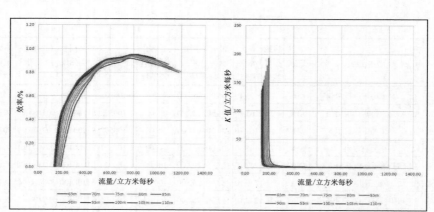

图 2.17　三峡机组效率曲线、K 值曲线示意图

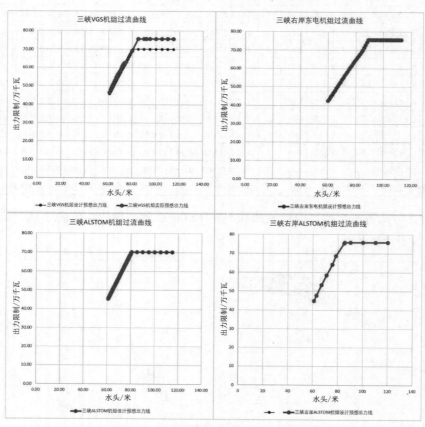

图 2.18　三峡机组预想出力曲线示意图

对各电站 N-H-Q 曲线进行拟合，结果见表 2.12～表 2.15。

表 2.12　溪洛渡、向家坝机组出力-流量-水头拟合曲线

曲线ID	曲线名称	分段号	Xmin0	Xmax0	Zmin0	Zmax0	绝对误差平均值	误差标准差	相关系数	A1	A2	A3	A4	A5	A6	A7
691000121	溪洛渡（哈电）1#~6#机组过流曲线	1	0	100	150	230	0.06	0.08	0.9998	6.053679E-04	1.711746E-01	-4.015519E-01	8.424066E-02	8.878451E-05	-1.797431E-09	-2.573198E-01
691000121	溪洛渡（哈电）1#~6#机组过流曲线	2	100	200	150	230	0.05	0.07	0.9999	6.085329E-04	1.567606E-01	-3.928079E-01	7.122028E-02	-3.745486E-05	2.949374E-09	-2.243671E-01
691000121	溪洛渡（哈电）1#~6#机组过流曲线	3	200	300	150	230	0.04	0.05	1.0000	1.652957E-03	1.414786E-02	-3.353505E-04	-9.672389E-04	4.508494E-05	-2.595011E-09	1.223843E+00
691000121	溪洛渡（哈电）1#~6#机组过流曲线	4	300	350	150	230	0.06	0.09	1.0000	1.526274E-02	2.175416E-02	-3.009338E-04	4.974445E-02	-1.627182E-04	-2.102795E-09	-2.111566E-01
691000121	溪洛渡（哈电）1#~6#机组过流曲线	5	350	450	150	230	0.17	0.21	0.9998	3.931032E-03	-7.496256E-03	2.438623E-03	-4.561308E-01	1.354432E-04	-8.200877E-09	1.134712E-02
691000321	溪洛渡（东电）10#~18#机组过流曲线	5	350	450	140	266	0.07	0.08	1.0000	1.093478E-01	6.012157E-03	-1.220800E-04	5.747908E-02	-1.284012E-04	-1.571435E-10	-1.125709E-01
691000221	溪洛渡（VHS）7#~9#机组过流曲线	1	0	200	140	240	0.06	0.08	1.0000	7.852478E-04	8.688256E-02	-2.360433E-04	6.848062E-02	-9.755744E-05	1.740243E-09	-1.601937E-01
691000221	溪洛渡（VHS）7#~9#机组过流曲线	2	200	300	140	240	0.04	0.05	1.0000	8.501503E-04	1.076363E-01	-2.891814E-04	3.009992E-02	-3.886368E-05	9.715579E-10	-1.395907E-01
691000221	溪洛渡（VHS）7#~9#机组过流曲线	3	300	500	140	240	0.05	0.07	1.0000	7.598478E-04	1.350881E-01	-2.944060E-04	1.468807E-01	-2.055725E-04	1.010434E-09	-3.396701E-01
691000321	溪洛渡（东电）10#~18#机组过流曲线	1	0	100	140	270	0.03	0.05	0.9999	1.381956E-03	3.228706E-03	-1.042176E-04	-4.381008E-02	3.052037E-04	-7.105814E-09	-6.554180E-01
691000321	溪洛渡（东电）10#~18#机组过流曲线	2	100	200	140	270	0.13	0.17	0.9998	1.450583E-03	2.323986E-02	-1.974380E-04	-7.980769E-02	2.163046E-04	-4.869353E-09	-4.446647E-01
691000321	溪洛渡（东电）10#~18#机组过流曲线	3	200	300	140	270	0.22	0.26	0.9997	5.881829E-04	2.838721E-01	-6.980191E-04	1.245186E-01	-1.805871E-04	2.636394E-09	-3.882152E-01
691000321	溪洛渡（东电）10#~18#机组过流曲线	4	300	500	140	270	0.12	0.17	0.9999	9.471461E-04	8.408435E-04	-2.763797E-04	1.055056E-01	-1.792715E-04	5.134980E-10	-2.427211E-01
591000121	向家坝（哈电）1#~4#机组过流曲线	1	400	600	80	120	0.07	0.09	0.9999	-1.587055E-03	1.691591E+00	-5.299461E-03	3.267308E-01	-1.806081E-04	1.244137E-08	-1.406367E-02
591000121	向家坝（哈电）1#~4#机组过流曲线	2	600	750	80	120	0.08	0.10	0.9999	1.028666E-03	2.946835E-02	-3.138003E-04	4.555335E-02	-3.014662E-05	-2.980394E-11	-2.187569E-01
591000121	向家坝（哈电）1#~4#机组过流曲线	3	750	1200	80	120	0.07	0.08	1.0000	2.082843E-03	-7.187566E-01	7.738868E-04	6.010927E-04	-8.927441E-05	-2.402478E-09	-1.448417E+00
591000221	向家坝（天津 ALSTOM）5#~8#机组过流曲线	1	100	400	60	130	0.09	0.13	0.9999	1.607098E-03	7.680667E-02	-1.038658E-03	-4.985506E-02	5.019195E-05	-4.167420E-09	-7.569532E+00
591000221	向家坝（天津 ALSTOM）5#~8#机组过流曲线	2	400	600	60	130	0.16	0.21	0.9998	1.904256E-03	-1.796752E-01	-1.240128E-03	-4.730898E-02	3.030091E-06	-3.821675E-09	-1.708475E-01
591000221	向家坝（天津 ALSTOM）5#~8#机组过流曲线	3	600	1200	60	130	0.26	0.33	0.9997	2.406758E-03	-3.082342E-01	-1.287097E-03	-5.638255E-02	-2.628779E-05	-3.936418E-09	1.423279E-01

表 2.13　三峡机组出力-流量-水头拟合曲线

曲线ID	曲线名称	分段号	X_{min0}	X_{max0}	Z_{min0}	Z_{max0}	绝对误差平均值	误差标准差	相关系数	A1	A2	A3	A4	A5	A6	A7
31100201	三峡VGS机组过流曲线	1	0	200	60	120	0.18	0.22	0.9972	5.286312E-04	5.824281E-01	-2.385888E-03	3.536229E-01	-6.959953E-04	-6.333415E-09	-7.620353E+01
31100201	三峡VGS机组过流曲线	2	200	400	60	120	0.11	0.14	0.9998	-7.668169E-04	8.261929E-01	-3.176690E-01	1.749422E-01	-1.324407E-04	1.517815E-08	-6.221392E+01
31100201	三峡VGS机组过流曲线	3	400	600	60	120	0.14	0.17	0.9999	1.217592E-03	-3.079797E-02	-2.853479E-01	5.594667E-02	-4.892905E-05	-1.142131E-08	-2.498352E+01
31100201	三峡VGS机组过流曲线	4	600	750	60	120	0.07	0.09	1.0000	8.271631E-04	2.592556E-01	-1.205534E-03	-5.428549E-02	4.942696E-05	5.888001E-10	3.186439E+00
31100201	三峡VGS机组过流曲线	5	750	900	60	120	0.10	0.13	0.9999	1.610783E-03	-2.998855E-01	-1.365341E-04	1.199564E-01	-9.994865E-05	-1.616484E-08	-4.441316E+01
31100201	三峡VGS机组过流曲线	6	900	1200	60	120	0.07	0.09	1.0000	1.262143E-03	-1.333972E-01	7.091020E-04	1.093186E-01	-7.736461E-05	-1.456140E-09	-4.772238E+01
31100101	三峡ALSTOM机组过流曲线	1	0	200	60	120	0.14	0.17	0.9981	-1.694039E-04	1.607071E-01	-4.267660E-04	1.090375E-01	-1.290899E-04	1.597500E-08	-2.292426E+01
31100101	三峡ALSTOM机组过流曲线	2	200	400	60	120	0.34	0.39	0.9987	-5.352534E-04	2.092000E-02	8.950992E-04	1.305905E-01	-8.311788E-05	1.376125E-08	-2.011268E+01
31100101	三峡ALSTOM机组过流曲线	3	400	600	60	120	0.24	0.32	0.9994	3.261979E-03	-1.288830E+00	3.816375E-03	-1.088753E-01	2.047111E-05	-1.221886E-08	5.035920E+01
31100101	三峡ALSTOM机组过流曲线	4	600	800	60	120	0.15	0.20	0.9998	1.897279E-03	-5.333954E-01	1.135773E-03	-5.670138E-02	1.683813E-05	-3.750262E-09	2.278902E+01
31100101	三峡ALSTOM机组过流曲线	5	800	1200	60	120	0.16	0.19	0.9998	-2.239762E-03	2.822679E+00	-8.273413E-03	3.742567E-01	-1.453263E-04	1.056484E-08	-2.201583E+02
31100601	三峡右岸东电机组过流曲线	1	0	300	60	120	0.56	0.74	0.9919	1.323051E-02	-3.078150E+00	8.713985E-03	1.521157E-01	-9.279153E-04	-1.365763E-07	2.949281E+00
31100601	三峡右岸东电机组过流曲线	2	300	500	60	120	0.21	0.25	0.9997	-9.988144E-04	1.084645E-01	-4.282492E-03	2.135471E-01	-1.337423E-04	1.444688E-08	-8.219094E+01
31100601	三峡右岸东电机组过流曲线	3	500	600	60	120	0.06	0.08	1.0000	1.805905E-03	-3.430090E-01	3.849604E-04	4.334112E-02	-6.519270E-05	-3.881305E-09	-1.256898E+01
31100601	三峡右岸东电机组过流曲线	4	600	700	60	120	0.08	0.11	1.0000	8.126410E-04	2.613874E-01	-1.354648E-03	-4.109330E-02	4.226616E-05	8.253108E-10	-1.054854E+00
31100601	三峡右岸东电机组过流曲线	5	700	900	60	120	0.07	0.10	1.0000	1.517060E-03	-2.312673E-01	-3.599529E-04	8.958760E-02	-8.534605E-05	-1.250969E-09	-2.965009E+01
31100601	三峡右岸东电机组过流曲线	6	900	1200	60	120	0.08	0.10	0.9996	-1.446840E-03	2.418910E+00	-7.235000E-02	2.084260E-01	-7.327350E-04	7.376997E-09	-1.457497E+02
31100401	三峡右岸ALSTOM机组过流曲线	1	0	300	60	120	0.15	0.19	0.9996	4.639435E-04	2.405556E-01	-1.131901E-03	6.904520E-02	-6.950332E-05	6.222781E-09	-2.615654E+01
31100401	三峡右岸ALSTOM机组过流曲线	2	300	500	60	120	0.08	0.11	0.9999	1.096972E-03	7.053588E-02	-6.199047E-04	-1.153987E-02	2.729403E-05	-6.725414E-10	-1.155066E+01
31100401	三峡右岸ALSTOM机组过流曲线	3	500	700	60	120	0.06	0.09	1.0000	1.189846E-03	6.441834E-03	-4.502935E-04	-3.379965E-03	2.458785E-05	-9.163338E-10	1.17131E+00

续表

曲线ID	曲线名称	分段号	X_{min0}	X_{max0}	Z_{min0}	Z_{max0}	绝对误差平均值	误差标准差	相关系数	A1	A2	A3	A4	A5	A6	A7
31100401	三峡右岸ALSTOM机组过流曲线	4	700	900	60	120	0.10	0.13	0.9999	2.171196E-03	-7.441979E-01	1.180577E-03	-8.483040E-03	-3.583090E-05	-3.666739E-09	1.663818E+01
31100401	三峡右岸ALSTOM机组过流曲线	5	900	1200	60	120	0.10	0.12	1.0000	2.955145E-03	-1.454933E+00	3.193118E-03	-1.016881E-03	-4.061864E-06	-6.112562E-09	7.499113E+01
31100603	三峡地下电站东电机组过流曲线	1	0	400	60	120	0.06	0.08	1.0000	2.646500E-03	-6.398826E-01	6.640764E-04	-8.450500E-03	2.735065E-05	-2.931473E-09	1.569603E+01
31100603	三峡地下电站东电机组过流曲线	2	400	500	60	120	0.22	0.26	0.9996	7.238981E-03	-2.327618E+00	5.938564E-03	-3.791633E-01	1.834793E-04	-4.120284E-08	1.022388E+02
31100603	三峡地下电站东电机组过流曲线	3	500	600	60	120	0.22	0.27	0.9996	-3.096983E-02	2.774446E+00	-8.600822E-01	4.658801E-01	-2.357293E-04	1.866581E-08	-2.130767E+02
31100603	三峡地下电站东电机组过流曲线	4	600	700	60	120	0.08	0.12	0.9999	-5.450509E-01	1.176914E+01	-3.771876E-03	1.204546E-01	-3.262260E-05	6.227931E-09	-7.587725E+01
31100603	三峡地下电站东电机组过流曲线	5	700	800	60	120	0.10	0.13	0.9999	2.308913E-03	-7.955774E-01	1.375343E-03	-3.406222E-02	-2.251963E-05	-4.601645E-09	2.636861E+01
31100603	三峡地下电站东电机组过流曲线	6	800	1000	60	120	0.06	0.07	1.0000	3.200609E-03	-1.467292E+00	2.325542E-03	-6.331979E-02	-3.953673E-05	-6.413974E-09	5.864057E+01
31100403	三峡地下电站ALSTOM机组过流曲线	1	0	400	60	120	0.12	0.15	0.9999	3.480505E-04	3.929578E-01	-1.701715E-03	1.016329E-01	-9.276960E-05	5.444681E-09	-3.863236E+01
31100403	三峡地下电站ALSTOM机组过流曲线	2	400	600	60	120	0.06	0.08	1.0000	7.934552E-04	2.283353E-01	-1.101946E-03	8.862984E-02	-6.884670E-05	1.090119E-09	-3.753069E+01
31100403	三峡地下电站ALSTOM机组过流曲线	3	600	800	60	120	0.08	0.10	1.0000	8.207540E-04	2.221740E-01	-1.027883E-03	7.030700E-02	-4.228203E-05	7.618244E-10	-3.683541E+01
31100403	三峡地下电站ALSTOM机组过流曲线	4	800	1200	60	120	0.05	0.06	1.0000	2.886357E-03	-1.423494E+00	3.111063E-03	-7.298775E-02	-1.909701E-05	-5.788668E-09	6.260847E+01
31100501	三峡右岸哈电机组过流曲线	1	0	400	60	120	0.09	0.11	0.9999	9.043154E-04	1.808303E-01	-9.418197E-04	1.901157E-02	8.631550E-06	-4.896229E-10	-2.126292E+01
31100501	三峡右岸哈电机组过流曲线	2	400	600	60	120	0.13	0.15	0.9999	1.192979E-03	1.309520E-01	-1.227482E-03	2.333698E-02	-1.989812E-05	-1.033019E-09	-2.120739E+01
31100501	三峡右岸哈电机组过流曲线	3	600	800	60	120	0.12	0.16	0.9999	1.194131E-03	7.929239E-02	-1.136925E-03	1.084932E-01	-8.751459E-05	-4.365964E-10	-4.617799E+01
31100501	三峡右岸哈电机组过流曲线	4	800	1200	60	120	0.26	0.36	0.9997	2.689152E-03	-1.017822E+00	1.106490E-03	-8.731086E-02	-1.796408E-05	-4.668177E-09	6.073867E+01
31100301	三峡电源电站哈电机组过流曲线	1	0	30	60	120	0.01	0.01	0.9998	9.564506E-03	8.758201E-03	-4.842452E-05	2.443769E-02	1.969940E-01	-1.293759E-08	-1.336051E+00
31100301	三峡电源电站机组过流曲线	2	30	40	60	120	0.01	0.01	1.0000	1.641726E-03	-5.059237E-02	-6.154644E-05	-9.319735E-03	-1.429989E-04	-4.261613E-08	-4.452404E-01
31100301	三峡电源电站机组过流曲线	3	40	50	60	120	0.01	0.01	1.0000	1.915959E-04	4.971297E-02	-2.051224E-04	1.333135E-01	-1.092438E-01	6.002255E-08	-4.519488E+00
31100301	三峡电源电站机组过流曲线	4	50	70	60	120	0.01	0.01	0.9999	-1.075551E-03	1.233777E-01	-4.095726E-04	2.153856E-01	-1.445699E-03	1.194861E-07	-8.203352E+00

表 2.14　葛洲坝机组出力-流量-水头拟合曲线

曲线ID	曲线名称	分段号	X_{min0}	X_{max0}	Z_{min0}	Z_{max0}	绝对误差平均值	误差标准差	相关系数	A1	A2	A3	A4	A5	A6	A7
11102001	葛洲坝小机组过流曲线	1	0	100	5	11	0.01	0.01	0.9983	7.152634E-04	-4.880817E-04	3.054085E-03	6.273588E-03	-4.204530E-05	-6.234015E-09	2.766633E-02
11102001	葛洲坝小机组过流曲线	2	0	100	11	30	0.01	0.02	0.9994	9.845022E-04	1.788604E-04	-9.464483E-05	3.543232E-03	-3.791066E-05	-5.375276E-09	-1.694891E-01
11102001	葛洲坝小机组过流曲线	3	100	200	5	11	0.01	0.01	0.9997	4.278708E-04	-1.164195E-01	8.700570E-03	1.878557E-03	-4.370498E-06	2.427716E-08	4.671177E-01
11102001	葛洲坝小机组过流曲线	4	100	200	11	30	0.02	0.02	0.9992	8.380710E-04	1.403148E-02	-1.386720E-04	1.212110E-03	-1.779771E-05	1.338859E-08	-1.281402E-01
11102001	葛洲坝小机组过流曲线	5	200	400	5	11	0.02	0.02	0.9990	4.753734E-04	-1.251327E-01	9.572935E-03	8.759060E-04	-9.500461E-07	-1.088617E-10	5.318316E-01
11102001	葛洲坝小机组过流曲线	6	200	400	11	30	0.02	0.02	0.9993	3.567629E-03	-5.835713E-01	1.077036E-02	-4.064332E-02	4.093011E-05	-2.237222E-07	6.353216E+00
11117501	葛洲坝大机组过流曲线	1	0	200	4	13	0.07	0.09	0.9850	9.788058E-03	7.751876E-02	-2.182256E-02	-1.215605E-02	-3.133573E-05	-1.483145E-06	-7.387778E+00
11117501	葛洲坝大机组过流曲线	2	0	200	13	30	0.05	0.07	0.9979	-1.338371E-03	4.375794E-01	-5.052893E-02	8.557651E-02	-1.667168E-04	1.316199E-07	-1.091774E+01
11117501	葛洲坝大机组过流曲线	3	200	300	4	13	0.06	0.06	0.9974	-4.614713E-03	2.920032E+00	-9.463404E-02	7.663646E-02	-7.845213E-05	4.215500E-07	-2.320061E-01
11117501	葛洲坝大机组过流曲线	4	200	300	13	30	0.02	0.03	0.9997	9.680012E-04	-2.154082E-04	-7.776809E-05	5.012597E-03	-6.114338E-06	-8.773103E-06	-1.348189E+00
11117501	葛洲坝大机组过流曲线	5	400	600	4	13	0.05	0.07	0.9990	-6.855045E-04	1.500984E+00	-5.119675E-02	2.006222E-02	-1.324209E-05	8.163983E-08	-1.102460E-01
11117501	葛洲坝大机组过流曲线	6	400	600	13	30	0.01	0.02	1.0000	1.056520E-03	1.412088E-03	-1.298616E-03	5.090334E-03	-1.813465E-06	-4.312646E-09	-6.680069E-01
11117501	葛洲坝大机组过流曲线	7	600	800	4	13	0.03	0.04	0.9997	-6.492126E-04	1.455783E+00	-4.074625E-02	1.880516E-02	-9.572228E-06	5.660436E-08	-1.149583E+01
11117501	葛洲坝大机组过流曲线	8	600	800	13	30	0.02	0.02	1.0000	1.157355E-03	-6.516021E-02	-9.295770E-04	-8.363825E-04	-2.021519E-06	-5.019469E-09	2.889743E-01
11117501	葛洲坝大机组过流曲线	9	800	1500	4	13	0.02	0.03	0.9999	-2.200393E-04	9.015735E-01	-6.270367E-03	1.294745E-03	-4.833450E-06	1.940992E-08	-8.874684E+00
11117501	葛洲坝大机组过流曲线	10	800	1500	13	30	0.04	0.07	0.9999	1.739578E-03	-4.858923E-01	2.395198E-03	-4.054587E-03	-3.813452E-06	-1.196353E-08	3.549867E-01
11117501	葛洲坝大机组过流曲线	11	300	400	4	13	0.07	0.08	0.9981	-1.620529E-03	1.906150E-02	-6.525211E-03	2.494669E-02	-1.469337E-05	1.573791E-07	-1.282626E+01
11117501	葛洲坝大机组过流曲线	12	300	400	13	30	0.01	0.01	1.0000	1.125160E-03	-4.241854E-02	-1.904792E-04	-3.942328E-03	3.697099E-06	-8.798366E-09	4.021095E-01
11114601	葛洲坝机组改造哈电过流曲线	1	0	400	4	13	0.02	0.03	0.9997	1.068180E-03	1.381362E-01	-7.195191E-03	3.671703E-03	-7.755761E-06	-1.494778E-09	-1.951200E+00
11114601	葛洲坝机组改造哈电过流曲线	2	0	400	13	30	0.04	0.05	0.9998	1.075447E-03	2.397800E-02	-1.638197E-03	4.260850E-03	-9.698627E-06	-3.269009E-09	-1.420442E+00
11114601	葛洲坝机组改造哈电过流曲线	3	400	600	4	13	0.01	0.01	1.0000	1.242384E-03	5.480589E-02	-5.683743E-03	-2.956675E-03	-6.697024E-07	-3.377421E-09	-3.960218E-01

续表

曲线ID	曲线名称	分段号	X_{min0}	X_{max0}	Z_{min0}	Z_{max0}	绝对误差平均值	误差标准差	相关系数	A1	A2	A3	A4	A5	A6	A7
11114601	葛洲坝机组改造哈电过流曲线	4	400	600	13	30	0.01	0.01	1.0000	1.082156E-03	5.899316E-03	-1.420436E-03	2.662903E-03	-4.343493E-06	-2.879231E-09	-1.365538E+00
11114601	葛洲坝机组改造哈电过流曲线	5	600	800	4	13	0.04	0.05	0.9997	-1.059333E-03	1.509106E+00	-3.679480E-02	2.696933E-02	-1.500345E-05	7.515537E-08	-1.363287E-01
11114601	葛洲坝机组改造哈电过流曲线	6	600	800	13	30	0.01	0.01	1.0000	1.226919E-03	-8.621083E-02	-6.155244E-04	-2.604987E-03	-1.419252E-06	-4.970719E-09	8.332142E-01
11114601	葛洲坝机组改造哈电过流曲线	7	800	2000	4	13	0.03	0.04	0.9999	1.152722E-04	4.400115E-01	1.311657E-02	1.285747E-02	-5.934884E-09	6.893661E-09	-7.518361E+00
11114601	葛洲坝机组改造哈电过流曲线	8	800	2000	13	30	0.01	0.02	1.0000	1.144124E-03	-1.531163E-02	-2.298505E-03	4.992816E-03	-7.165897E-06	-2.376136E-09	-2.376136E-09
11112501	葛洲坝小机组过流曲线	1	0	200	4	13	0.02	0.02	0.9989	6.013949E-04	1.384003E-01	-2.873071E-03	2.168932E-02	-4.937405E-05	1.784794E-08	-3.421334E+00
11112501	葛洲坝小机组过流曲线	2	0	200	13	30	0.04	0.06	0.9989	8.502826E-04	5.620060E-02	-1.741577E-03	2.657148E-03	-7.901433E-08	1.366959E-08	-3.047481E+00
11112501	葛洲坝小机组过流曲线	3	200	400	4	13	0.02	0.03	0.9995	8.279770E-04	1.326491E-01	-4.960205E-03	3.742069E-03	-5.837041E-06	1.099777E-08	-1.689938E+00
11112501	葛洲坝小机组过流曲线	4	200	400	13	30	0.03	0.04	0.9998	1.151034E-03	-7.431415E-01	6.948727E-04	-3.463133E-03	1.807802E-06	-6.775496E-08	5.396815E-01
11112501	葛洲坝小机组过流曲线	5	400	600	4	13	0.02	0.02	0.9998	4.608569E-04	2.844857E-01	-6.550823E-03	9.597521E-03	-9.432224E-06	2.406741E-08	-3.554318E+00
11112501	葛洲坝小机组过流曲线	6	400	600	13	30	0.05	0.06	0.9997	6.757014E-04	1.028833E-01	-1.301611E-03	7.989686E-03	-7.335900E-06	7.076018E-09	-2.412215E+00
11112501	葛洲坝小机组过流曲线	7	600	1600	4	13	0.04	0.04	0.9998	3.320445E-04	2.138478E-01	4.156347E-01	7.462020E-03	-5.551501E-06	1.558170E-08	-2.900936E+00
11112501	葛洲坝小机组过流曲线	8	600	1600	13	30	0.03	0.06	0.9997	1.779758E-03	-5.023646E-02	6.201104E-03	-1.089603E-02	-2.096195E-07	-1.792390E-08	5.820037E+00
11114602	葛洲坝机组改造东电过流曲线	1	0	400	4	13	0.03	0.04	0.9995	1.332173E-03	-1.290722E-01	5.494083E-03	2.234591E-03	-7.190168E-06	-2.623599E-08	-7.438105E-01
11114602	葛洲坝机组改造东电过流曲线	2	0	400	13	30	0.06	0.07	0.9996	1.112437E-03	5.023937E-02	-1.921577E-02	7.125175E-03	-1.511041E-05	-7.034918E-09	-2.047866E+00
11114602	葛洲坝机组改造东电过流曲线	3	400	600	4	13	0.04	0.04	0.9996	8.266258E-04	6.339863E-02	-1.549085E-04	3.335736E-03	-4.637130E-06	1.295125E-08	-1.537398E+00
11114602	葛洲坝机组改造东电过流曲线	4	400	600	13	30	0.01	0.01	1.0000	1.147643E-03	-2.442447E-02	-8.367181E-04	-5.877083E-03	3.386652E-06	-5.265556E-08	9.482126E-01
11114602	葛洲坝机组改造东电过流曲线	5	600	800	4	13	0.06	0.07	0.9994	4.207942E-04	2.807621E-01	-2.893940E-03	8.234086E-03	-5.925247E-06	2.426868E-08	-3.899485E+00
11114602	葛洲坝机组改造东电过流曲线	6	600	800	13	30	0.01	0.02	1.0000	1.305653E-03	-9.608047E-02	-5.605338E-04	-3.213457E-03	-5.759391E-07	-7.376600E-08	4.944248E-01
11114602	葛洲坝机组改造东电过流曲线	7	800	1600	4	13	0.02	0.03	0.9999	1.168858E-03	-4.807674E-01	3.877819E-02	-8.536486E-03	3.997940E-03	-2.830751E-09	3.875160E+00
11114602	葛洲坝机组改造东电过流曲线	8	800	1600	13	30	0.02	0.03	0.9999	8.217489E-04	2.506789E-01	-5.297943E-03	1.974149E-02	-1.425745E-05	2.303861E-08	-8.943050E+00

表 2.15　乌东德、白鹤滩机组出力-流量-水头拟合曲线

曲线ID	曲线名称	维数	分段号	Q_{min0}	Q_{max0}	H_{min0}	H_{max0}	绝对误差平均值	误差标准差	相关系数	A1	A2	A3	A4	A5	A6	A7
91100501	乌东德左岸机组过流曲线	3	1	0	400	95	200	0.24	0.30	0.9998	1.87314925E-04	4.66036415E-01	-1.31415566E-01	1.45949453E-01	-1.07153426E-04	4.03548210E-09	-5.32096693E+01
91100501	乌东德左岸机组过流曲线	3	2	400	550	95	200	0.23	0.27	0.9998	7.42374156E-04	3.82206786E-01	-1.34113024E-01	7.26989270E-02	-5.99728201E-02	1.26918056E-09	-4.13594879E+01
91100501	乌东德左岸机组过流曲线	3	3	550	700	95	200	0.18	0.22	0.9999	9.68865552E-04	2.66350611E-01	-1.03866603E-03	1.34739808E-01	-1.18260601E-01	8.10720614E-04	-5.47009934E+01
91100501	乌东德左岸机组过流曲线	3	4	700	800	95	200	0.08	0.09	1.0000	2.70054870E-03	-8.83700989E-01	1.13826472E-03	-3.04944668E-01	1.15568243E-01	-4.74714831E-09	1.30997584E+02
91100502	乌东德右岸机组过流曲线	3	1	100	400	80	200	0.20	0.27	0.9998	8.06079400E-04	2.16561993E-01	-7.58495845E-01	4.22294286E-02	-1.83568534E-05	7.92331909E-10	-2.58754260E+01
91100502	乌东德右岸机组过流曲线	3	2	400	550	80	200	0.19	0.23	0.9999	9.88000046E-04	1.67790742E-01	-7.51447663E-04	1.26127846E-02	-1.27925254E-05	2.91548938E-10	-1.69660973E+01
91100502	乌东德右岸机组过流曲线	3	3	550	800	80	200	0.22	0.30	0.9998	2.34803194E-03	-5.91456732E-16	6.08988180E-04	-6.26495575E-02	-3.52919009E-05	-4.03965295E-09	3.17130982E+01
81100500	白鹤滩左岸机组过流曲线	3	1	200	400	165	240	0.15	0.20	0.9999	8.56838359E-04	2.44380659E-01	-6.78033645E-04	8.63787177E-02	-1.28658912E-04	1.18883995E-09	-3.65538058E+01
81100500	白鹤滩左岸机组过流曲线	3	2	400	600	165	240	0.09	0.11	1.0000	1.57859318E-03	-1.49328936E-03	3.55295209E-05	-8.98183668E-04	-9.80831914E-05	1.29582884E-09	4.72223980E+00
81100501	白鹤滩右岸机组过流曲线	3	1	120	400	160	290	0.17	0.22	0.9999	9.46223170E-04	1.71875758E-01	4.72894696E-04	3.27923504E-02	-3.23875668E-03	8.43210831E-11	-2.56377492E+01
81100501	白鹤滩右岸机组过流曲线	3	2	400	600	160	290	0.20	0.26	0.9999	2.78899291E-03	-5.53309324E-01	1.37570809E-01	-2.40067744E-01	8.59310566E-06	-3.96017565E-09	7.61950977E+01

拟合函数形式：

$$P = A1HQ + A2H + A3H^2 + A4Q + A5Q^2 + A6HQ^2 + A7 \qquad (2.5)$$

式中，H 为机组净水头，单位为米；Q 为机组流量，单位为立方米每秒；P 为机组出力，单位为万千瓦；$A1$，$A2$，$\cdots$，$A7$ 为拟合系数。

拟合结果表明，所有拟合函数均具有很高的精度，误差小于 0.3%，相关系数均接近于 1。该拟合函数将在厂内经济运行负荷分配模型和总出力函数生成中使用，在优化计算中使用拟合后的函数，将大大加快计算速度。

2.3.4　机组水头损失曲线

同理，对机组水头损失曲线进行拟合，拟合结果见表 2.16。

拟合函数形式：

$$HLS = A1Q + A2Q^2 + A3Q^3 + A4Q^{0.5} + A5 \qquad (2.6)$$

式中，HLS 为机组水头损失，单位为米；Q 为工作流量，单位为立方米每秒；$A1$，$A2$，$\cdots$，$A5$ 为拟合系数。所有拟合函数都具有很高的精度，相关系数均接近于 1，拟合效果如图 2.19~图 2.24 所示。

机组水头损失是计算机组工作净水头的重要组成部分。低水头机组如葛洲坝机组，其出力对水头比较敏感，较小的水头变化会引起出力及流量较大的变化。因此，有必要通过实测数据对该曲线进行校正。目前，对葛洲坝机组进行出力计算时，水头损失采用近似的函数，即假定机组水头损失为电站总入库流量的函数。理论上，机组水头损失只与机组自身的工作流量相关，而且这一关系大多都能用多项式或指数函数近似模拟。因此，当前假定函数的计算结果与实际水头损失有多大误差，有待进一步验证。该误差如果达到一定程度，也可能是导致三峡—葛洲坝出入库流量计算不平衡的原因之一。

溪洛渡机组间水头损失差别较大，在满负荷时差别多达 3 米。尽管溪洛渡为高水头电站，机组出力对水头变化敏感度相对较弱，但机组间水头损失的差别会影响机组负荷分配的优先次序。三峡地下电站机组水头损失在满负荷状态明显高于其他机组，说明机组水头效益高。

表 2.16 机组水头损失拟合曲线

曲线名称	维数	分段号	Q_{min0}	Q_{max0}	绝对误差平均值	误差标准差	相关系数	A1	A2	A3	A4	A5	A6	A7
三峡单机流量-水头损失相关曲线	2	1	30	1808	0.002	0.003	1.0000	-9.27900139E-05	1.60868155E-06	-1.59925146E-11	0.0000000000E+00	1.04932248E-03	0.0000000000E+00	-3.70906653E-03
三峡地电单机流量-水头损失相关曲线	2	1	10	1621	3E-04	3E-04	1.0000	2.21842949E-07	1.91493252E-06	0.0000000000E+00	0.0000000000E+00	-8.07417966E-06	0.0000000000E+00	5.95431405E-05
向家坝 1#2#3#4#机组水头损失曲线	2	1	40	1552	0.002	0.003	1.0000	6.28629545E-06	2.22165081E-06	9.21972629E-12	0.0000000000E+00	-5.07205386E-05	0.0000000000E+00	-3.41004703E-04
向家坝 5#机组水头损失曲线	2	1	0	1200	0.003	0.003	1.0000	4.22789278E-06	2.17610989E-06	9.44264477E-12	0.0000000000E+00	0.0000000000E+00	0.0000000000E+00	-2.96794825E-05
向家坝 6#机组水头损失曲线	2	1	0	1200	0.003	0.003	1.0000	1.61280713E-05	2.32057049E-06	1.94454650E-11	0.0000000000E+00	0.0000000000E+00	0.0000000000E+00	-1.25621829E-03
向家坝 7#机组水头损失曲线	2	1	40	1520	0.003	0.003	1.0000	-1.55931837E-05	2.40329016E-06	1.61812800E-12	0.0000000000E+00	3.31275962E-04	0.0000000000E+00	-1.41137248E-03
向家坝 8#机组水头损失曲线	2	1	0	1200	0.002	0.003	1.0000	2.14370986E-06	2.52920374E-06	-2.65965683E-12	0.0000000000E+00	0.0000000000E+00	0.0000000000E+00	-4.55822655E-04
溪洛渡 1#机组水头损失曲线	2	1	0	710	0.002	0.003	1.0000	1.19013902E-05	1.16700616E-05	6.85577157E-11	0.0000000000E+00	-4.61425529E-05	0.0000000000E+00	2.23904316E+00
溪洛渡 2#机组水头损失曲线	2	1	0	807.3	0.002	0.003	1.0000	5.88538527E-06	9.71469686E-06	-1.09662232E-11	0.0000000000E+00	-1.13955788E-03	0.0000000000E+00	2.21992267E+00
溪洛渡 3#机组水头损失曲线	2	1	0	901	0.003	0.003	1.0000	-1.31152377E-05	7.80305094E-06	-4.51036806E-11	0.0000000000E+00	1.41111814E-04	0.0000000000E+00	2.19076785E+00
溪洛渡 4#机组水头损失曲线	2	1	0	800	0.002	0.003	1.0000	-2.05183823E-05	1.08469826E-05	-1.94564579E-11	0.0000000000E+00	0.0000000000E+00	0.0000000000E+00	2.17047649E+00
溪洛渡 5#机组水头损失曲线	2	1	0	800	0.002	0.003	1.0000	1.13663471E-05	8.78661487E-06	3.23236906E-11	0.0000000000E+00	0.0000000000E+00	0.0000000000E+00	2.14343840E+00
溪洛渡 6#机组水头损失曲线	2	1	0	800	0.002	0.002	1.0000	-1.01300082E-05	6.92986095E-06	-1.30775728E-10	0.0000000000E+00	0.0000000000E+00	0.0000000000E+00	2.12072181E+00
溪洛渡 7#机组水头损失曲线	2	1	0	784.2	0.002	0.002	1.0000	1.20977874E-04	1.00259273E-04	2.00395830E-10	0.0000000000E+00	-1.43481905E-03	0.0000000000E+00	2.10075597E+00
溪洛渡 8#机组水头损失曲线	2	1	0	895	0.002	0.003	1.0000	-9.02916823E-05	8.47131788E-05	-1.75740909E-10	0.0000000000E+00	9.86688289E-04	0.0000000000E+00	2.06993235E+00
溪洛渡 9#机组水头损失曲线	2	1	0	1060	0.002	0.002	1.0000	1.98065399E-03	3.95621577E-06	1.48284833E-09	0.0000000000E+00	-3.37415489E-02	0.0000000000E+00	2.21247415E+00
溪洛渡 10#机组水头损失曲线	2	1	0	800	0.002	0.002	1.0000	-3.12311381E-05	6.49626918E-06	-8.21506812E-11	0.0000000000E+00	0.0000000000E+00	0.0000000000E+00	2.07848658E+00
溪洛渡 11#机组水头损失曲线	2	1	0	800	0.002	0.002	1.0000	-1.47060555E-05	8.48908367E-06	-1.21589447E-10	0.0000000000E+00	0.0000000000E+00	0.0000000000E+00	2.08915386E+00
溪洛渡 12#机组水头损失曲线	2	1	0	766.2	0.002	0.003	1.0000	-7.17522052E-05	1.04657014E-05	-4.40738046E-11	0.0000000000E+00	8.83005776E-04	0.0000000000E+00	2.09963783E+00

续表

曲线名称	维数	分段号	Q_{min0}	Q_{max0}	绝对误差平均值	误差标准差	相关系数	A1	A2	A3	A4	A5	A6	A7
溪洛渡13#机组水头损失曲线	2	1	0	1023	0.002	0.003	1.0000	1.24938564E-04	6.73213078E-06	2.03568934E-10	0.0000000E+00	-1.69330582E-03	0.0000000E+00	2.12132432E+00
溪洛渡14#机组水头损失曲线	2	1	0	840.9	0.002	0.003	1.0000	5.78414294E-06	8.90670555E-06	4.84702230E-11	0.0000000E+00	-5.33790702E-05	0.0000000E+00	2.12908778E+00
溪洛渡15#机组水头损失失曲线	2	1	0	748.5	0.002	0.003	1.0000	-5.77932398E-05	1.10028666E-05	-6.40320482E-11	0.0000000E+00	9.12219208E-04	0.0000000E+00	2.13910685E+00
溪洛渡16#机组水头损失曲线	2	1	0	953.3	0.003	0.003	1.0000	6.42886683E-05	7.29115674E-06	8.87523096E-11	0.0000000E+00	-8.24648106E-04	0.0000000E+00	2.15996435E+00
溪洛渡17#机组水头损失曲线	2	1	0	822.7	0.002	0.003	1.0000	-1.12893847E-04	9.55673276E-06	-1.21483526E-10	0.0000000E+00	1.44779085E-03	0.0000000E+00	2.16916729E+00
溪洛渡18#机组水头损失曲线	2	1	0	722.9	0.002	0.003	1.0000	9.66339955E-05	1.12070214E-05	1.21504680E-10	0.0000000E+00	-1.27742945E-03	0.0000000E+00	2.19036252E+00
葛洲坝入库流量-大江水头损失失曲线	2	1	0	20000	0.003	0.004	0.9994	3.05147280E-05	-4.74160472E-10	0.0000000E+00	0.0000000E+00	0.0000000E+00	0.0000000E+00	-5.8274292E-03
葛洲坝入库流量-大江水头损失失曲线	2	2	20000	40000	0.003	0.004	0.9952	1.14403011E-04	-3.70100764E-09	3.77356246E-14	0.0000000E+00	0.0000000E+00	0.0000000E+00	-6.97146863E-01
葛洲坝入库流量-大江水头损失失曲线	2	3	40000	90000	0.004	0.005	0.9915	-4.92095879E-06	1.40034241E-11	0.0000000E+00	0.0000000E+00	0.0000000E+00	0.0000000E+00	5.41546343E-01
葛洲坝入库流量-二江头水头损失曲线	2	1	0	20000	0.003	0.004	0.9985	1.39655452E-05	-6.25980844E-11	0.0000000E+00	0.0000000E+00	0.0000000E+00	0.0000000E+00	2.49665706E-01
葛洲坝入库流量-二江水头损失曲线	2	2	20000	40000	0.003	0.003	0.9967	3.85647458E-05	-6.51402972E-10	0.0000000E+00	0.0000000E+00	0.0000000E+00	0.0000000E+00	-1.33759997E-02
葛洲坝入库流量-二江水头损失曲线	2	3	40000	90000	0.003	0.004	0.9985	-1.08303064E-05	3.41710802E-11	0.0000000E+00	0.0000000E+00	0.0000000E+00	0.0000000E+00	8.71758007E-01
葛洲坝机组水头损失0曲线	2	1	0	20000	0	0	1.0000	0.0000000E+00	0.0000000E+00	0.0000000E+00	0.0000000E+00	0.0000000E+00	0.0000000E+00	0.0000000E+00
乌东德左岸机组水头损失曲线	2	1	0	1000	0.002	0.003	1.0000	-4.26910946E-05	8.84957252E-06	0.0000000E+00	0.0000000E+00	8.08881813E-04	0.0000000E+00	6.65974479E-04
乌东德右岸机组水头损失曲线	2	1	0	1000	0.002	0.003	1.0000	-4.26910946E-05	8.84957252E-06	0.0000000E+00	0.0000000E+00	8.08881813E-04	0.0000000E+00	6.65974479E-04
白鹤滩左岸机组水头损失曲线	2	1	0	1000	0.002	0.003	1.0000	-4.26910946E-05	8.84957252E-06	0.0000000E+00	0.0000000E+00	8.08881813E-04	0.0000000E+00	6.65974479E-04
白鹤滩右岸机组水头损失曲线	2	1	0	1000	0.002	0.003	1.0000	-4.26910946E-05	8.84957252E-06	0.0000000E+00	0.0000000E+00	8.08881813E-04	0.0000000E+00	6.65974479E-04

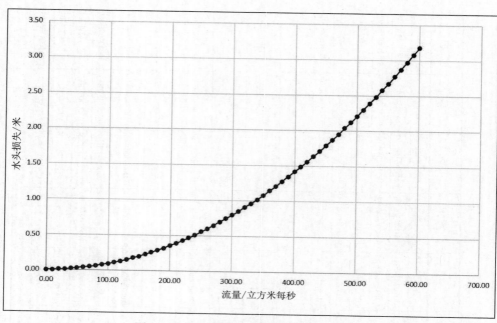

图 2.19　乌东德机组水头损失曲线拟合效果

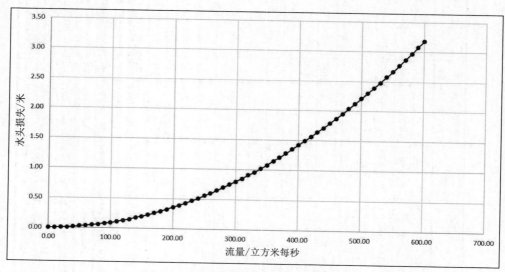

图 2.20　白鹤滩机组水头损失曲线拟合效果

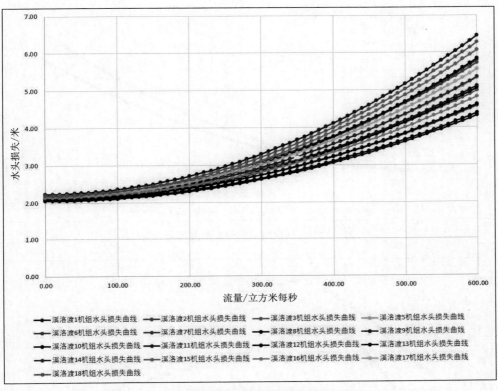

图 2.21　溪洛渡机组水头损失曲线拟合效果

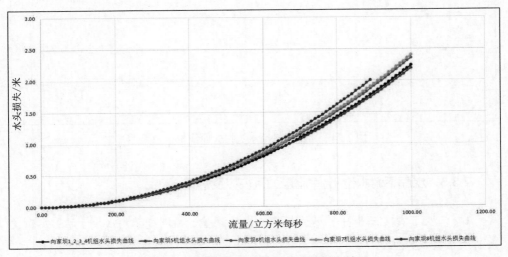

图 2.22　向家坝机组水头损失曲线拟合效果

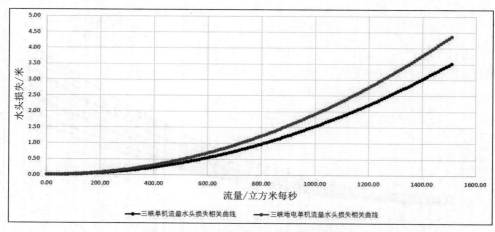

图 2.23　三峡机组水头损失曲线拟合效果

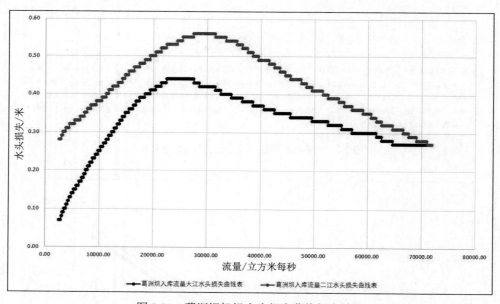

图 2.24　葛洲坝机组水头损失曲线拟合效果

2.3.5　水库下游水位-出库流量关系校核及修正

1. 三峡下游（三斗坪）水位与三峡出库流量、葛洲坝上游（5号站）水位关系曲线检验及修正

（1）关系校核。前面介绍的出库流量与下游水位的拟合曲线由目前系统使用

的原始数据拟合获得。原始曲线在水调数据库中获得，曲线代码 30160179。

该数据提供了当葛洲坝上游水位分别为 63 米、64.5 米、66 米时，三峡下游水位（三斗坪）与三峡出库流量间的关系。出库流量的范围为 100～90000 立方米每秒。该关系曲线如图 2.25 所示。

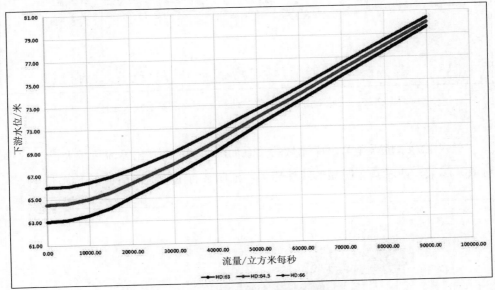

图 2.25　三峡出库流量-下游水位关系曲线

采用分段非线性拟合，拟合函数为：

$$H = \alpha_1 Q + \alpha_2 Q HD + \alpha_3 Q^2 HD + \alpha_4 HD^2 + \alpha_5 \tag{2.7}$$

式中，H 为三峡上游下游（三斗坪）水位，单位为米；Q 为三峡出库流量，单位为立方米每秒；HD 为葛洲坝上游（5 号站）水位，单位为米；α_i 为回归系数。

拟合系数及误差见表 2.7，误差小于水位变化范围的 1%。

得到拟合的函数关系后，将 2017 年 1 月 1 日—2018 年 7 月 16 日三峡出库流量、葛洲坝上游的实测逐时平均水位，代入拟合函数，可求得估算的三峡下游水位值。估算的下游水位值与对应的实际值，以及两者误差系列如图 2.26 所示。

如图 2.26 所示，估算值与实际值在洪水期存在较大误差，估算值过高估计三峡下游水位 30～50 厘米左右，这一误差会影响三峡出力及对应的流量计算。因此，该函数有必要重新拟合（正式使用有待权威技术部门批准）。

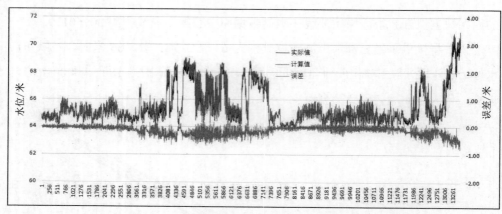

图 2.26　三峡下游实测水位、估算水位及误差系列示意图

三峡下游水位误差与出库流量的关系如图 2.27 所示，出库流量越大，误差（绝对值）越大，两者具有明显的线性相关，证明现有函数过高估计了下游水位。

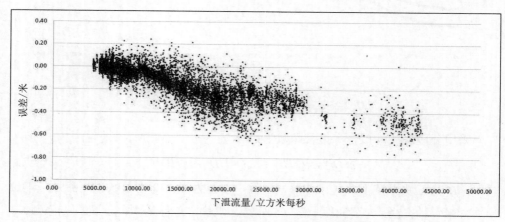

图 2.27　三峡下游水位误差与出库流量关系

（2）关系修正。利用 2017 年 1 月 1 日—2018 年 7 月 16 日三峡下游水位、葛洲坝上游水位及三峡出库流量小时实际观测值，重新拟合出库流量与下游水位的函数关系。函数形式同前，拟合参数、分段范围及误差统计值见表 2.17。

表 2.17　重新拟合的三峡出库流量与下游水位的函数关系

分段号	Xmin0	Xmax0	绝对误差平均值	误差标准差	相关系数	A1	A2	A3	A4	A5
1	0.00	5000	0.0143	0.0187	0.9996	4.729536E-03	1.444966E-04	-2.246080E-08	6.096194E-03	5.197187E+00
2	5000.00	8000	0.0320	0.0432	0.9949	-1.948872E-03	2.999816E-05	5.679975E-11	5.749668E-03	4.068750E+01
3	8000.00	12000	0.0326	0.0486	0.9940	1.695207E-04	-2.746008E-06	6.259568E-11	7.352155E-03	3.395917E+01
4	12000.00	20000	0.0661	0.0920	0.9936	6.842691E-04	-9.911734E-06	3.200681E-11	7.905282E-03	3.131042E+01
5	20000.00	30000	0.0692	0.0924	0.9917	-6.638507E-04	1.098006E-05	2.422433E-11	5.036561E-03	4.343586E+01
6	30000.00	60000	0.0700	0.0966	0.9897	2.776015E-03	-3.660393E-05	-4.355007E-11	1.640587E-02	-1.101705E+01

　　将 2017 年 1 月 1 日—2018 年 7 月 16 日观测值代入新函数，求出对应的三峡下游水位，并与实际值进行比较，两者对比及误差系列如图 2.28 所示，估算值与实际值在洪水期的误差绝对值较原始函数计算出的结果减少了 50%。

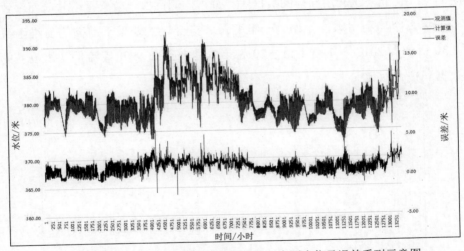

图 2.28　重新拟合后的三峡下游估算水位、实测水位及误差系列示意图

　　更新后的误差与流量如图 2.29 所示，表明误差-流量的线性关系基本消除，符合平稳、随机误差的特性。该图的误差分布表明，有不少计算点误差的绝对值大小超过 30 厘米，这些点应该是电站工况处于过渡期（比如调频、调峰等），统计的小时数据有波动，对实时计算影响不大。尤其是这类误差有正有负，在一天内，所带来的影响可以相互抵消。重新拟合后的关系模型可以应用到任意小时以上时段（日、周、旬）三峡下游平均水位的估算。

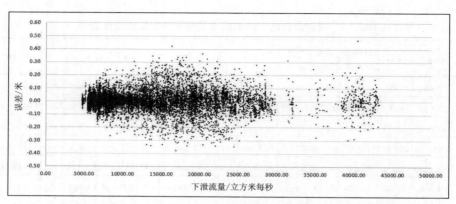

图 2.29 重新拟合后的出库流量与下游水位估算误差的关系图

（3）进一步研究。先前的研究表明，三峡出库流量与三峡下游水位和葛洲坝上游水位差也有良好的相关关系。利用该函数形式可以消除一维变量，使拟合变得更简单。在此，也利用同样的数据进行分析，测试拟合效果是否与前面一致。

计算表明，利用水位差作为一维变量，拟合误差要大于前面的三维函数。图 2.30 所示为 2017 年 1 月 1 日—2018 年 7 月 16 日三峡出库流量与水位差的实际数据和拟合对比。

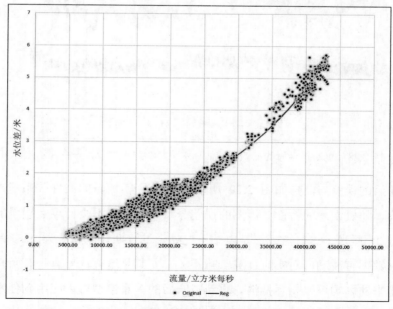

图 2.30 三峡水库出库流量与三峡—葛洲坝水位差关系曲线

误差与流量的相关关系如图 2.31 所示，其绝对值要大于重新拟合的三维函数。

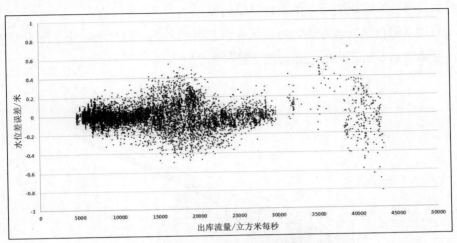

图 2.31 出库流量与水位差的关系

利用日平均数据可做同样的分析，得出日平均曲线。日平均曲线的变化范围比小时平均的变化范围要小，但趋势一样，且小时关系曲线包括日平均曲线。图 2.32 显示了小时曲线和日平均曲线的对比，小时数据拟合的函数关系同样适用日平均。

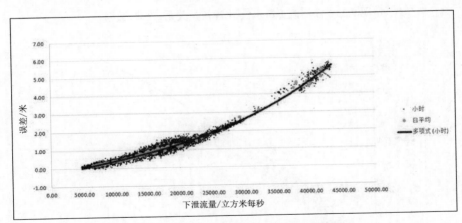

图 2.32 日平均出库流量与水位差的关系

2. 其他电站分析结果

同样的分析过程应用到溪洛渡电站、向家坝电站、葛洲坝电站。结果表明，目前使用的下游水位曲线与实测的数据相比都有明显的误差。与三峡相反，这三个电站的下游水位函数都会过高地估计下游水位。这样的误差会导致实际计算中，净水头偏高，给定出力下，流量计算值偏低。

利用观测值重新拟合该曲线，所有偏差得到矫正，绝对误差分布范围大幅减小。原始数据及矫正后的关系如图 2.33～图 2.50 所示。

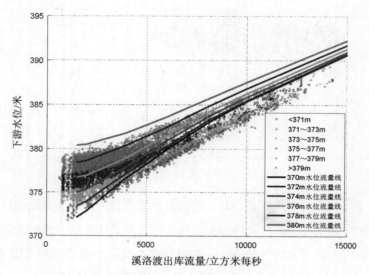

图 2.33　溪洛渡下游水位-出库流量关系（小时数据）

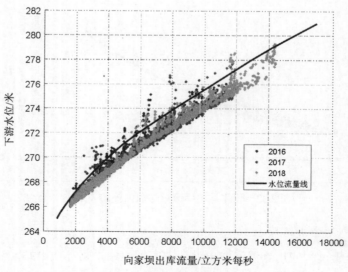

图 2.34　向家坝下游水位-出库流量关系（小时数据）

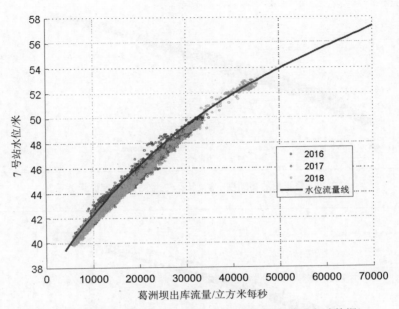

图 2.35 葛洲坝下游水位（7 号站）-出库流量关系（小时数据）

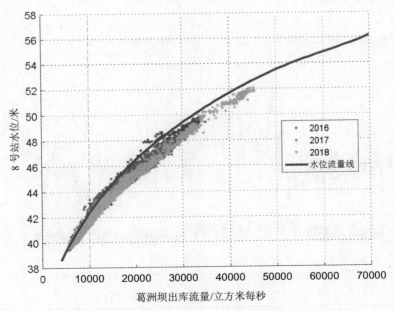

图 2.36 葛洲坝下游水位（8 号站）-出库流量关系（小时数据）

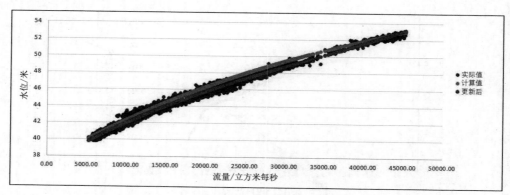

图 2.37　修正后的葛洲坝下游水位（7 号站）-出库流量关系

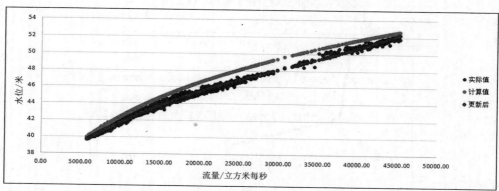

图 2.38　修正后的葛洲坝下游水位（8 号站）-出库流量关系（2017.1.1—2018.7.15）

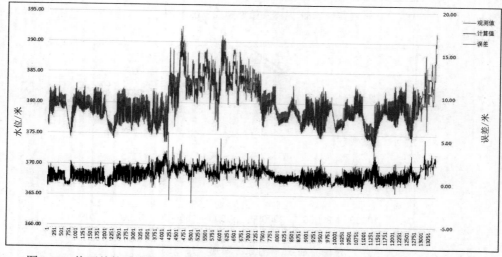

图 2.39　修正前的溪洛渡下游水位观测值、计算值、误差系列（2017.1.1—2018.7.15）

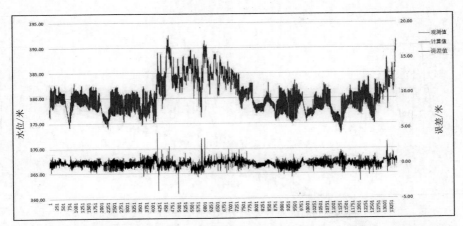

图 2.40　修正后的溪洛渡下游水位观测值、计算值、误差系列（2017.1.1—2018.7.15）

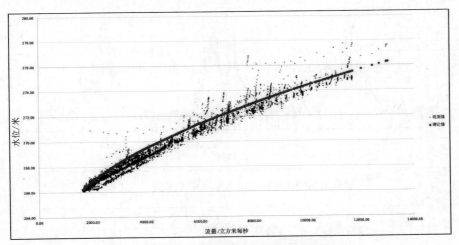

图 2.41　向家坝下游水位-出库流量关系拟合

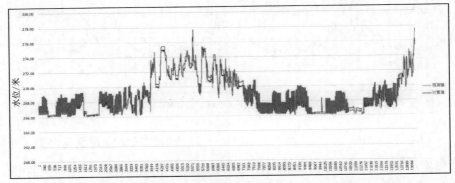

图 2.42　修正后的向家坝下游水位计算值小时系列比较（2017.1.1—2018.7）

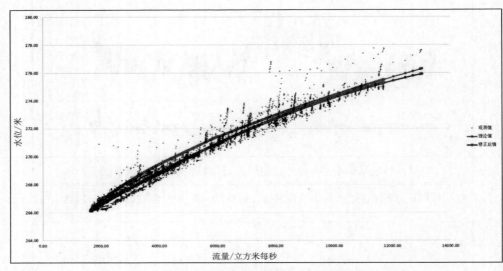

图 2.43　修正后的向家坝下游水位观测值、计算值对比图

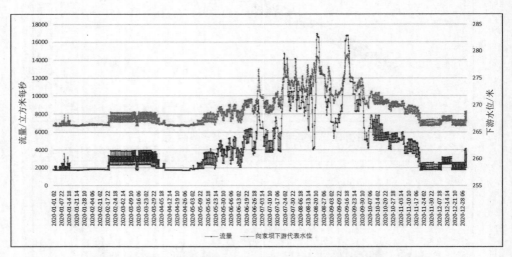

图 2.44　向家坝 2020 年下游水位与出库流量过程

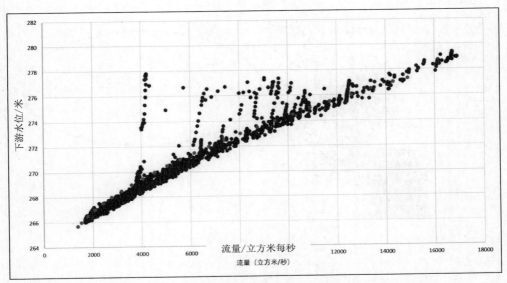

图 2.45　向家坝下游水位与流量 2020 年观察数据关系图（顶托影响明显可见）

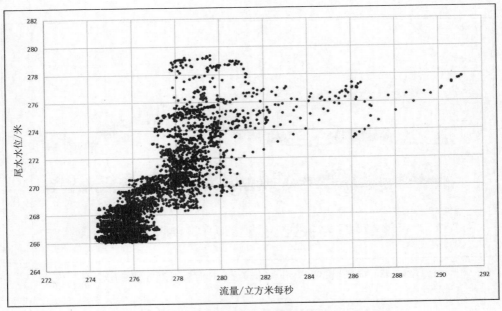

图 2.46　向家坝下游水位与高场水位（-4 小时）关系

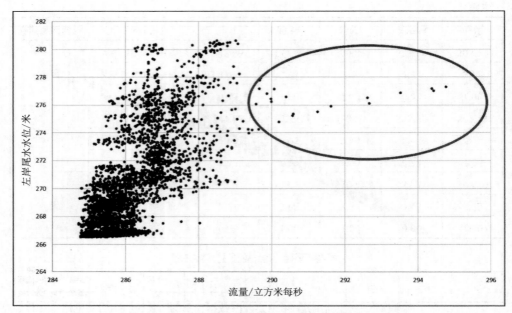

图 2.47　向家坝下游水位与横江水位（-8 小时）关系

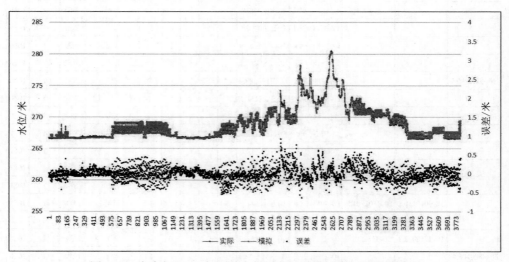

图 2.48　向家坝 2020 年下游水位无顶托时模拟值与观测值对比

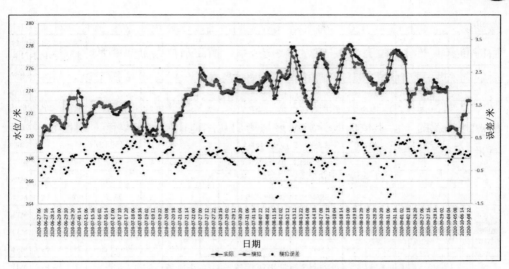

图 2.49 向家坝 2020 年下游水位受高场顶托时模拟值与观测值对比

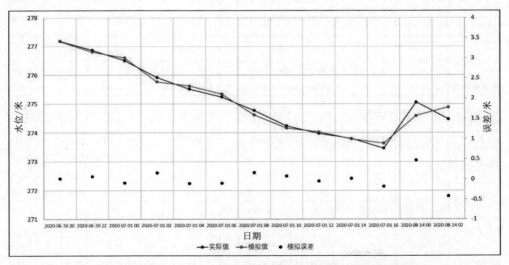

图 2.50 向家坝 2020 年下游水位受横江顶托时模拟值与观测值对比

正常情况下，电站下游水位只与下泄流量（和下游水库水位/有顶托时）相关，但向家坝是个特例。在洪水期，向家坝下游水位受下游支流岷江（高场水文站）和横江（横江水文站）的顶托，与下泄流量、高场水位、横江水位相关。有顶托时，向家坝下游水位比不考虑顶托的计算值要偏低 5～8 米，导致机组出力估算严重高估或流量低估。2020 年的数据分析表明，高场水位大于 279 米时，对 4 小时后的向家坝下游水位有直接的线性顶托关系；横江水位大于 290 米时，对 8 小时后的向家坝下游水位有直接线性顶托关系；当高场、横江水位低于以上顶托水位时，向家坝尾水只与其下泄流量有关。根据以上分析建立了新的下游水位分段曲线。利用新的下游水位曲线计算结果与历史观测值比较，平均绝对误差小于 15 厘米，与测量波动误差级别相当，修正效果良好。

向家坝修正后的下游水位曲线参数见表 2.18。

表 2.18　向家坝修正后的下游水位曲线参数

曲线名称	维数	分段号	绝对误差平均值	误差标准差	相关系数	函数	A1	A2	A3	A4	A5	A6
向家坝下游无顶托	2	1	0.13	0.18	0.999	$A1X+A2X^{0.5}+A3$	4.998620E-04	6.875467E-02	2.629736E+02			
向家坝下游高场顶托	3	1	0.18	0.23	1.000	$Q^2+H^2+HQ+Q+H+C$	6.689310E-10	-4.961177E-03	-4.826820E-05	1.426747E-02	3.596909E+00	-3.506623E+02
向家坝下游横江顶托	3	1	0.15	0.21	1.000	$Q^2+H^2+HQ+Q+H+C$	1.344780E-06	-1.309377E-02	-8.304830E-05	4.577338E-03	8.584970E+00	-1.044148E+03

建议技术部门认证后，将修正后的曲线纳入系统实际运算。由于调度运行环境的不断变化，建议建立长效机制，定期更新特征曲线。

为了更精确地估算发电效益，减少水量平衡计算误差，还需要利用观测数据对其他理论曲线或经验曲线进行校核和修正。这些曲线包括机组出力曲线和水头损失曲线。

2.3.6　机组预想出力曲线校正

根据历史运行数据，可以对机组预想出力曲线进行校正。图 2.51～图 2.57 为三峡、葛洲坝、溪洛渡不同型号机组 2020 年毛水头与出力的历史运行数据散点图，该散点图的外包线就是该机组的实际预想出力曲线。图中的虚线为厂家给定的原始预想出力曲线，实线为实际预想出力曲线。在机组负荷分配模型和电站出力估算时，应该采用实际出力限制线计算机组最大出力。向家坝电站水头较高，机组预想出力在运行水头范围内不会受阻，机组最大出力为装机容量。乌东德、白鹤滩目前还没有足够的实际运行数据，暂不做校正。

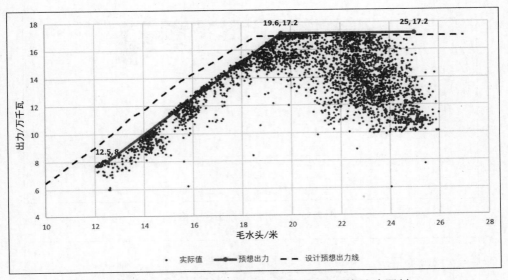

图 2.51 葛洲坝#1 机 2020 年有功历史数据与预想出力限制

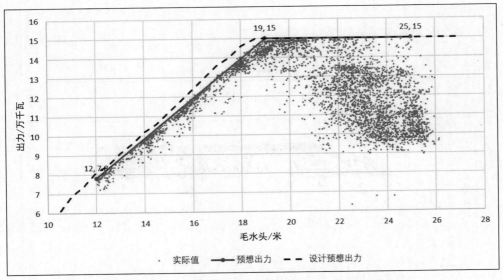

图 2.52 葛洲坝#12 机 2020 年有功历史数据与预想出力限制

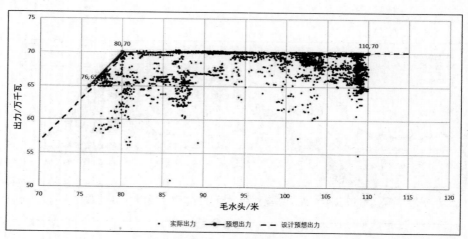

图 2.53 三峡#5 机预想出力修正

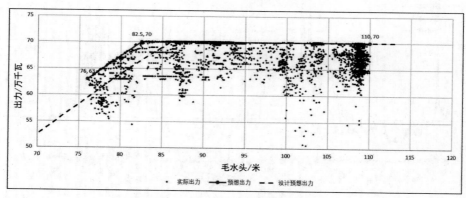

图 2.54 三峡#16 机预想出力修正

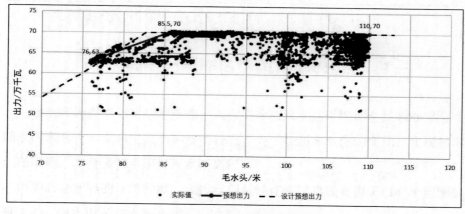

图 2.55 三峡#27 机预想出力修正

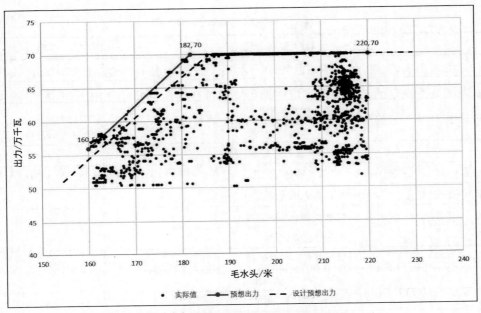

图 2.56　溪洛渡#5 机预想出力曲线修正

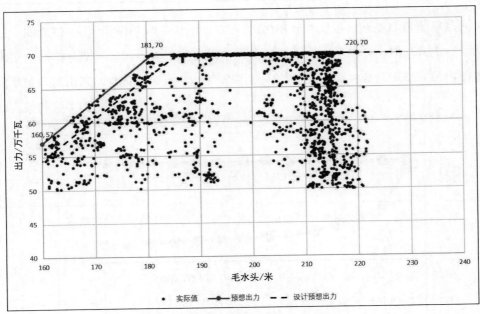

图 2.57　溪洛渡#13 机预想出力曲线修正

2.3.7 葛洲坝机组水头损失曲线

机组出力-流量-水头特征曲线中的水头一般指净水头。实际计算中，在水头损失函数不确定的情况下，可以根据历史运行数据，直接建立出力-流量-毛水头的关系。以下函数能够很好地拟合该非线性关系：

$$P = AQ^2 + BH^2 + CQH + DQ + EH + F$$

式中，Q 为机组流量，单位为立方米每秒；H 为毛水头，单位为米；P 为出力，单位为万千瓦；A，B，C，D，E，F 为回归系数。

葛洲坝典型机组曲线结果如下：

#1 机（图 2.58）：

A=-2.59156E-06，B=-0.003609084，C=0.001018762，

D=-0.000917488，E=0.050033178，F=0.084289776

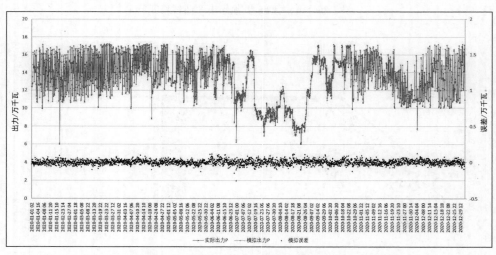

图 2.58   葛洲坝#1 机修正出力曲线后出力历史值与理论值对比

#12 机（图 2.59）：

A=-8.62801E-06，B=-0.006680157，C=0.000678065，

D=0.01275853，E=0.441857642，F= -8.630794437

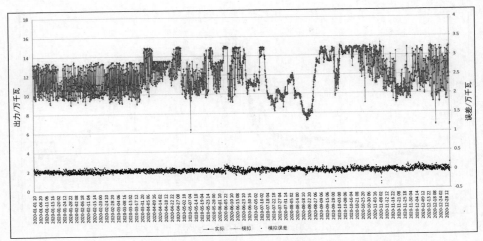

图 2.59　葛洲坝#12 机修正出力曲线后出力历史值与理论值对比

2.3.8　历史运行数据的其他用途

如前所述，历史运行数据可以用来验证、修正理论或经验公式。同时，历史数据也可以用来建立变量间新的函数关系。例如，利用小时历史运行数据（毛）水头、总发电流量以及总出力，可以建立三者间的非线性关系。这样的关系在短期发电计划制作时，比采用传统的经验公式要准确。同样，也可以建立日均出力与日均毛水头和总流量的关系，该关系运用在中长期模型的出力或电量估算中更为合适，如图 2.60～图 2.66 所示。

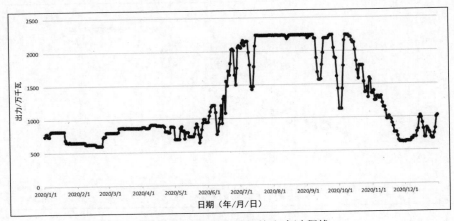

图 2.60　2020 年三峡日均出力过程线

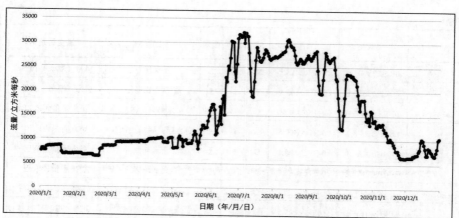

图 2.61　2020 年三峡日均发电流量过程线

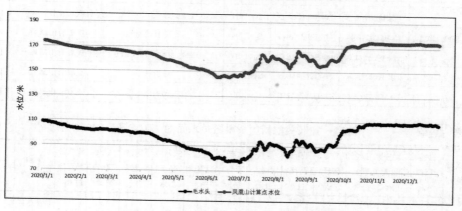

图 2.62　2020 年三峡日均水位与毛水头过程线

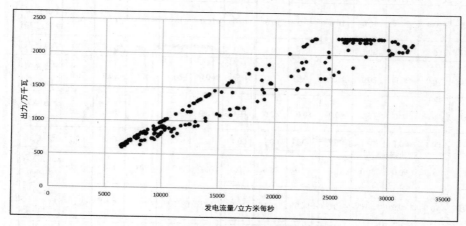

图 2.63　2020 年三峡日均出力-日均流量关系

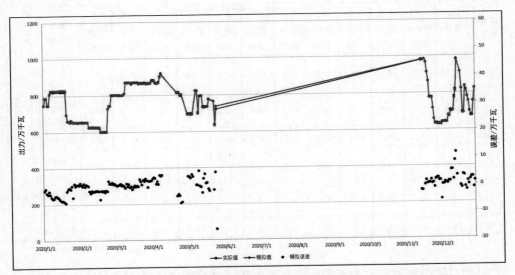

图 2.64　三峡 2020 年出力实际值与模拟值对比图（发电流量<10000 立方米每秒）

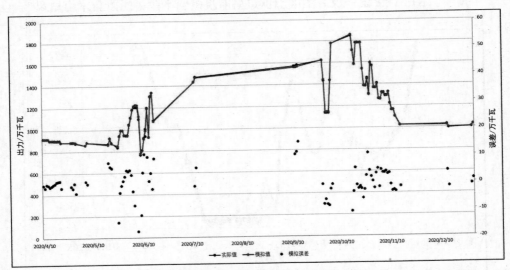

图 2.65　三峡 2020 年出力实际值与模拟值对比图（发电流量 10000～20000 立方米每秒）

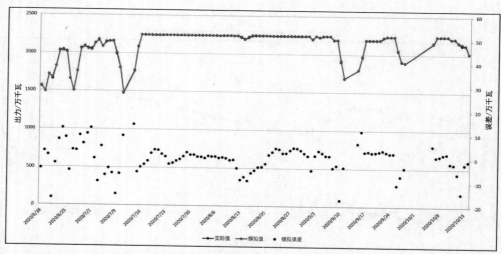

图 2.66　三峡 2020 年出力实际值与模拟值对比图（发电流量>20000 立方米每秒）

　　上述数据分析的功能将以工具软件的形式嵌入系统，作为系统的一个功能模块为后续的数据分析、曲线关系拟合、修正提供技术支撑。

　　拟合修正后的数据已存入系统数据库，为系统的模型运算提供数据支持。

第3章 梯级水库河道仿真模拟

决策支持系统的研究对象包括乌东德至葛洲坝间的河道及水库和电站。研究区域之外的支流入流将作为系统输入。相关的主要支流和水库示意图如图3.1所示。

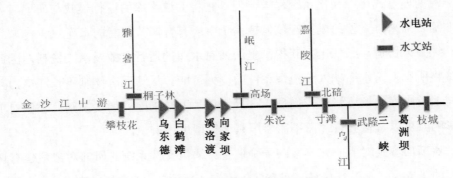

图 3.1 研究区域主要河段及水库

电站模拟主要是建立比较准确的电站发电函数关系，解决上下游水库出入库流量不平衡的问题；河道模拟是通过模拟计算建立不同时间尺度下水流在河道中的传播规律；水库模拟是指在给定调度方案和调度策略后，确定梯级水库运行状态以及各电站的发电计算和河道水力传输演算。

金沙江上游及三峡区间的支流上有众多不属于长江电力管理运行的电站和大型水库，它们的调度运行方式对本系统入库流量有直接影响。

决策支持系统的初始设计方案是假设支流水库调度方式未知，已知的数据为调节后的出流和天然径流预报值，根据历史资料，研究上游水库调度对天然径流的改变规律，以此寻找对天然径流预报成果的修正规律，提高预报精度。

决策支持系统运行过程中，对原方案中上游水库的处理进行了调整。经过多方协调，长江电力获得了上游所有水库的运行参数及水文资料。因此，直接将所有上游水库纳入到建模系统变为可能。原来制订的通过观察数据分析、调整预报流量的方案变为直接建立上游水库系统的调度模型。而有了上游水库群系统的调度模型，支流对干流的影响就可以直接进行评估。

3.1 上游支流水库群系统模拟模型

决策支持系统的初始研究对象为乌东德至葛洲坝干流上长江电力所属六座水库和区间河道。所有支流汇入到研究对象的流量假定为已知，并作为系统输入。这样的处理方式可以简化系统建模，但是它将上游水库的运行模式与研究对象人为地割裂开来，完整的模型应该包括系统中所有有调节性能的水库。

经多方协调，长江电力获得了上游所有水库的运行参数及水文资料。因此，直接将所有上游水库纳入到模型系统中变为可能。尽管现有体制下长江电力并不参与上游水库的调度管理，但是，一旦掌握了上游水库的调度规则，它们对下游的影响就可以直接获得，而不需要用黑箱模型进行辨识。

本节内容是对原研究方案的一个调整。决策支持系统的研究对象是建有调节水库的干支流（金沙江中游、雅砻江、岷江、嘉陵江、乌江）上的 28 座水库，其分布如图 3.2～图 3.5 所示。水库参数见表 3.1，2016—2018 年的月平均区间天然径流值见表 3.2。

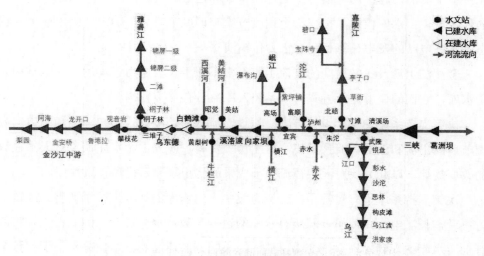

图 3.2　28 座水库示意图

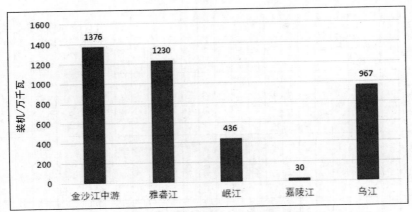

图 3.3　其余 24 座水库装机容量分布

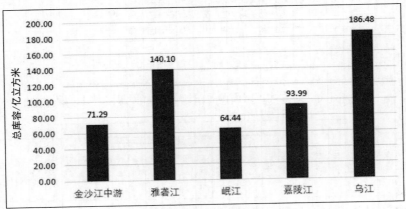

图 3.4　其余 24 座水库总库容分布

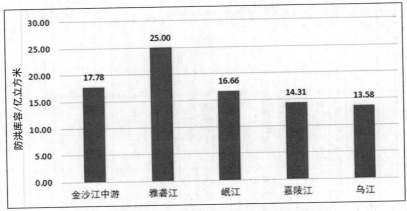

图 3.5　其余 24 座水库防洪库容分布

表 3.1 其余 24 座水库参数信息一览表

河流名	水库序号	水库名称	装机容量/万千瓦	正常蓄水位/米	死水位/米	汛期限制水位/米	调节库容/亿立方米	防洪库容/亿立方米	正常蓄水位库容/亿立方米	汛限水位库容/亿立方米	总库容/亿立方米	死水位库容/亿立方米
金沙江中游	11	梨园	240	1618	1605	1605.00	1.73	1.73	7.27	5.54	8.05	5.54
金沙江中游	12	阿海	200	1504	1492	1493.30	2.38	2.15	8.06	5.85	8.85	5.68
金沙江中游	13	金安桥	240	1418	1398	1410.00	3.47	1.58	8.47	6.91	9.13	5.01
金沙江中游	14	龙开口	180	1298	1290	1289.00	1.13	1.26	5.09	3.82	5.58	3.96
金沙江中游	15	鲁地拉	216	1223	1216	1212.00	3.76	5.64	16.40	10.49	17.18	11.72
金沙江中游	16	观音岩	300	1134	1122	1122.30	5.55	5.42	20.72	15.21	22.50	15.17
雅砻江	21	锦屏一级	360	1880	1800	1859.06	49.10	16.00	77.60	61.17	77.60	28.50
雅砻江	22	锦屏二级	480	1646	1640	1640.00	0.05	0.00	0.14	0.09	0.19	0.09
雅砻江	23	二滩	330	1200	1155	1190.40	33.70	9.00	58.00	48.82	61.40	24.20
雅砻江	24	桐子林	60	1015	1012	0.00	0.15	0.00	0.72	0.00	0.91	0.57
岷江	31	瀑布沟	360	850	790	841.00	38.94	15.00	50.11	42.84	53.32	11.17
岷江	32	紫坪铺	76	877	817	850.00	7.74	1.66	9.98	5.73	11.12	2.24
嘉陵江	41	碧口	30	704	685	695.00	1.46	1.03	1.53	0.50	5.21	0.07
嘉陵江	42	宝珠寺	70	588	558	583.00	13.10	2.68	20.60	17.90	25.50	7.60
嘉陵江	43	亭子口	110	458	438	447.00	17.50	10.60	34.68	23.04	41.16	17.18
嘉陵江	44	草街	50	203	200	200.00	0.65	0.00	7.54	5.55	22.12	6.80
乌江	51	江口	30	300	260	300.00	3.42	0.42	5.44	5.45	5.86	2.02
乌江	52	洪家渡	60	1140	1076	1138.00	33.61	1.55	44.97	43.41	49.47	11.36
乌江	53	乌江渡	125	760	720	756.00	13.60	1.90	21.40	19.56	23.00	7.90
乌江	54	构皮滩	300	630	590	626.20	31.54	4.01	55.64	51.21	64.55	24.10
乌江	55	思林	105	440	431	435.00	3.17	1.84	12.05	10.21	16.54	8.88
乌江	56	沙沱	112	365	354	357.00	2.75	1.54	7.66	5.52	9.21	4.91
乌江	57	彭水	175	293	278	287.00	5.18	2.32	12.20	9.80	14.65	6.94
乌江	58	银盘	60	215	212	0.00	0.37	0.00	1.83	0.00	3.20	1.46

表 3.2　上游支流水库区间天然径流月平均值　　　　　　单位：立方米每秒

水库名称	月份											
	1	2	3	4	5	6	7	8	9	10	11	12
梨园	469	431	432	615	832	1587	3608	2918	3367	2076	1092	704
阿海	76	70	61	67	99	222	850	805	611	312	155	98
金安桥	4	10	13	9	0	38	3	4	0	3	6	7
龙开口	78	72	84	20	28	50	62	108	20	24	56	37
鲁地拉	8	4	2	2	13	34	151	221	247	101	19	11
观音岩	44	30	53	33	20	28	17	91	164	73	32	45
锦屏一级	492	477	446	506	720	1773	3119	2026	2460	1944	962	603
锦屏二级	0	0	0	1	3	6	27	23	25	24	13	8
二滩	146	124	91	59	104	426	789	663	740	586	265	153
桐子林	67	56	129	63	75	395	638	452	678	520	175	129
瀑布沟	438	383	353	473	984	2205	2591	1567	2096	2145	887	566
紫坪铺	225	171	184	272	554	782	956	600	580	601	335	247
碧口	108	84	100	170	282	344	464	281	297	360	210	146
宝珠寺	8	28	29	43	18	91	245	103	46	25	6	2
亭子口	506	345	340	408	369	409	1203	631	422	647	440	515
草街	232	257	319	860	1159	1558	3234	1397	1571	1266	769	334
洪家渡	45	40	47	71	87	400	292	168	205	122	68	48
乌江渡	54	68	106	219	263	678	744	282	269	192	92	82
构皮滩	89	79	130	220	224	577	360	150	150	91	103	58
思林	39	34	47	79	137	216	179	76	83	84	71	37
沙沱	48	45	76	125	181	295	248	97	109	76	95	92
彭水	234	244	313	496	635	889	568	247	416	346	315	230
银盘	21	8	42	264	366	456	444	45	166	246	97	35

　　由于机组信息和出力计算所需数据不完整，无法按出力方式进行计算，但支流水库调度方式可以采用常规目标水位或目标流量进行计算。支流河道上水文站点数据缺失，无法建立河道演进模型。因此，支流水库调度模型与下游水库的结合只能用基本的水量平衡计算。

　　上游水库水量平衡方程为：

（1）金沙江中游：

$$S_{梨园}(k+1) = S_{梨园}(k) + NFL_{梨园}(k) - Q_{梨园}(k) - D_{梨园}(k) - EPV_{梨园}(k) \quad (3.1)$$

$$S_{阿海}(k+1) = S_{阿海}(k) + NFL_{阿海}(k) + Q_{梨园}(k) - Q_{阿海}(k) - D_{阿海}(k) - EVP_{阿海}(k) \quad (3.2)$$

$$S_{金安桥}(k+1) = S_{金安桥}(k) + NFL_{金安桥}(k) + Q_{阿海}(k) - Q_{金安桥}(k) - D_{金安桥}(k) - EVP_{金安桥}(k) \quad (3.3)$$

$$S_{龙开口}(k+1) = S_{龙开口}(k) + NFL_{龙开口}(k) + Q_{金安桥}(k) - Q_{龙开口}(k) - D_{龙开口}(k) - EVP_{龙开口}(k) \quad (3.4)$$

$$S_{鲁地拉}(k+1) = S_{鲁地拉}(k) + NFL_{鲁地拉}(k) + Q_{龙开口}(k) - Q_{鲁地拉}(k) - D_{鲁地拉}(k) - EVP_{鲁地拉}(k) \quad (3.5)$$

$$S_{观音岩}(k+1) = S_{观音岩}(k) + NFL_{观音岩}(k) + Q_{鲁地拉}(k) - Q_{观音岩}(k) - D_{观音岩}(k) - EVP_{观音岩}(k) \quad (3.6)$$

（2）雅砻江：

$$S_{锦屏一级}(k+1) = S_{锦屏一级}(k) + NFL_{锦屏一级}(k) - Q_{锦屏一级}(k) - D_{锦屏一级}(k) - EPV_{锦屏一级}(k) \quad (3.7)$$

$$S_{锦屏二级}(k+1) = S_{锦屏二级}(k) + NFL_{锦屏二级}(k) + Q_{锦屏一级}(k) - Q_{锦屏二级}(k) - D_{锦屏二级}(k) - EVP_{锦屏二级}(k) \quad (3.8)$$

$$S_{二滩}(k+1) = S_{二滩}(k) + NFL_{二滩}(k) + Q_{锦屏二级}(k) - Q_{二滩}(k) - D_{二滩}(k) - EVP_{二滩}(k) \quad (3.9)$$

$$S_{桐子林}(k+1) = S_{桐子林}(k) + NFL_{桐子林}(k) + Q_{二滩}(k) - Q_{桐子林}(k) - D_{桐子林}(k) - EVP_{桐子林}(k) \quad (3.10)$$

（3）岷江：

$$S_{瀑布沟}(k+1) = S_{瀑布沟}(k) + NFL_{瀑布沟}(k) - Q_{瀑布沟}(k) - D_{瀑布沟}(k) - EPV_{瀑布沟}(k) \quad (3.11)$$

$$S_{紫坪铺}(k+1) = S_{紫坪铺}(k) + NFL_{紫坪铺}(k) - Q_{紫坪铺}(k) - D_{紫坪铺}(k) - EVP_{紫坪铺}(k) \quad (3.12)$$

（4）嘉陵江：

$$S_{碧口}(k+1) = S_{碧口}(k) + NFL_{碧口}(k) - Q_{碧口}(k) - D_{碧口}(k) - EPV_{碧口}(k) \quad (3.13)$$

$$S_{宝珠寺}(k+1) = S_{宝珠寺}(k) + NFL_{宝珠寺}(k) + Q_{碧口}(k) - Q_{宝珠寺}(k) - \\ D_{宝珠寺}(k) - EVP_{宝珠寺}(k) \tag{3.14}$$

$$S_{亭子口}(k+1) = S_{亭子口}(k) + NFL_{亭子口}(k) + Q_{宝珠寺}(k) - Q_{亭子口}(k) - \\ D_{亭子口}(k) - EVP_{亭子口}(k) \tag{3.15}$$

$$S_{草街}(k+1) = S_{草街}(k) + NFL_{草街}(k) + Q_{草街}(k) - Q_{草街}(k) - \\ D_{草街}(k) - EVP_{草街}(k) \tag{3.16}$$

（5）乌江：

$$S_{洪家渡}(k+1) = S_{洪家渡}(k) + NFL_{洪家渡}(k) - Q_{洪家渡}(k) - D_{洪家渡}(k) - \\ EPV_{洪家渡}(k) \tag{3.17}$$

$$S_{乌江渡}(k+1) = S_{乌江渡}(k) + NFL_{乌江渡}(k) + Q_{洪家渡}(k) - Q_{乌江渡}(k) - \\ D_{乌江渡}(k) - EVP_{乌江渡}(k) \tag{3.18}$$

$$S_{构皮滩}(k+1) = S_{构皮滩}(k) + NFL_{构皮滩}(k) + Q_{乌江渡}(k) - Q_{构皮滩}(k) - \\ D_{构皮滩}(k) - EVP_{构皮滩}(k) \tag{3.19}$$

$$S_{思林}(k+1) = S_{思林}(k) + NFL_{思林}(k) + Q_{构皮滩}(k) - Q_{思林}(k) - \\ D_{思林}(k) - EVP_{思林}(k) \tag{3.20}$$

$$S_{沙沱}(k+1) = S_{沙沱}(k) + NFL_{沙沱}(k) + Q_{思林}(k) - Q_{沙沱}(k) - \\ D_{沙沱}(k) - EVP_{沙沱}(k) \tag{3.21}$$

$$S_{彭水}(k+1) = S_{彭水}(k) + NFL_{彭水}(k) + Q_{沙沱}(k) - Q_{彭水}(k) - \\ D_{彭水}(k) - EVP_{彭水}(k) \tag{3.22}$$

$$S_{银盘}(k+1) = S_{银盘}(k) + NFL_{银盘}(k) + Q_{彭水}(k) - Q_{银盘}(k) - \\ D_{银盘}(k) - EVP_{银盘}(k) \tag{3.23}$$

$$S_{江口}(k+1) = S_{江口}(k) + NFL_{江口}(k) + Q_{银盘}(k) - Q_{江口}(k) - \\ D_{江口}(k) - EVP_{江口}(k) \tag{3.24}$$

支流出流断面站点及流量计算方程为：

攀枝花： $$W_{攀枝花}(k) = Q_{观音岩}(k) \tag{3.25}$$

桐子林： $$W_{桐子林}(k) = Q_{桐子林}(k) \tag{3.26}$$

高场： $$W_{高场}(k) = Q_{瀑布沟}(k) + Q_{紫坪铺}(k) \tag{3.27}$$

北碚： $$W_{北碚}(k) = Q_{草街}(k) \tag{3.28}$$

武隆：
$$W_{武隆}(k)=Q_{江口}(k)+Q_{银盘}(k) \tag{3.29}$$

以上函数代表系统动态方程，也叫状态转移方程，式中 S 为水库蓄水量，也称状态变量；Q 为下泄流量，也称决策变量；NLF 为区间天然径流；D 为库区取水。为方便起见，上述方程可用以下简化的向量形式表示：

$$S(k+1)=f(S(k),Q(k),NLF(k),D),k=0,1,\cdots,N-1 \tag{3.30}$$

式中，斜体字母为向量：

$$S(k)=\begin{bmatrix} S_{梨园}(k) \\ S_{阿海}(k) \\ \cdots \end{bmatrix}_{28X1}, \quad Q(k)=\begin{bmatrix} Q_{梨园}(k) \\ Q_{阿海}(k) \\ \cdots \end{bmatrix}_{28X1},$$

$$NLF(k)=\begin{bmatrix} NLF_{梨园}(k) \\ NLF_{阿海}(k) \\ \cdots \end{bmatrix}_{28X1}, \quad D(k)=\begin{bmatrix} D_{梨园}(k) \\ D_{阿海}(k) \\ \cdots \end{bmatrix}_{28X1}$$

2018—2019 年各水库平均目标水位见表 3.3。

在常规调度方式中，给定各时段末目标水位 $HT(k+1)$，求出对应的蓄水量 $S(k+1)$，根据状态方程，即可求得时段决策变量 $Q(k)$。其他的常规调度方式还有目标流量和目标电量。

考虑梯级联合调度补偿效益，还可以配合下游需求修改上游主要水库的调度方式。常见的调度方式有以出口断面消减洪峰为目的的调度方案，和以增加出口断面流量为目的的补水调度方案。

以上模型的模拟演算除了确定各水库的调度方案外，还需要提供区间天然径流值。目前长江电力还没有较好的、涵盖整个系统的区间天然径流预报模型。而生成天然径流预报值最简单的办法是历史相似法，即从历史系列中找出与当前水文条件最相似的年份，取出其对应的天然径流值作为预报值进行计算。为了反映径流的不确定性，往往取出一组相似过程作为概率预报结果提供给调度模型。以上方法需要建立区间天然径流历史数据库，涉及水量平衡、水文模型，是一个相当复杂的过程，必须有专门部门从事这样的工作，其结果必须由权威部门认证，最终归入流域水资源数据库。

单位：米

表3.3 各水库 2018—2019 年目标水位

月份	日份	梨园	阿海	金安桥	龙开口	鲁地拉	观音岩	锦屏一级	锦屏二级	二滩	桐子林	瀑布沟	紫坪铺	碧口	宝珠寺	亭子口	草街	洪家渡	乌江渡	构皮滩	思林	沙沱	彭水	银盘	江口
1	1	1613.85	1503.33	1417.33	1297.33	1222.33	1130.53	1868.33	1646.00	1196.67	911.33	846.67	863.33	702.92	584.00	456.00	203.00	1125.20	753.31	603.00	438.67	365.00	291.67	215.00	300.00
1	11	1615.05	1503.00	1417.00	1297.00	1222.00	1131.01	1865.00	1646.00	1195.00	911.33	845.00	860.00	702.86	582.00	455.00	203.00	1123.59	752.84	602.00	438.00	365.00	291.00	215.00	300.00
1	21	1616.12	1502.67	1416.67	1296.67	1221.67	1130.63	1861.67	1646.00	1191.67	911.33	841.67	856.67	702.81	580.00	453.33	203.00	1122.26	752.23	601.33	437.33	364.33	290.67	215.00	300.00
2	1	1614.85	1502.33	1416.33	1296.33	1221.33	1130.32	1858.33	1646.00	1188.33	911.33	838.33	353.33	702.81	578.00	451.67	203.00	1121.01	751.66	600.00	436.00	363.00	290.33	215.00	300.00
2	11	1614.45	1502.00	1416.00	1296.00	1221.00	1129.83	1855.00	1646.00	1185.00	911.33	835.00	450.00	702.98	576.00	450.00	203.00	1119.60	751.82	599.00	435.83	362.00	290.00	215.00	300.00
2	21	1613.79	1501.67	1415.67	1295.67	1220.67	1129.91	1350.00	1646.00	1181.67	911.33	818.33	846.67	703.14	580.67	448.33	203.00	1118.96	752.23	599.00	434.67	361.00	289.67	215.00	300.00
3	1	1614.41	1501.33	1415.33	1295.33	1220.33	1130.77	1845.00	1646.00	1178.33	911.33	810.00	843.33	703.07	585.33	446.67	203.00	1118.16	752.40	598.00	434.00	361.00	289.33	215.00	300.00
3	11	1613.82	1501.00	1415.00	1295.00	1220.00	1130.85	1840.00	1646.00	1175.00	911.33	803.33	840.00	703.07	590.00	445.00	203.00	1116.94	753.01	597.00	433.00	360.00	288.67	215.00	300.00
3	21	1612.74	1500.33	1414.67	1294.67	1219.67	1130.30	1833.33	1646.00	1171.67	911.33	796.67	835.00	702.76	580.00	443.33	203.00	1115.80	752.85	596.00	432.00	359.00	288.33	215.00	300.00
4	1	1613.58	1500.33	1414.33	1294.33	1219.33	1129.27	1326.67	1646.00	1168.33	911.33	790.00	830.00	702.51	570.00	441.67	203.00	1115.35	751.73	595.00	431.00	358.00	288.00	215.00	300.00
4	11	1615.08	1500.00	1414.00	1294.00	1219.00	1128.71	1820.00	1646.00	1165.00	911.33	805.40	825.00	702.17	560.00	440.00	203.00	1114.52	750.52	594.00	431.00	357.00	287.67	215.00	300.00
4	21	1616.21	1499.67	1413.67	1293.67	1218.67	1128.90	1813.33	1646.00	1168.33	911.33	836.20	833.33	701.09	561.67	439.33	203.00	1113.34	749.42	592.67	432.33	357.00	287.33	215.00	300.00
5	1	1615.96	1499.33	1413.33	1293.33	1218.33	1129.66	1806.67	1646.00	1171.67	911.33	836.20	341.67	700.63	563.33	438.00	203.00	1113.50	749.01	591.33	433.67	357.00	287.00	215.00	300.00
5	11	1614.88	1499.00	1413.00	1293.00	1218.00	1130.62	1800.00	1646.00	1175.00	911.33	836.20	850.00	700.11	565.00	438.00	203.00	1113.03	749.00	590.00	435.00	357.00	287.00	215.00	300.00
5	21	1614.33	1497.00	1413.33	1291.33	1219.33	1129.27	1810.00	1646.00	1180.00	911.33	841.00	850.00	700.31	566.67	441.00	203.00	1113.31	749.20	591.67	435.00	357.00	287.00	215.00	300.00
6	1	1613.96	1495.00	1411.00	1289.67	1219.00	1130.09	1820.00	1646.00	1185.00	911.33	841.00	850.00	699.92	568.33	444.00	203.00	1114.36	750.57	593.33	435.00	357.00	287.00	215.00	300.00
6	11	1614.28	1493.28	1411.00	1288.00	1214.00	1129.73	1830.00	1646.00	1190.00	911.33	841.00	850.00	699.41	570.00	447.00	203.00	1116.88	751.85	595.00	435.00	357.00	289.00	215.00	300.00
6	21	1614.44	1493.10	1410.33	1288.33	1212.00	1130.70	1340.00	1646.00	1190.00	911.33	841.00	850.00	699.01	574.33	447.00	203.00	1121.93	755.25	596.67	435.00	357.00	287.00	215.00	300.00
7	1	1614.57	1493.20	1410.67	1288.67	1212.00	1129.59	1350.00	1646.00	1190.00	911.33	841.00	850.00	699.06	578.67	447.00	203.00	1126.52	756.99	598.33	435.00	357.00	237.00	215.00	300.00
7	11	1615.58	1493.30	1411.00	1289.00	1212.00	1130.11	1860.00	1646.00	1192.33	911.33	841.00	850.00	699.01	583.00	447.00	203.00	1130.34	754.86	600.00	435.00	357.00	287.00	215.00	300.00
7	21	1616.38	1496.87	1413.33	1292.00	1215.67	1130.75	1863.33	1646.00	1191.33	911.33	841.00	850.00	698.86	583.00	447.00	203.00	1130.37	752.06	600.00	435.00	357.00	287.00	215.00	300.00
8	1	1616.68	1500.43	1415.67	1295.00	1219.33	1130.63	1866.67	1646.00	1194.00	911.33	841.00	850.00	698.79	583.00	447.00	203.00	1130.61	751.31	600.00	436.67	357.00	289.00	215.00	300.00
8	11	1617.05	1504.00	1416.00	1295.00	1223.00	1131.08	1870.00	1646.00	1196.00	911.33	841.00	859.00	698.73	583.00	450.67	203.00	1130.87	751.13	601.67	438.33	357.00	289.00	215.00	300.00
8	21	1617.29	1504.00	1418.00	1298.00	1223.00	1130.53	1373.33	1646.00	1198.00	911.33	868.00	868.00	698.84	583.00	454.33	203.00	1130.70	751.91	603.33	438.33	357.00	291.00	215.00	300.00
9	1	1616.45	1504.00	1418.00	1298.00	1223.00	1130.64	1876.67	1646.00	1200.00	911.33	877.00	877.00	698.96	584.67	458.00	203.00	1130.75	753.12	605.00	440.00	359.67	293.00	215.00	300.00
9	11	1616.86	1504.00	1413.00	1298.00	1223.00	1131.17	1880.00	1646.00	1200.00	911.33	877.00	877.00	699.23	586.33	458.00	203.00	1130.52	753.89	606.67	440.00	362.33	293.00	215.00	300.00
9	21	1617.38	1504.00	1413.00	1298.00	1223.00	1131.31	1380.00	1646.00	1200.00	911.33	877.00	877.00	700.19	588.00	458.00	203.00	1130.07	754.65	608.33	440.00	365.00	293.00	215.00	300.00
10	1	1617.43	1504.00	1413.00	1298.00	1223.00	1132.97	1850.00	1646.00	1200.00	911.33	877.00	876.33	702.76	588.00	458.00	203.00	1129.40	755.05	610.00	440.00	365.00	293.00	215.00	300.00
10	11	1617.36	1504.00	1410.00	1298.00	1223.00	1132.90	1830.00	1646.00	1200.00	911.33	844.00	875.67	703.87	588.00	458.00	203.00	1129.06	754.77	609.33	440.00	365.00	293.00	215.00	300.00
10	21	1617.33	1504.00	1413.00	1298.00	1223.00	1132.78	1880.00	1646.00	1200.00	911.33	847.00	875.00	703.82	588.00	458.00	203.00	1128.84	754.66	608.67	440.00	365.00	293.00	215.00	300.00
11	1	1615.15	1504.00	1418.00	1298.00	1223.00	1132.97	1330.00	1646.00	1200.00	911.33	850.00	873.33	703.72	588.00	458.00	203.00	1127.69	753.82	607.00	440.00	365.00	293.00	215.00	300.00
11	11	1615.90	1504.00	1418.00	1298.00	1223.00	1130.37	1878.33	1646.00	1200.00	911.33	850.00	871.67	703.68	588.00	458.00	203.00	1126.61	753.68	606.00	440.00	365.00	293.00	215.00	300.00
11	21	1616.88	1504.00	1418.00	1298.00	1223.00	1130.97	1876.67	1646.00	1200.00	911.33	850.00	870.00	703.56	588.00	458.00	203.00	1125.52	753.12	605.00	440.00	365.00	293.00	215.00	300.00
12	1	1616.43	1503.67	1418.00	1298.00	1223.00	1131.07	1875.00	1646.00	1200.00	911.33	850.00	866.07	703.18	588.00	458.00	203.00	1124.31	753.12	604.00	440.00	365.00	293.00	215.00	300.00
12	11	1615.03	1503.33	1417.67	1297.67	1222.67	1131.57	1371.67	1646.00	1198.33	911.33	848.33	866.07	703.18	586.00	457.00	203.00	1124.31	752.84	604.00	439.33	365.00	292.33	215.00	300.00

以一个典型的长期调度模拟计算为例，用实际来水作为预报值，水库按目标水位调度，2018 年 1 月上旬至 2018 年 5 月下旬各水库水位、出入库流量以及出口断面流量过程线如图 3.6～图 3.15 所示。

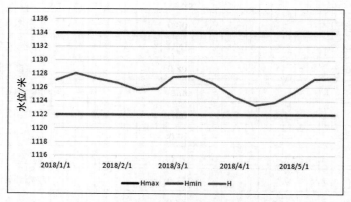

图 3.6　观音岩水库典型应用水位过程

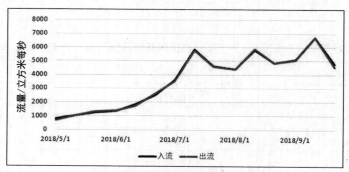

图 3.7　观音岩水库典型应用入流、出流过程

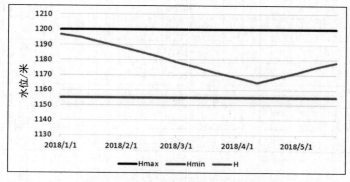

图 3.8　二滩水库典型应用水位过程

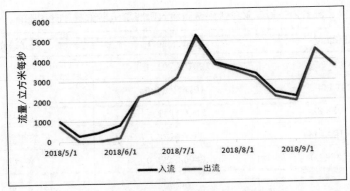

图 3.9　二滩水库典型应用入流、出流过程

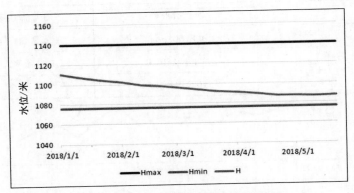

图 3.10　洪家渡水库典型应用水位过程

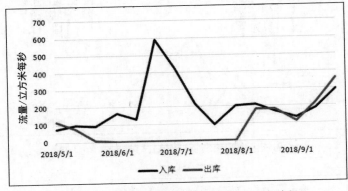

图 3.11　洪家渡水库典型应用入流、出流过程

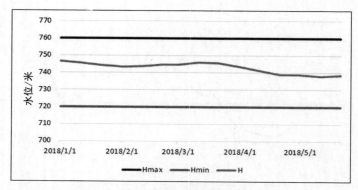

图 3.12　乌江渡水库典型应用水位过程

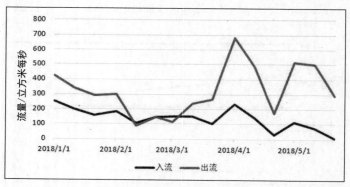

图 3.13　乌江渡水库典型应用入流、出流过程（1）

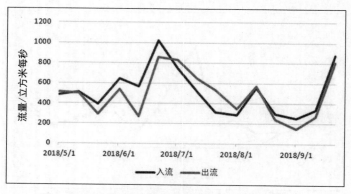

图 3.14　乌江渡水库典型应用入流、出流过程（2）

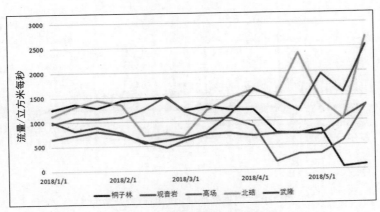

图 3.15　支流出流断面流量过程

上游水库系统模拟的输出为出口断面（攀枝花、桐子林、高场、北碚、武隆）的流量过程 $W(k)$。这些流量过程成为本项目研究对象的输入，进入下游河道系统，参与河道演进和水量平衡计算，它们的使用方法在后面河道演进模型中再作详细介绍。

3.2　河道仿真模拟计算

河道仿真模拟是指建立水流在河道中传播的数学模型，以预测在指定时间、指定断面的水流状态。模拟运行过程中主要关注的参数是断面流速和水位。

传统的解决方法有统计模型，一维、二维水动力学模型，Muskingum-Cunge河道演变模型等。水动力学模型在基础数据准确齐全的条件下，计算精度较高，可以求出整个河段任意断面的水体状态，但是水动力学模型计算速度过慢，与短期调度模型的实时要求和计算速度不匹配。

水库群短期调度模型要求快速计算水流在河道关键断面的状态，在短期调度模型中，河道模型是系统状态方程的一部分。

本书采用多种河道模拟方法，对于选定的时间步长（1 小时，6 小时、1 天），在指定河道断面建立上下游河道断面水流传递关系，并对各模型误差进行比较。建模断面包括溪洛渡入流、宜宾、泸州、朱沱、寸滩等，断面位置示意图如图 3.16所示。

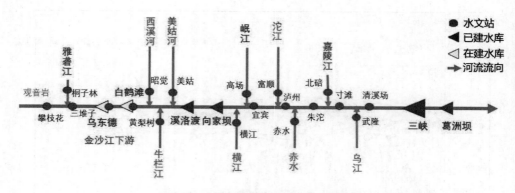

图 3.16 河道断面模拟断面位置示意图

1. GTRM 河道演进模型

GTRM 是佐治亚理工学院提出的河道演算最新方法，该方法已在多个系统中成功应用，对不同时间尺度均能达到满意效果。

GTRM 是一种基于水量平衡的非线性河道预报方法。该法将河道模拟成多个串联水库，利用观察数据建立每个水库（即河段）的下泄流量和河段损失与河段入流的关系。该法计算速度快，基于观察数据建模，可动态调整参数，还可根据需要调整时段尺度和选择河道断面，方便地与系统水库状态方程结合，组成整个水库、河道系统的仿真模拟状态方程。GTRM 原理示意图如图 3.17 所示。

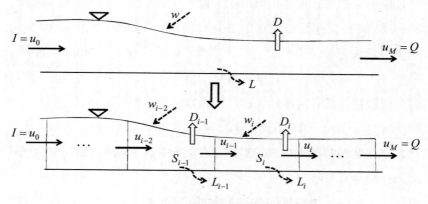

图 3.17 GTRM 原理示意图

该法将研究河道分成多个串联水库，水库之间水力联系满足水量平衡。已知数据包括上游入流 I 和最下游断面观察出流 Q，建模的目的是根据 I 和 Q 的观察值，确定各个串联水库的出流函数 u。

GTRM 模型需要解决两个问题：①串联水库的数目 M；②每个串联水库的出流函数 u。假定某河段所需的串联水库数目为 M，则每个河段水库在任意时段满足水量平衡方程：

$$S_i(k+1) = S_i(k) + u_{i-1}(k) - u_i(k) + w_i(k) - l_i(k) \tag{3.31}$$

式中，k 为时段变量；i 为河段序号，S_i 为河段槽蓄量；u_i 为河段下泄流量；l_i 为河段损失函数；w_i 为河段区间入流；u_{i-1} 为上级河段下泄流量。

下泄流量函数和损失函数，

$$u_i(k) = f_i^R(S_i(k/k+1)) \tag{3.32}$$

$$l_i(k) = f_i^L(S_i(k/k+1)) \tag{3.33}$$

可根据观察数据，利用非线性回归技术获得。$S_i(k/k+1)$ 为河段槽蓄状态变量，x 为 0~1 间的河段状态系数，一般 $x=0.4$。

$$S_i(k/k+1) = xS_i(k) + (1-x)S_i(k+1) \tag{3.34}$$

GTRM 模型辨识和参数率定包括求解三个嵌套的优化问题。串联水库多少的选择遵从最简约化原则。从最小数量 1 开始，逐渐增加至 M，直到获得 $u_M(k)$ 和 $Q(k)$ 的满意效果。经验表明，对复杂的系统，$M=3$ 就足够了。对选定的 M，需要确定最优下泄函数 $u_i(k) = u_i(S(k,k+1))$ 和损失函数 $L_i(k) = L_i(S(k,k+1))$，以及最佳参数 x。其寻求过程由以下步骤完成：

1）假定初始 $x_i = 0.5$，$u_i(S(k,k+1))$ 和 $L_i(S(k,K+1))$ 设为 $S(k,k+1)$ 的非下降函数，如线性函数。

2）固定 $L_i(S(k,k+1))$，求解以下优化问题：

$$\min_{\substack{u_i(k), i=1,\cdots,M \\ k=1,\cdots,N}} \sum_{k=1}^{N} \left\{ \theta_1 [u_1(k) - f_{u1}[S(k,k+1)]]^2 + \cdots \right.$$

$$+ \theta_M [u_M(k) - f_{uM}[S(k,k+1)]]^2 \tag{3.35}$$

$$\left. + \theta_{M+1}[u_M(k) - Q(k)]^2 \right\}$$

$$S_i(k+1) = S_i(k) + u_{i-1}(k) - u_i(k) + w_i(k) - f_{Li}[S_i(k,k+1)] - D_i(k)$$

$$i = 1,\cdots,M; \ k = 1,\cdots,N \tag{3.36}$$

上式中，θ_i 为优化权重系数，最后一项具有最高值，保证模拟值与观察值一致，

同时保持决策变量 $u_i(k)$ 在初始非下降函数附近。为保证权重系数的大小独立性，需要对相应项做归一化处理。此最优化问题的解用来生成新的非下降下泄函数 $u_i(S(k,k+1))$。重复迭代过程，直至目标函数不再改进。每次迭代后，下泄函数 $u_i(S(k,k+1))$ 都需要更新。首先将 $u(k)$ 和 $S(k,k+1)$ 分别排序，生成非下降关系，然后回归获得新的函数。

3）固定 $u_i(S(k,k+1))$，求解以下优化问题：

$$\min_{\substack{L_i(k),i=1,\cdots,M \\ k=1,\cdots,N}} \sum_{k=1}^{N} \big\{ \theta_1 [L_1(k) - f_{L1}[S(k,k+1)]]^2 + \cdots$$

$$+ \theta_M [L_M(k) - f_{LM}[S(k,k+1)]]^2 \qquad (3.37)$$

$$+ \theta_{M+1} [u_M(k) - Q(k)]^2 \big\}$$

$$S_i(k+1) = S_i(k) + u_{i-1}(S(k,k+1)) - u_i(S(k,k+1)) + w_i(k) - L_i(k) - D_i(k)$$

$$i = 1,\cdots,M; \ k = 1,\cdots,N \qquad (3.38)$$

同样，上式中，θ_i 为优化权重系数，最后一项具有最高值，保证模拟值与观察值一致，同时保持决策变量 $L_i(k)$ 在初始非下降函数附近。为保证权重系数的大小独立性，需要对相应项做归一化处理。此最优化问题的解用来生成新的非下降损失函数 $L_i(S(k,k+1))$。重复迭代过程，直至目标函数不再改进。每次迭代后，损失函数 $L_i(S(k,k+1))$ 都需要更新。首先将 $L(k)$ 和 $S(k,k+1)$ 分别排序，生成非下降关系，然后回归获得新的函数。

4）重复 2）和 3），直到函数 $u_i(S(k,k+1))$ 和 $L_i(S(k,k+1))$ 稳定收敛。

5）更新 x_i，$i=1,\cdots,M$，重复 3）。

经验表明，$u_i(S(k,k+1))$ 和 $L_i(S(k,k+1))$ 对 x 的值并不敏感，步骤 4）一般可以省略。2）和 3）的求解可用线性动态二次规划方法优化算法。

评价最佳下泄流量函数 $u_i(k)$ 和损失函数 $L_i(k)$ 时，采用以下误差统计参数综合考虑：

平均误差：

$$\frac{1}{N} \sum_{k=1}^{N} (W_k - W_k^0) \qquad (3.39)$$

绝对误差平均：

$$\frac{1}{N}\sum_{k=1}^{N}|W_k - W_k^0| \tag{3.40}$$

绝对误差相对值：

$$\frac{1}{N}\sum_{k=1}^{N}\frac{|W_k - W_k^0|}{W_k^0}\times 100 \tag{3.41}$$

均方差：

$$\sqrt{\frac{1}{N}\sum_{k=1}^{N}(W_k - W_k^0)^2} \tag{3.42}$$

相对均方差：

$$\sqrt{\frac{1}{N}\sum_{k=1}^{N}\left(\frac{W_k - W_k^0}{W_k^0}\times 100\right)^2} \tag{3.43}$$

模型输入：所选河段上下游水位、流量连续观察历史数据；模型输出：河段下泄流量函数和损失函数，所有河段的状态方程。

利用 GTRM 方法对所选站点不同传播时间建立了模型。模拟演算表明，所有模型都有很好的精度，绝对误差在 1.5%以内，预报相关系数达 99.5%。模型参数和结果见表 3.4 和图 3.18～图 3.24。

表 3.4 长江流域最优模型参数及性能统计

	$S(1)$ $m^3 \times 10^9$	x	C_w	$f[S(k/k+1),x]$	Avg Abs Error cms	Avg Outflow cms	% Error
Reach 1	12.6665	0.3	1.2182	Figure 2	428.13	4348.30	9.8
Reach 2	1.6121	0	1.02025	Figure 3	641.09	4175.60	15.4
Reach 3	0.4597	0.3	1.14734	Figure 4	828.59	10227.24	8.1

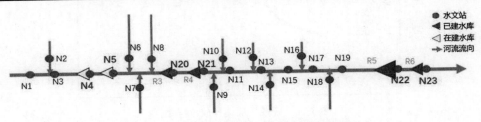

图 3.18 长江河流及流入流出节点示意图

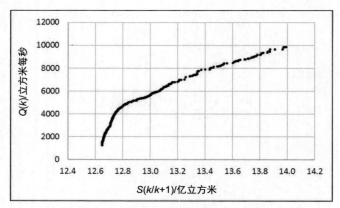

图 3.19　流域 1 最优释放-储存函数

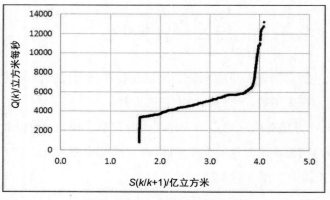

图 3.20　流域 2 最优释放-储存函数

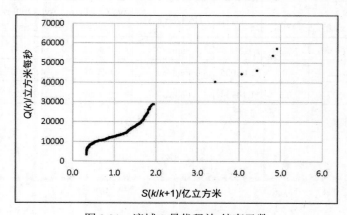

图 3.21　流域 3 最优释放-储存函数

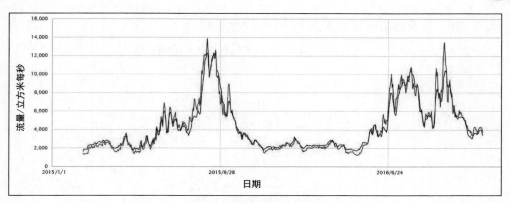

图 3.22　流域 1 中预期模型实时预测性能示意图

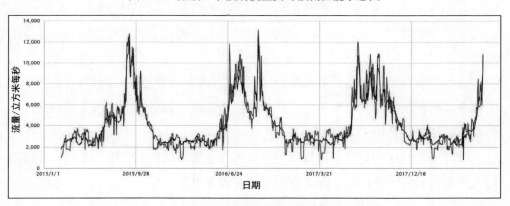

图 3.23　流域 2 中预期模型实时预测性能示意图

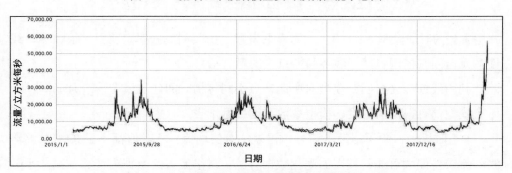

图 3.24　流域 3 中预期模型实时预测性能示意图

2. 线性多元自回归河道模型

线性多元自回归河道模型是线性马斯京根模型的扩展。线性马斯京根模型根据水量平衡推导出河段下泄流量 $Q(k+1)$ 是前一时段的下泄流量 $Q(k)$，前一时段的

入流 $I(k)$，以及面临时段的入流 $I(k+1)$ 的线性函数：

$$Q_{(k+1)} = C_0 I(k+1) + C_1 I(k) + C_2 Q(k) \tag{3.44}$$

其中：

$$\begin{cases} c_0 = \dfrac{\Delta t - 2kx}{2k - 2kx + \Delta t} \\ c_1 = \dfrac{\Delta t + 2kx}{2k - 2kx + \Delta t} \\ c_2 = \dfrac{2k - 2kx - \Delta t}{2k - 2kx + \Delta t} = 1 - c_0 - c_1 \end{cases} \tag{3.45}$$

式中，c_0，c_1，c_2 是 k、x 和 Δt 的函数。对于某一河段而言，只要确定了 k 和 x 值，c_0，c_1，c_2 即可求得，从而由入流过程和初始条件，通过上式逐时段演算，求得出流过程。

线性马斯京根模型有很多局限性，比如没有考虑以前更多时段对出流的影响。而这些影响往往是非常重要的，尤其是在作连续滚动预报时，输入变量的变化趋势对预报结果影响很大。

线性多元自回归模型的预报因子可以加入任意时段数的流量和入流，并可以加入其他有关的因子，比如降雨量等。函数的通用形式为：

$$Q(k+1) = \sum_{j=0}^{n} a_j Q(k-j) + \sum_{j=0}^{m} b_j I(k+1-j) + c \quad k = 0,1,\cdots,N \tag{3.46}$$

式中，k 为时段变量，a_j，b_j，c 为模型系数，由实测数据率定获得。很显然，线性多元自回归模型包括了线性马斯京根的所有信息。

利用线性多元自回归模型对所选站点不同传播时间建立模型。模拟演算表明，所有模型都有很好的精度，模型参数和结果见下表。

1 小时模型，除溪洛渡入流外，误差绝对值均值、相对值都小于 0.5%。溪洛渡入流误差偏大可能与使用的观测数据有关。溪洛渡入流数据为计算数据，小时系列误差比较大，不适合用来率定预报模型。较好的替代是利用入库站观察数据。利用 1 小时模型进行滚动多阶段预报，其误差会随时间增加而增加。

表 3.5～表 3.7 给出的提前 24 小时滚动误差表明，误差绝对值均值、相对值都小于 5%，在可接受的范围内。本模型没有考虑区间降雨作为预报因子。如果加

入降雨因子，预报误差可进一步减小。本模型还可以按季节分类，这样可以进一步提高预报精度，这将在后续工作中探讨。

表 3.5 主要站点 1 小时河道模型误差统计值 单位：米

预报提前时间	统计值	寸滩	宜宾	朱沱	溪洛渡	泸州
1 小时	误差绝对值均值	40.26	25.25	16.49	194.9	18.33
	误差绝对值均差/%	0.46	0.43	0.21	6.63	0.30
	相关系数	1.00	1.00	1.00	0.99	1.00
6 小时	误差绝对值均值	243.04	146.86	159.73	334.76	162.57
	误差绝对值均差/%	2.76	2.39	2.27	10.68	2.89
	相关系数	1.00	1.00	1.00	0.99	1.00
12 小时	误差绝对值均值	396.31	181.84	359.45	386.31	298.08
	误差绝对值均差/%	4.32	2.87	5.12	11.54	5.35
	相关系数	0.99	1.00	0.99	0.98	1.00
18 小时	误差绝对值均值	458.26	184.65	434.52	410.49	312.51
	误差绝对值均差/%	4.77	2.91	6.04	12.02	5.37
	相关系数	0.99	1.00	0.99	0.98	0.99
24 小时	误差绝对值均值	476.91	178.33	383.75	409.83	261.63
	误差绝对值均差/%	4.76	2.81	5.01	11.78	4.13
	相关系数	0.99	1.00	0.99	0.97	1.00

表 3.6 主要站点 24 小时河道模型误差统计值 单位：米

预报提前时间	统计值	寸滩	宜宾	朱沱	溪洛渡	泸州
1 天	误差绝对值均值	378.95	161.41	228.76	167.82	189.5
	误差绝对值均差/%	3.86	2.42	2.82	4.27	2.58
	相关系数	0.99	1.00	1.00	0.99	1.00
2 天	误差绝对值均值	481.11	174.09	270.53	206.60	192.27
	误差绝对值均差/%	4.98	2.66	3.3	5.12	2.63
	相关系数	0.99	1.00	1.00	0.99	1.00
3 天	误差绝对值均值	531.04	173.46	272.23	219.85	201.95
	误差绝对值均差/%	5.56	2.64	3.32	5.42	2.77
	相关系数	0.99	1.00	1.00	0.99	1.00

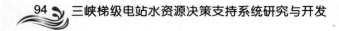

续表

预报提前时间	统计值	寸滩	宜宾	朱沱	溪洛渡	泸州
4 天	误差绝对值均值	542.69	172.29	270.86	221.76	202.51
	误差绝对值均差/%	5.69	2.62	3.3	5.47	2.78
	相关系数	0.99	1.00	1.00	0.99	1.00
5 天	误差绝对值均值	541.05	172.91	270.57	222.70	203.83
	误差绝对值均差/%	5.66	2.62	3.29	5.48	2.8
	相关系数	0.99	1.00	1.00	0.99	1.00
6 天	误差绝对值均值	537.51	173.59	270.84	222.71	204.40
	误差绝对值均差/%	5.61	2.62	3.29	5.47	2.80
	相关系数	0.99	1.00	1.00	0.99	1.00

表3.7 主要站点河道模型参数

模型序号	时间步长/小时	预报变量	预报因子	因子项数	$T1$	$T2$	$T3$	$T4$	$A1$	$A2$	$A3$	$A4$	C
4101	1	宜宾	横江	2	0	-1			7.850855E-03	7.055783E-02			
4101	1	宜宾	高场	2	0	-1			5.036554E-02	2.836464E-03			
4101	1	宜宾	宜宾	2	-1	-2			1.696299E+00	-7.485213E-01			1.769898E+01
4101	1	宜宾	向家坝下游	2	0	-1			-1.630128E-03	5.321196E-02			
4501	1	朱沱	横江	2	0	-1			-9.707272E-03	1.581523E-02			
4501	1	朱沱	高场	2	0	-1			3.907063E-03	1.629933E-03			
4501	1	朱沱	富顺	2	0	-1			6.457635E-03	-4.556549E-04			
4501	1	朱沱	赤水	2	0	-1			2.249227E-03	-1.110875E-02			
4501	1	朱沱	朱沱	2	-1	-2			1.880561E+00	-8.851989E-01			2.039580E-01
4501	1	朱沱	向家坝下游	2	0	-1			1.361982E-02	-9.178954E-03			
1301	1	溪洛渡	溪洛渡	2	-1	-2			1.128186E+00	-1.946650E-01			3.215731E+01
1301	1	溪洛渡	攀枝花	2	0	-1			1.626182E-02	5.562539E-02			
1301	1	溪洛渡	桐子林水文站	2	0	-1			6.677992E-03	5.029984E-02			
1301	1	溪洛渡	昭觉	2	0	-1			7.323888E-03	-4.418046E-03			
1301	1	溪洛渡	黄梨树	2	0	-1			7.741746E-02	1.411246E-01			
4301	1	泸州	横江	4	0	-1	-2	-3	9.342396E-03	-4.823849E-03	-8.109103E-03	2.911040E-02	
4301	1	泸州	高场	4	0	-1	-2	-3	6.995010E-03	1.628481E-02	-7.703176E-02	6.661142E-02	
4301	1	泸州	富顺	4	0	-1	-2	-3	7.535066E-02	-1.041232E-01	3.292215E-02	1.260817E-02	
4301	1	泸州	泸州	2	-1	-2			1.866326E+00	-8.790161E-01			-4.804958E-01
4301	1	泸州	向家坝下游	4	0	-1	-3	-4	-5.860319E-03	-1.443694E-03	-1.295087E-03	2.061023E-02	
47012	1	寸滩	横江	4	0	-1	-2	-3	2.072493E-02	-4.654058E-02	3.106950E-02	7.123057E-03	
47012	1	寸滩	高场	4	0	-1	-2	-3	-4.096459E-02	8.915216E-02	-8.892987E-02	4.675158E-02	

续表

模型序号	时间步长/小时	预报变量	预报因子	因子项数	T1	T2	T3	T4	A1	A2	A3	A4	C
47012	1	寸滩	富顺	4	0	-1	-2	-3	5.900663E-02	-5.753516E-02	3.301495E-02	-4.060672E-04	
47012	1	寸滩	赤水	4	0	-1	-2	-3	1.281861E-01	-1.466668E-01	-1.119475E-01	1.656510E-01	
47012	1	寸滩	北碚	4	0	-1	-2	-3	1.316844E-02	-1.128325E-01	3.870535E-01	-2.749895E-01	
47012	1	寸滩	寸滩	2	-1	-2			1.646457E+00	-6.566787E-01			6.769237E-01
47012	1	寸滩	向家坝下游	4	0	-1	-3	-4	-7.805604E-03	2.718906E-03	2.229010E-03	1.392532E-02	
4724	24	寸滩	横江	2	0	-1			5.973995E-01	1.110289E+00			
4724	24	寸滩	高场	2	0	-1			-2.017065E-01	6.390997E-01			
4724	24	寸滩	富顺	2	0	-1			1.052429E+00	1.249432E-01			
4724	24	寸滩	北碚	2	0	-1			8.868383E-01	-3.321797E-01			
4724	24	寸滩	寸滩	2	-1	-2			7.014029E-01	-1.991762E-01			2.198180E+02
4724	24	寸滩	向家坝下游	2	0	-1			-7.377189E-02	5.525542E-01			
4124	24	宜宾	横江	2	0	-1			1.020277E+00	4.263656E-01			
4124	24	宜宾	高场	2	0	-1			8.443701E-01	2.987980E-03			
4124	24	宜宾	宜宾	2	-1	-2			2.134999E-01	-5.878225E-02			2.743488E+02
4124	24	宜宾	向家坝下游	2	0	-1			7.442582E-01	9.029015E-02			
4524	24	朱沱	横江	2	0	-1			1.681334E-01	1.473115E+00			
4524	24	朱沱	高场	2	0	-1			8.938811E-02	7.103293E-01			
4524	24	朱沱	富顺	2	0	-1			7.718622E-01	2.461010E-01			
4524	24	朱沱	赤水	2	0	-1			1.758282E+00	5.106244E-02			
4524	24	朱沱	朱沱	2	-1	-2			2.518487E-01	-5.254078E-02			-6.262399E+01
4524	24	朱沱	向家坝下游	2	0	-1			7.114287E-02	7.791988E-01			
1324	24	溪洛渡	溪洛渡	2	-1	-2			5.132528E-01	-1.084019E-01			9.414134E+01
1324	24	溪洛渡	攀枝花	2	0	-1			1.529445E-01	5.280612E-01			
1324	24	溪洛渡	桐子林水文站	2	0	-1			1.620686E-01	4.525792E-01			
1324	24	溪洛渡	昭觉	2	0	-1			1.091664E-02	4.502821E-03			
1324	24	溪洛渡	黄梨树	2	0	-1			4.519395E+00	-3.362356E+00			
4324	24	泸州	横江	4	0	-1	-2	-3	7.148546E-01	1.793061E+00	-6.701193E-01	-2.667094E-01	
4324	24	泸州	高场	4	0	-1	-2	-3	3.324475E-01	6.540999E-01	-1.371174E-01	-8.781013E-02	
4324	24	泸州	富顺	4	0	-1	-2	-3	1.169293E+00	1.778004E-01	-5.947556E-01	2.418297E-01	
4324	24	泸州	泸州	2	-1	-2			5.452863E-02	1.693850E-01			-1.135146E+02
4324	24	泸州	向家坝下游	4	0	-1	-3	-4	2.929633E-01	6.786629E-01	-2.070177E-01	6.190626E-03	

24 小时模型，除溪洛渡外，误差绝对值均值、相对值都小于 4%。滚动预报演算表明，误差绝对值均值、相对值在 3 天后基本稳定，均在 5.5%以内，说明模型不会发散。同样，如果加入降雨因子，预报误差可进一步减少。按季节建模可

以进一步提高预报精度。

模拟计算表明，线性多元自回归模型对所有站点都有很好的预报精度。该方法实施简单，可以随时根据新增数据或最新观察数据率定新的参数而修改模型。是一种值得推荐的快速河道预报模型。

寸滩断面小时流量滚动预报结果对比图如图 3.25～图 3.31 所示。

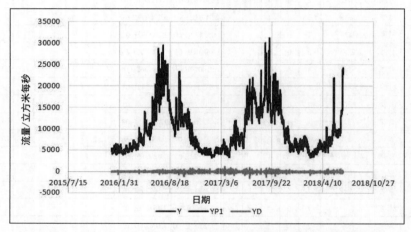

图 3.25　寸滩小时流量 1 小时预报值、实测值、误差系列过程线

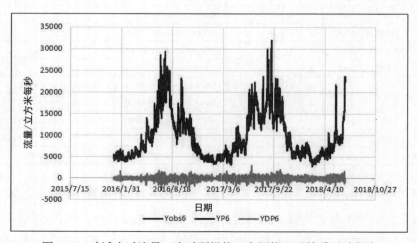

图 3.26　寸滩小时流量 6 小时预报值、实测值、误差系列过程线

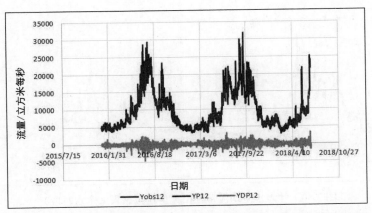

图 3.27　寸滩小时流量 12 小时预报值、实测值、误差系列过程线

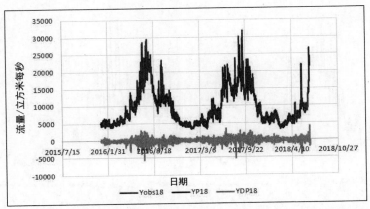

图 3.28　寸滩小时流量 18 小时预报值、实测值、误差系列过程线

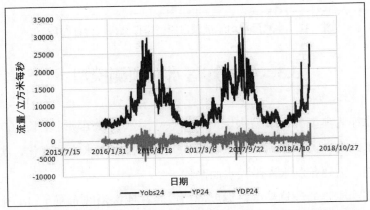

图 3.29　寸滩小时流量 24 小时预报值、实测值、误差系列过程线

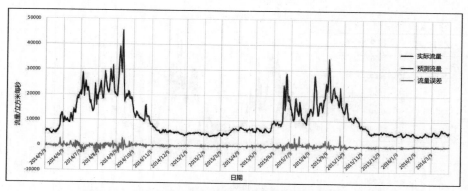

图 3.30　寸滩日平均流量预报模型模拟结果（率定时段）

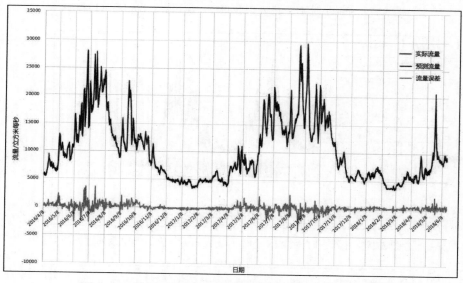

图 3.31　寸滩日平均流量预报模型模拟结果（验证时段）

3.3　三峡库区水面预测模型

三峡水库为典型的河道型水库，入库点寸滩水文站至坝址全长 600 多公里，汛期水库水面受入流和出流影响波动较大。为了控制库水位的变化，实现精准调度，在汛期，需要预测水库沿程水面高程。

为提高动库容的计算精度，调度部门已经在库区沿线布置了 14 个监测断面（表 3.8），每小时记录水库高程。

表 3.8　三峡库区监测断面一览表

序号	断面名称
1	凤凰山计算点
2	秭归（计算）水位
3	巴东大量程水位
4	巫山（计算）水位
5	奉节（计算）水位
6	云阳（计算）水位
7	万县大量程水位
8	石宝寨（计算）水位
9	忠县大量程水位
10	白沙沱（计算）水位
11	清溪场大量程水位
12	北拱（计算）水位
13	长寿大量程气泡水位
14	寸滩大量程气泡水位

图 3.32 展示了 2018 年 1 月 1 日 0 点和 2018 年 7 月 1 日 0 点库区观察断面库水位。在枯水期，库区水面比较平稳，水位差别不大。但在洪水期，入库点寸滩到坝址凤凰山库区水位落差达 25 米。产生巨大落差的原因主要是汛期库区内的水动力条件发生改变。

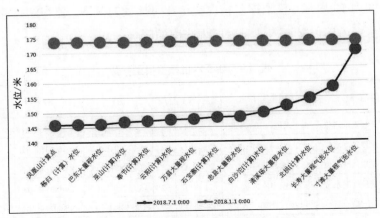

图 3.32　三峡库区水面线示意图

要准确模拟库区内流体的变化需要建立三维水动力学模型，这需要精度高的河道几何参数和物理参数。三维水动力学模型计算工作量大，对输入数据要求高，其结果往往并不如预期的好。实际应用表明，统计模型的精度并不比三维水动力学模型差。

这里采用的统计模型是基于多元线性自回归方法，利用 2018 年各监测断面每小时观察值，建立各断面水位与已知因子的相关关系。在进行库区水位短期预报时，假定入库水位（寸滩）和流量以及三峡出库流量已知，这三个变量也是预报因子。寸滩水位或流量可由短期调度模型提供，三峡出库流量由短期发电计划给定。

各断面水位预报通用模型为：

$$H_i(k+1) = \sum_{j=0}^{n1} a_j H_i(k-j) + \sum_{j=0}^{n2} b_j H_1(k+1-j) + \sum_{j=0}^{n3} c_j Q_1(k+1-j) +$$
$$\sum_{j=0}^{n4} d_j Q_2(k+1-j) + e \tag{3.47}$$

式中，$Q_1(k)$ 为寸滩的时段 k 的流量；$Q_2(k)$ 为时段 k 三峡的出库流量；$H_i(k)$ 为其他断面时段 k 水位；$n1$，$n2$，$n3$，$n4$ 为一变量项数，不同的断面，所用的因变量项数也不一样；$i=2,3,\cdots,14$。

模型参数和模型验证误差统计值见表 3.9、表 3.10。所有断面 1 小时绝对误差均值小于 2 厘米。提前 24 小时滚动预报绝对误差均值大部分在 10 厘米，最大的凤凰山断面为 19 厘米，模型误差精度完全在可接受的范围。值得注意的是，所有模型没有考虑库区内乌江入流和库区内降雨的影响。

表 3.9　断面水位预报模型参数

模型序号	预报变量	预报因子	项数	T1	T2	A1	A2	C
1301	长寿大量程气泡水位	长寿大量程气泡水位	2	-1	-2	1.837682E+00	-8.378445E-01	3.159431E-03
1301	长寿大量程气泡水位	寸滩大量程气泡水位	2	-1	-2	6.474894E-02	-6.460319E-02	
1301	长寿大量程气泡水位	寸滩流量	2	-1	-2	9.454881E-06	-8.971766E-06	
1301	长寿大量程气泡水位	三峡出库流量	2	-1	-2	-5.252701E-07	5.905614E-08	
1201	北拱（计算）水位	北拱（计算）水位	2	-1	-2	1.855981E+00	-8.560719E-01	1.189141E-02
1201	北拱（计算）水位	寸滩大量程气泡水位	2	-1	-2	2.819092E-02	-2.816882E-02	

续表

模型序号	预报变量	预报因子	项数	T1	T2	A1	A2	C
1201	北拱（计算）水位	寸滩流量	2	-1	-2	6.789388E-06	-6.168751E-06	
1201	北拱（计算）水位	三峡出库流量	2	-1	-2	6.936063E-07	-1.247942E-06	
1101	清溪场大量程水位	清溪场大量程水位	2	-1	-2	1.676752E+00	-6.768362E-01	3.862812E-02
1101	清溪场大量程水位	寸滩大量程气泡水位	2	-1	-2	3.673851E-02	-3.688196E-02	
1101	清溪场大量程水位	寸滩流量	2	-1	-2	4.053112E-06	-2.424428E-06	
1101	清溪场大量程水位	三峡出库流量	2	-1	-2	2.146095E-06	-3.519856E-06	
1001	白沙沱（计算）水位	白沙沱（计算）水位	2	-1	-2	1.663158E+00	-6.632061E-01	4.843618E-02
1001	白沙沱（计算）水位	寸滩大量程气泡水位	2	-1	-2	6.994536E-03	-7.230045E-03	
1001	白沙沱（计算）水位	寸滩流量	2	-1	-2	1.539642E-06	2.326040E-07	
1001	白沙沱（计算）水位	三峡出库流量	2	-1	-2	3.434868E-06	-4.949838E-06	
901	忠县大量程水位	忠县大量程水位	2	-1	-2	8.764431E-01	1.235217E-01	1.572807E-01
901	忠县大量程水位	寸滩大量程气泡水位	2	-1	-2	-3.474985E-02	3.385542E-02	
901	忠县大量程水位	寸滩流量	2	-1	-2	-8.324613E-06	1.425353E-05	
901	忠县大量程水位	三峡出库流量	2	-1	-2	7.152762E-06	-1.207326E-05	
801	石宝寨（计算）水位	石宝寨（计算）水位	2	-1	-2	1.534260E+00	-5.343030E-01	7.901921E-02
801	石宝寨（计算）水位	寸滩大量程气泡水位	2	-1	-2	-1.585908E-02	1.544071E-02	
801	石宝寨（计算）水位	寸滩流量	2	-1	-2	3.352844E-06	-6.946597E-07	
801	石宝寨（计算）水位	三峡出库流量	2	-1	-2	3.190515E-06	-5.494327E-06	
701	万县大量程水位	万县大量程水位	2	-1	-2	1.468158E+00	-4.682379E-01	8.958099E-02
701	万县大量程水位	寸滩大量程气泡水位	2	-1	-2	-2.569199E-02	2.525137E-02	
701	万县大量程水位	寸滩流量	2	-1	-2	-5.864012E-07	3.577079E-06	
701	万县大量程水位	三峡出库流量	2	-1	-2	4.536758E-07	-3.105694E-06	
601	云阳（计算）水位	云阳（计算）水位	2	-1	-2	1.566720E+00	-5.668034E-01	7.337057E-02
601	云阳（计算）水位	寸滩大量程气泡水位	2	-1	-2	-3.019754E-02	2.985604E-02	
601	云阳（计算）水位	寸滩流量	2	-1	-2	2.988489E-06	-5.345606E-07	
601	云阳（计算）水位	三峡出库流量	2	-1	-2	-3.463442E-06	1.265076E-06	
501	奉节（计算）水位	奉节（计算）水位	2	-1	-2	1.529752E+00	-5.297933E-01	5.562549E-02
501	奉节（计算）水位	寸滩大量程气泡水位	2	-1	-2	-4.208926E-02	4.180259E-02	
501	奉节（计算）水位	寸滩流量	2	-1	-2	-2.257314E-07	2.508450E-06	
501	奉节（计算）水位	三峡出库流量	2	-1	-2	-1.573295E-05	1.379613E-05	
401	巫山（计算）水位	巫山（计算）水位	2	-1	-2	1.448325E+00	-4.483252E-01	4.395040E-02
401	巫山（计算）水位	寸滩大量程气泡水位	2	-1	-2	-3.544693E-02	3.518192E-02	

模型序号	预报变量	预报因子	项数	$T1$	$T2$	$A1$	$A2$	C
401	巫山（计算）水位	寸滩流量	2	-1	-2	-5.825517E-06	8.100892E-06	
401	巫山（计算）水位	三峡出库流量	2	-1	-2	-2.263577E-05	2.078869E-05	
301	巴东大量程水位	巴东大量程水位	2	-1	-2	1.134450E+00	-1.343218E-01	3.607654E-02
301	巴东大量程水位	寸滩大量程气泡水位	2	-1	-2	-4.926997E-02	4.890766E-02	
301	巴东大量程水位	寸滩流量	2	-1	-2	-1.094432E-05	1.383065E-05	
301	巴东大量程水位	三峡出库流量	2	-1	-2	-3.736557E-05	3.521737E-05	
201	秭归（计算）水位	秭归（计算）水位	2	-1	-2	1.332696E+00	-3.324452E-01	-6.665083E-03
201	秭归（计算）水位	寸滩大量程气泡水位	2	-1	-2	-2.785553E-02	2.761083E-02	
201	秭归（计算）水位	寸滩流量	2	-1	-2	-7.723959E-06	9.340710E-06	
201	秭归（计算）水位	三峡出库流量	2	-1	-2	-2.634140E-05	2.547039E-05	
101	凤凰山计算点	凤凰山计算点	2	-1	-2	1.467530E+00	-4.672022E-01	-2.744206E-02
101	凤凰山计算点	寸滩大量程气泡水位	2	-1	-2	-9.315658E-03	9.111673E-03	
101	凤凰山计算点	寸滩流量	2	-1	-2	-6.041242E-06	6.924407E-06	
101	凤凰山计算点	三峡出库流量	2	-1	-2	-1.542840E-05	1.528166E-05	

表3.10 断面水位预报模型误差统计值一览表　　　　单位：米

时间步长	误差统计值	长寿大量程气泡水位	北拱（计算）水位	清溪场大量程水位	白沙沱（计算）水位	忠县大量程水位	石宝寨（计算）水位	万县大量程水位	云阳（计算）水位	奉节（计算）水位	巫山（计算）水位	巴东大量程水位	秭归（计算）水位	凤凰山计算点
1小时	误差绝对值均值	0.01	0.01	0.01	0.01	0.01	0.01	0.01	0.01	0.01	0.01	0.02	0.02	0.02
	误差绝对值均差/%	0.01	0.01	0.01	0.01	0.01	0.01	0.01	0.01	0.01	0.01	0.01	0.01	0.01
	相关系数	1.00	1.00	1.00	1.00	1.00	1.00	1.00	1.00	1.00	1.00	1.00	1.00	1.00
6小时	误差绝对值均值	0.07	0.07	0.06	0.05	0.04	0.04	0.05	0.04	0.04	0.05	0.07	0.07	0.08
	误差绝对值均差/%	0.04	0.04	0.04	0.03	0.03	0.03	0.03	0.03	0.03	0.03	0.04	0.04	0.05
	相关系数	1.00	1.00	1.00	1.00	1.00	1.00	1.00	1.00	1.00	1.00	1.00	1.00	1.00
12小时	误差绝对值均值	0.11	0.11	0.09	0.07	0.06	0.07	0.07	0.07	0.07	0.08	0.09	0.10	0.12
	误差绝对值均差%	0.07	0.07	0.05	0.04	0.04	0.04	0.04	0.04	0.04	0.05	0.06	0.07	0.08
	相关系数	1.00	1.00	1.00	1.00	1.00	1.00	1.00	1.00	1.00	1.00	1.00	1.00	1.00

续表

时间步长	误差统计值	长寿大量程气泡水位	北拱（计算）水位	清溪场大量程水位	白沙沱（计算）水位	忠县大量程水位	石宝寨（计算）水位	万县大量程水位	云阳（计算）水位	奉节（计算）水位	巫山（计算）水位	巴东大量程水位	秭归（计算）水位	凤凰山计算点
18 小时	误差绝对值均值	0.14	0.14	0.10	0.09	0.08	0.09	0.09	0.09	0.09	0.10	0.11	0.13	0.16
	误差绝对值均差/%	0.08	0.09	0.07	0.06	0.05	0.06	0.06	0.06	0.06	0.06	0.07	0.09	0.10
	相关系数	1.00	1.00	1.00	1.00	1.00	1.00	1.00	1.00	1.00	1.00	1.00	1.00	1.00
24 小时	误差绝对值均值	0.14	0.15	0.11	0.09	0.10	0.10	0.11	0.11	0.11	0.13	0.16	0.19
	误差绝对值均差/%	0.09	0.09	0.07	0.06	0.06	0.07	0.07	0.07	0.07	0.07	0.09	0.10	0.12
	相关系数	1.00	1.00	1.00	1.00	1.00	1.00	1.00	1.00	1.00	1.00	1.00	1.00	1.00

本节计算说明，基于多元自回归方法建立的小时库区水位预报模型，滚动预报未来 24 小时水位具有较高的精度。

凤凰山水位预测模型不同预见期模拟对比如图 3.33～图 3.37 所示。

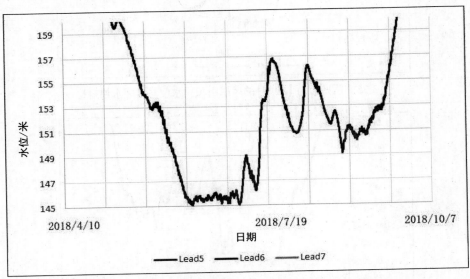

图 3.33　预见期为 1 小时的凤凰山预测水位与实际水位对比

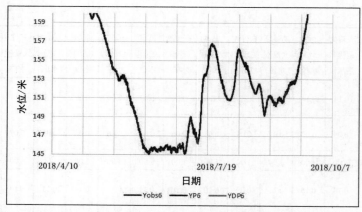

图 3.34 预见期为 6 小时的凤凰山预测水位与实际水位对比

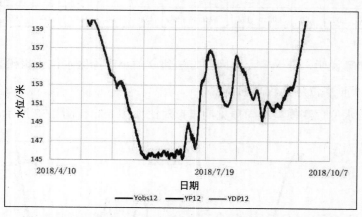

图 3.35 预见期为 12 小时的凤凰山预测水位与实际水位对比

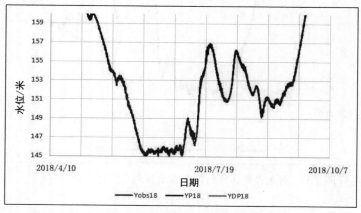

图 3.36 预见期为 18 小时的凤凰山预测水位与实际水位对比

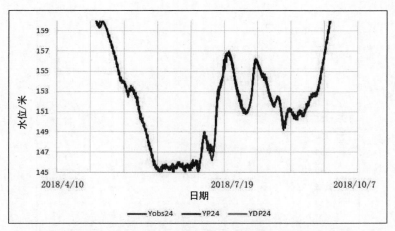

图 3.37　预见期为 24 小时的凤凰山预测水位与实际水位对比

各断面预报值与实际值对比如图 3.38～图 3.43 所示。

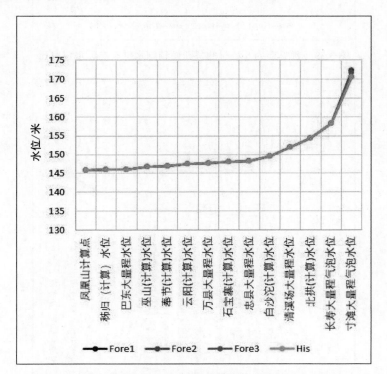

图 3.38　预见期为 1 小时的各断面预测水位与实际水位对比

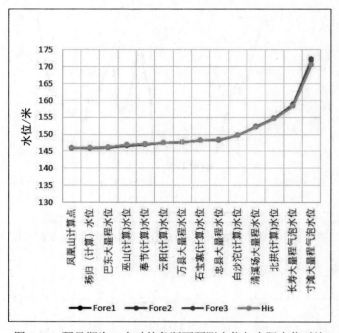

图 3.39　预见期为 5 小时的各断面预测水位与实际水位对比

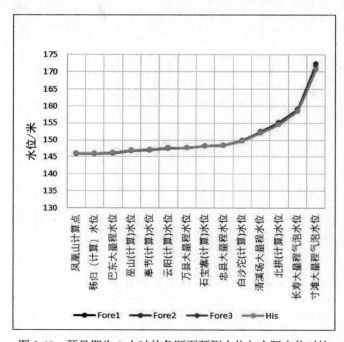

图 3.40　预见期为 9 小时的各断面预测水位与实际水位对比

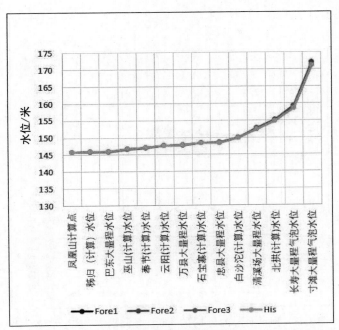

图 3.41　预见期为 13 小时的各断面预测水位与实际水位对比

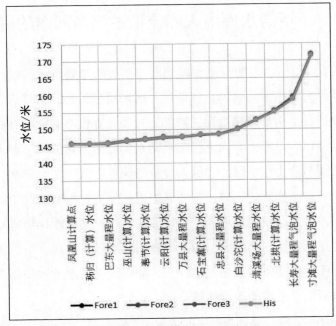

图 3.42　预见期为 17 小时的各断面预测水位与实际水位对比

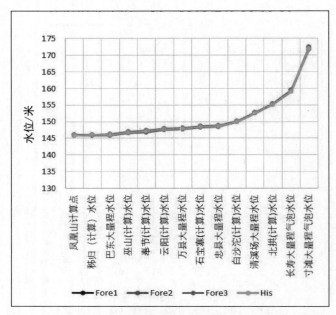

图 3.43　预见期为 21 小时的各断面预测水位与实际水位对比

3.4　上下游水库出入库流量不平衡问题的研究

水电站流量-水头-出力曲线是水库调度与运行的主要特征曲线，可用于水量平衡计算以及出力和电量的估算。该曲线一般采用理论公式估算或者厂家提供的机组特征曲线推导。两种方法都存在缺陷，导致计算值与实际值存在偏差。这种偏差在单个水库运行时不会有太大影响，对水力联系密切的上下游串联水库，特别是下游电站调节能力很小时，会因为计算的偏差导致下游水库水位波动范围过大，产生安全隐患，实际运行时，需要频繁更改发电计划来控制下游水库水位在合理的范围内，否则会发生漫坝或泄空现象。三峡—葛洲坝梯级电站和溪洛渡—向家坝梯级电站就属于这类组合。由于流量估算误差，导致上下游水量不平衡，因此在运行过程中需要频繁调整发电计划才能保证下游水库水位得到有效控制。流量误差还包括泄洪设施的流量估算。

图 3.44 描述了三峡—葛洲坝的区间流量不平衡问题。在实际运行中，葛洲坝的短期发电计划需要经常调整，这大大增加了调度部门的困难，同时对生产安全不利。

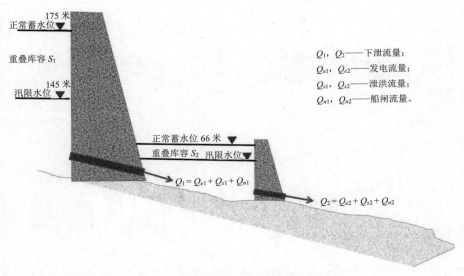

图 3.44 三峡—葛洲坝的区间流量不平衡示意图

解决流量不平衡的方法有两种：一种方法是建立更精确的流量出力关系，制订合理的发电计划，使下游水位控制在合理的变化范围内，这种方案将在后面的短期调度模型中介绍；另一种方法不需要改变目前的任何运行方式，只需要对过去的水量不平衡误差进行分析，建立误差与相关因子的关系。在实际应用中，可以预测目前运行方式将会产生的误差，在做发电计划时包括该误差，这样可以抵消目前计算方式引起的误差，从而使水量计算趋于平衡。本节介绍的即为第二种方法。

上下游流量不平衡指上游出库流量与下游入库流量不一致。葛洲坝库区入流很小，理论上三峡的日平均出库流量与葛洲坝的日平均入库流量应该相等。由于计算和测量仪器的双重误差，导致两者并不相同，特别是在洪水期，两者差别很大，从而导致葛洲坝的水位出现大的波动，不得不频繁调整发电计划。

图 3.45 是三峡、葛洲坝 2016 年 5 月实际运行水位、下泄流量过程线图。在三峡出库流量较小时，葛洲坝水位在 63.5 米至 65.5 米正常范围内波动，说明三峡出库流量与葛洲坝出库流量基本相同。当三峡出库增加时，葛洲坝流量即便比三峡出库大，葛洲坝水位也一直在高水位运行，说明葛洲坝出库流量与三峡出库不相等，要么是三峡出库被低估，要么是葛洲坝出库被高估，实际数据也证实了这一观察。

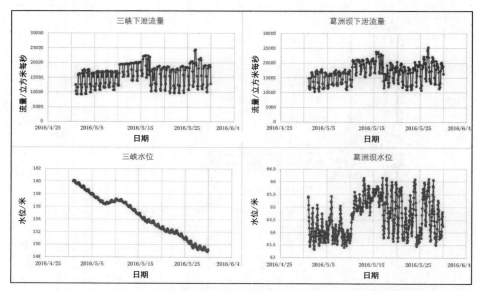

图 3.45　三峡、葛洲坝 2016 年 5 月实际运行水位、下泄流量过程线图

　　本节研究目的不在于弄清两者流量误差产生的原因，而是建立误差的估算方法。实际操作时，将误差提前添加到计划模型中，使得最后的系统误差减少。

　　图 3.46、图 3.47 是 2013 年至 2017 年三峡出库流量与葛洲坝日平均入库流量以及两者之差的日平均过程线。正常情况下，两者应该相等，误差接近于零。在枯水期流量较小时，误差较小，几乎为零。但是，在洪水期流量较大时（超过 15000 立方米每秒），两者误差幅度大大增加，一般在 1000 立方米每秒以上。

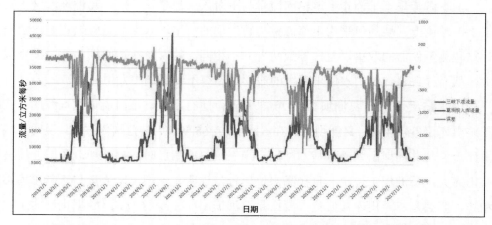

图 3.46　2013 年至 2017 年三峡出库流量与葛洲坝日平均入库流量过程线图

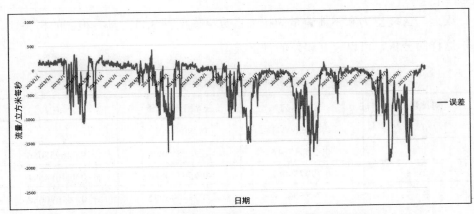

图 3.47　三峡下泄流量与葛洲坝入库流量差值过程线图

误差与三峡平均出库流量和平均出力的关系如图 3.48、图 3.49 所示，具有明显的负相关性。

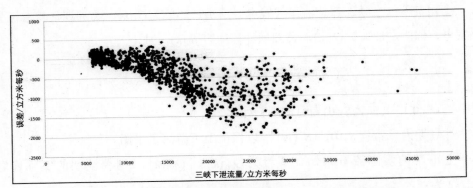

图 3.48　三峡出库葛洲坝入库流量差值与三峡下泄流量关系

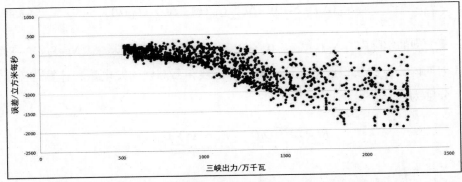

图 3.49　三峡出库葛洲坝入库流量差值与三峡出力关系

误差与三峡出力和下泄流量的相关系数矩阵见表 3.11，具有很高的相关性。基于这样的分析，可以建立误差的预报模型。

表 3.11 相关系数矩阵

对比项	三峡出力	三峡下泄流量	E
0	-0.829909041	-0.780648054	1
1	-0.825917616	-0.780853895	0.946932056
2	-0.799759062	-0.759320888	0.904084591
3	-0.768606118	-0.734095991	0.861690682

在实际应用中，根据三峡出力和下泄流量计划，估算流量误差，将估算误差分配到葛洲坝的发电计划中。这样制订的发电计划就能最大限度地减少流量不平衡问题。具体求解过程如下：

已知条件：三峡计算总流量（发电、泄洪、船闸）$Q_1(k)$，葛洲坝计算总流量（发电、泄洪、船闸）$Q_2(k)$，葛洲坝计算库容 $S_2(k)$，且

$$S_2(N) = S_2(0) + \Delta t \sum_{k=0}^{N-1} Q_1(k) - \Delta t \sum_{k=0}^{N-1} Q_2(k) \qquad （3.48）$$

式中，$k = 0,1,\cdots,N$，$S_2(0)$ 为葛洲坝初始库容。

计划期内，希望 $S_2(0) = S_2(N)$，以保证上下游流量平衡。

上下游的实际流量未知，假设为 $Q_{10}(k)$、$Q_{20}(k)$，则葛洲坝的实际库容 $S_{20}(k)$ 为：

$$S_{20}(N) = S_2(0) + \Delta t \sum_{k=0}^{N-1} Q_{10}(k) - \Delta t \sum_{k=0}^{N-1} Q_{20}(k) \qquad （3.49）$$

葛洲坝的实际库容 $S_{20}(k)$（$k = 0,\cdots,N$）是已知的历史数据，$\Delta S(N) = S_{20}(N) - S_2(N)$ 为计划期内流量的累积误差。计划期内，三峡和葛洲坝的发电量和计算总流量已知，分别为：

$$R_1 = \Delta t \sum_{k=0}^{N-1} Q_1(k), \ R_2 = \Delta t \sum_{k=0}^{N-1} Q_2(k)$$

$$E_1 = \Delta t \sum_{k=0}^{N-1} P_1(k), \quad E_2 = \Delta t \sum_{k=0}^{N-1} P_2(k) \tag{3.50}$$

根据历史数据，建立 $\Delta S(N)$ 与已知变量 R_1、R_2、E_1、E_2 的关系，比如：

$$\Delta S(N) = f(R_1) \tag{3.51}$$

该误差函数可对不同 N 和 R_1 的区间进行分段研究。$f()$ 获得后，在计划时，已知 R_1，就可以估算出 $\Delta S(N)$，然后对葛洲坝计算流量进行修正：

$$R_{21} = R_2 - f(R_1) \tag{3.52}$$

修正后的葛洲坝库容应该与实际观察值一致：

$$S_{21}(N) = S_2(0) + R_1 - R_2 + f(R_1) \tag{3.53}$$

模型输入：计划/预测的三峡总出力、总流量，葛洲坝总出力、总流量、库容。实际的三峡总出力、总流量，葛洲坝总出力、总流量、库容。

模型输出：流量修正函数 $\Delta S(N) = f()$。

误差估计函数系数及模型统计参数见表 3.12～表 3.15，修正后的模型模拟效果如图 3.50～图 3.52 所示。

表 3.12 误差估计函数系数及模型统计参数

Model Stats	Calibration	Validation
Y 均值	-81.1	-458.1
Y 方差	332.82	464.32
误差均值	0	88.89
误差标准差	120.15	138.02
相关系数	0.9326	0.9617
Model Parameters	Value	
三峡出力 0	-0.937691511	
三峡出力-1	0.751093178	
三峡下泄流量 0	0.041540781	
三峡下泄流量-1	-0.040336851	
E-1	0.703344687	
C	146.4124802	

表 3.13　误差估计函数系数及模型统计参数（0～15000 立方米每秒）

Model Stats	Calibration	Validation
Y 均值	75.36	-163.44
Y 方差	112.48	152.51
误差均值	0.00	35.56
误差标准差	52.15	65.69
相关系数	0.89	0.90
Model Parameters	Value	
三峡出力 0	0.86	
三峡出力-1	-0.98	
三峡下泄流量 0	-0.10	
三峡下泄流量-1	0.11	
E-1	0.85	
C	27.53	

表 3.14　误差估计函数系数及模型统计参数（>15000 立方米每秒）

Model Stats	Calibration	Validation
Y 均值	-512.86	-939.72
Y 方差	357.32	394.94
误差均值	0.00	235.75
误差标准差	201.87	186.13
相关系数	0.83	0.89
Model Parameters	Value	
三峡出力 0	-1.05	
三峡出力-1	0.64	
三峡下泄流量 0	0.05	
三峡下泄流量-1	-0.04	
E-1	0.54	
C	270.94	

表 3.15　直接修正葛洲坝入库流量模型参数与误差统计值

Model Stats	Calibration	Validation
Y 均值	12197.13709	13974.87924
Y 方差	7979.944291	6809.767551
误差均值	-4.41577E-13	-88.88979759
误差标准差	120.145697	138.019992
相关系数	0.999886949	0.999831804
Model Parameters	Value	
三峡出力 0	0.937691511	
三峡出力-1	-0.751093178	
三峡下泄流量 0	0.958459219	
三峡下泄流量-1	-0.663007836	
葛洲坝入库流量-1	0.703344687	
C	-146.4124802	

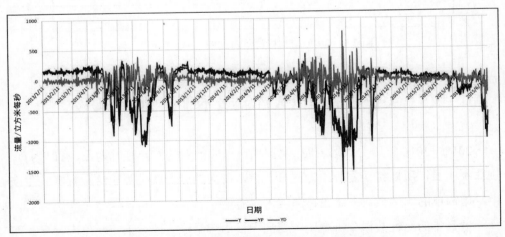

图 3.50　实际值与模拟值对比图（率定时段）

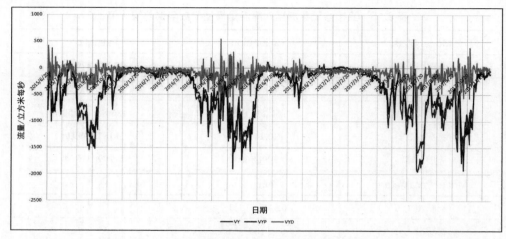

图 3.51 实际值与模拟值对比图（验证时段）

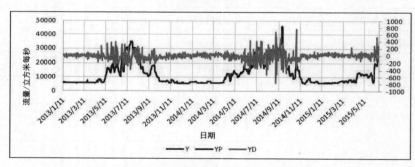

图 3.52 实际值与模拟值对比图（率定时段）

3.5 关于葛洲坝出入库流量不平衡的最新研究

2013—2016 年历史数据表明，葛洲坝出入库流量的差异有时为正，有时为负，规律不明显，所以将误差归结为测量误差，前面的分析就是基于这种解释。生产中，用简单的比例系数来修正葛洲坝入库流量。

近几年的运行数据分析表明，葛洲坝日均流量稳定地大于三峡出库流量，即三峡—葛洲坝之间存在稳定的区间产流，区间流量并非是随机变量，其大小与季节、三峡出库，以及区间降雨有关，是基流与降雨产流共同作用的结果。因此，建立一个独立的区间流量预报模型，才能真正描述葛洲坝水库的水量平衡关系。

初步计算表明，枯水期区间流量平均值为 150 立方米每秒，丰水期最高可达 4000 立方米每秒。如图 3.53 所示，当三峡出库流量小于 20000 立方米每秒时，区间流量与三峡出库呈现非线性二次关系；大于 20000 立方米每秒时，相关性很弱。简单的自回归模型可以解释 85%的区间流量，见表 3.16、图 3.54、图 3.55。采用深度学习方法 LSTM 对同样的数据进行了分析，结果略有改进，但不明显。生产中采用简单的自回归模型可以满足要求，采用非线性降雨产流模型将会进一步减少误差，建议在后续研究中解决。

表 3.16　区间流量预报模型参数及误差统计值

统计值	率定时段（2020）	检验时段（2019）
Y 均值	824.76	602.55
Y 标准差	760.86	474.35
误差均值	0.00	6.80
误差标准差	219.46	155.88
误差绝对值均值	128.19	97.99
相关系数	0.96	0.94
模型参数	参数值	
三峡出库 0	0.013994119	
区间入流-1	0.771049363	
C	-56.59687407	

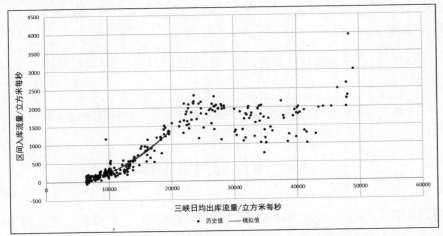

图 3.53　葛洲坝日均区间流量与三峡日均出库流量关系

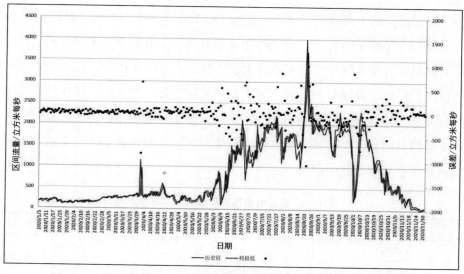

图 3.54　葛洲坝日均区间流量预报模型率定时段实际值与模拟值对比

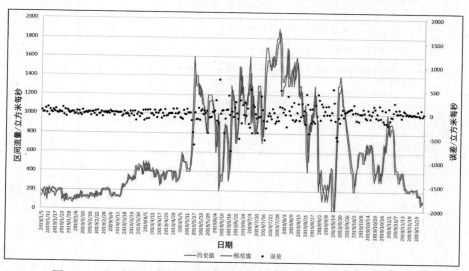

图 3.55　葛洲坝日均区间流量预报模型检验时段实际值与模拟值对比

3.6　水库与河道模拟

　　水库与河道模拟是水库群调度模型的重要组成部分。模拟的主要目的是在水库调度方式（流量、发电量等）给定时，计算水库的水量平衡、发电量，水流在河道中的传播状态，估算系统综合利用效益，验证约束条件是否满足等。

水库与河道模拟包括建立不同调度模型（长中短期）中的系统状态方程和效益函数。状态方程包括水库水量平衡和河道预报方程，效益函数包括感兴趣的目标如发电量和发电效益。水库和河道模拟以决策方案为输入，求解系统的动态演变过程及相应的效益变化。决策方案可由优化模型或传统调度规则确定（在后面章节中详细介绍）。系统状态方程的内容与决策模型时段步长有关。在中长期调度模型中，水流在河道的传播时间远小于模型的计算时段步长，因此系统状态方程不包括河道演算部分。

水库及河道模拟模型包括以下部分：

水库状态方程：

$$x(k+1) = f_k[x(k), u(k), w(k)], \quad k = 0, \cdots, n-1 \tag{3.54}$$

决策变量：$u(k) \in \Omega_u(x(k), k)$

入库径流：$w(k) \in \Omega_w(w(k), k)$

阶段变量：k

河道状态方程（短期模型使用）：

$$s(k+1) = s(k) + \alpha(I(k) + w(k) - LS(k) - r(k)) \tag{3.55}$$

式中，k 为时段变量，1 小时或 24 小时；$s(k)$ 为河道槽蓄量；α 为单位转化系数；$I(k)$ 为上游入流；$w(k)$ 为区间入流；$LS(k)$ 为河道损失；$r(k)$ 为河道下游断面出流，是河道槽蓄 $S(k/k+1)$ 的函数。

$$S(k(k+1)) = xS(k) + (1-x)S(k+1) \quad x = 0.4 \tag{3.56}$$

效益函数（长中短期目标）：

$$E = \sum_{j=1}^{n} e_j(H_j, r_j) \tag{3.57}$$

式中，E 为系统综合效益，如发电量或发电效益。

河道模拟模型的建立已在前面章节中介绍。水库模拟将在后面章节中给出。

第4章　梯级水库群优化调度模型

水库群优化调度需要对未来不同时段长度做出决策，在满足约束条件下使系统的整体效益达到最大。由于未来系统输入（径流、供水、电量等）的不确定性和不同管理层决策目标重点的多样性，水库群调度模型一般按决策时间长度建立，最后通过系统集成形成完整的决策体系。按时间长短，决策模型包括长、中、短期和实时运行。不同时段长度的决策模型相互关联，但目标和约束条件不一样。长期模型以月/旬为计算步长，计算长度为几个月至一年，主要解决水资源综合利用、水量分配、水库群间的补偿优化问题，确定各水库每个时段的下泄流量，时段末的目标水位值；中期模型以天为步长，计算长度为一旬或一月，主要解决一旬或一月内每天的发电调度问题，中期模型的末水位目标值由长期模型提供，中期模型以长期模型第一时段的末水位为约束，制订水库每一天的目标末水位；短期模型以小时为步长，计算长度为1~3天，确定每小时调度计划和发电方案；实时负荷运行则以小时或150分钟为计算时段，确定机组负荷分配方案。在建模阶段，短期模型是长期模型的基础和依据；在应用阶段，长期模型为短期模型提供指导和约束。

长、中、短期模型设计时采用分层嵌套耦合结构，如图4.1所示。模型之间的信息交换通过数据共享实现，从而保证各级模型决策的一致性。不同时间尺度的模型约束及目标不同，反映不同层面决策机构不同的关注目标。模型的研制和开发顺序为从短期到长期，实际应用时的顺序则相反，为从长期到短期。所有决策模型都由三大部分组成：系统状态方程、约束条件、评价指标。决策模型的求解就是寻找满足约束条件的决策方案，使系统评价指标最优化。寻优算法也叫优化引擎，是求解决策问题的关键。本系统采用扩展线性二次高斯法（ELQG）求解长、中、短期优化问题，具有很好的效果。实时负荷分配问题则采用传统的动态规划（Dynamic Programming, DP）算法。经常使用的优化算法还有逐次优化

（Progressive Optimal Algorithm，POA）法、离散动态规划（Discrete Differential Dynamic Programming，DDDP）法、基因算法（Genetic Algorithm，GA）等。实际生产中，还有快速有效的传统调度规则法。不论采用什么算法，系统数学模型的结构都不会改变，均包括了系统状态方程、约束条件以及目标函数三大要素。

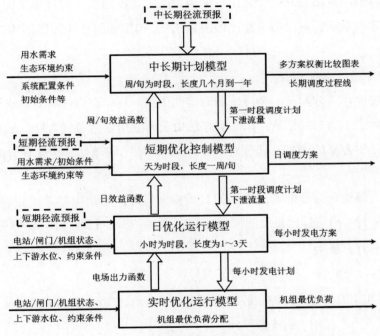

图 4.1　长、中、短期控制模型分层互馈结构设计图

　　径流预报是各级决策模型的重要输入，计划期内的决策取决于预报径流结果。径流预报本身就是一个非常复杂的研究内容，已设立专项课题进行研究，不属于决策支持系统的研究范畴。在此假定，所有决策模型需要的预报成果将视为已知，由外部模型提供。后面章节中将对外部模型提供的预报成果进行评估，对误差进行分析，并提出修正方案，将其转化为决策模型所需的概率过程集合预报形式。

4.1　厂内经济运行

　　厂内经济运行就是实施短期优化调度的发电计划，在保障电力系统安全的前提下，以提高水能资源利用率为目标，将电站逐时段的总负荷以流量最小的方式分配到厂内各机组。厂内经济运行模型的输出包括工作机组的最优台数、组合及启停次序，机组负荷的最优分配，厂内最优运行方式的制定和实施等。厂内经济运行的时间长度为日，计算时间步长为小时。厂内经济运行是传统的机组间负荷优化分配问题，电站总负荷计划由短期模型确定。厂内经济运行模型的另一个功能就是推导单电站的总出力函数，该函数在长、中、短期优化模型中用来估算发电效益。

1. 机组负荷分配模型

机组最优负荷分配是一个传统的确定性优化问题，有成熟有效的求解算法，如等微增率法、动态规划法。动态规划法由于其通用性而备受青睐。随着计算机速度的提升和容量的增加，即便对有 34 台机组的三峡电站，优化计算时间也非常短。

机组的最优负荷分配可用下面的数学模型描述：给定电站总流量 Q^* 和对应的上游水位 H，确定每台机组的流量 q_j 和弃水 s，在满足 $\Sigma q_j + s = Q^*$ 的条件下，使电站总出力 P 最大。

为求解以上问题，首先定义以下符号：

q_j：机组 j 的流量，$j=1,\cdots,n$，n 为机组台数；

$[q_j^{min}, q_j^{max}]$：机组 j 的流量区间；

p_j：机组 j 的出力；

$[p_j^{min}, p_j^{max}]$：机组 j 的出力范围；

Q^*：总下泄流量；

s：弃水量；

$p_j = g_j(H_n, q_j)$：机组出力（p_j），流量（q_j），净水头（H_n）关系曲线；

$H = f(S)$：水库水位（H）库容（S）关系曲线；

$H_{ls}(Q)$：水头损失曲线；

$HT = r(Q)$：尾水水位（HT）流量关系曲线（Q）。

机组最优分配问题就是寻找一组出力和流量组合 $\{q_j$ 和 p_j，$j=1,\cdots,n\}$，在满足

$$Q^* = \sum_{j=1}^{n} q_j + s \qquad (4.1)$$

$$H_n = f(S) - r(Q) - H_{ls}(Q) \qquad (4.2)$$

$$p_j = g_j(H_n, q_j) \qquad (4.3)$$

$$p_j^{\min} \leqslant p_j \leqslant p_j^{\max} \quad \text{or} \quad p_j = 0$$

$$q_j^{\min} \leqslant q_j \leqslant q_j^{\max} \quad \text{or} \quad q_j = 0$$

的条件下，使得电站出力总和

$$P = \sum_{j=1}^{n} p_j \qquad (4.4)$$

达到最大。

以上问题是一个典型的资源优化分配问题，可以转化为多阶段一维优化问题，然后利用动态规划（DP）算法求解。多阶段优化问题的形式为：

$$\text{Maximize} \quad J = \sum_{j=1}^{n} p_j(q_j, H_n) \qquad (4.5)$$

约束条件包括：

$$X_{j+1} = X_j + q_j, \qquad j = 1, \cdots, n$$
$$X_1 = 0, \quad X_{n+1} = Q^* \qquad (4.6)$$

$$H_n = f(S) - r(Q^*) - H_{ls}(Q^*) \qquad (4.7)$$

$$p_j^{\min} \leqslant p_j \leqslant p_j^{\max} \quad \text{or} \quad p_j = 0 \qquad (4.8)$$

$$q_j^{\min} \leqslant q_j \leqslant q_j^{\max} \quad \text{or} \quad q_j = 0 \qquad (4.9)$$

很显然，如果总流量 Q^* 大于 $\Sigma q_j^{\max}$，本问题的最优解就是所有机组满负荷发电，多余的流量由泄洪道或其他设施下泄。

在上面的数学模型中，单个机组的流量（q_j）为控制变量，累积总流量（X_j）为状态变量，阶段变量 j 代表不同的机组，目标函数为总出力最大。这是一个典型的一维多阶段决策问题，可以用传统的 DP 算法求解。

以上问题为给定总流量，求总最大出力。实际运行中，通常是给定总出力，求解最小总流量。这两个问题为等同问题，优化结果相同，都可实现厂内经济运行。

给定总出力符合优化分配问题：给定电站总出力 $P*$ 和对应的上游水位 H，确定每台机组的出力 p_j，在满足 $\Sigma p_j = P*$ 的条件下，使总流量 Q 最小。

厂内机组负荷分配需要用到以下数据。

（1）机组出力函数 $P(Q,H)$：流量-出力-水头关系曲线，亦称 PQH 曲线，不同的机组其出力函数不同。该函数由生产厂家提供。

（2）机组出力限制线 $P_{max}(H)$：该曲线给出了机组最大出力限制与净水头的关系。当水头小于设计水头时，机组最大出力随水头的减少而减少；但水头大于设计水头时，机组最大出力为常数，即机组装机容量 P_{max}。

（3）下游水位-流量曲线 $HT(Q)$ 及尾水曲线。尾水曲线一般为总下泄流量的函数。如果下游水库淹没上游水库尾水，则尾水曲线是总下泄流量和下游库水位的函数。系统中，三峡和溪洛渡的尾水都被下游水库淹没，属于这种情况。因此，三峡和溪洛渡的尾水位曲线是一个三维函数。

（4）机组水头损失曲线 $H_{ls}(q_i)$：该曲线为单机引水设施水头损失曲线，是单机流量 q_i 的函数。一般用二次函数或指数函数近似。

典型的机组特性曲线如图 4.2～图 4.7 所示。

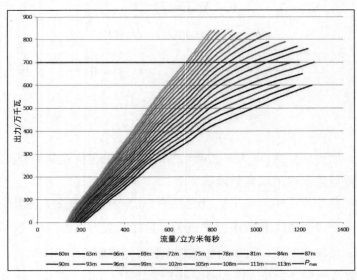

图 4.2　三峡 VGS 机组 PQH 曲线

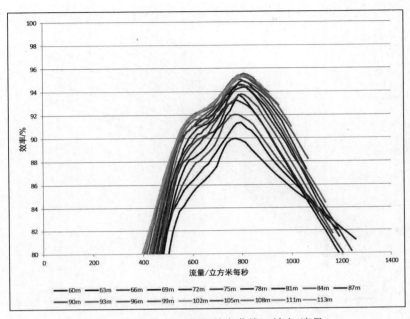

图 4.3　三峡 VGS 机组效率曲线：效率-流量

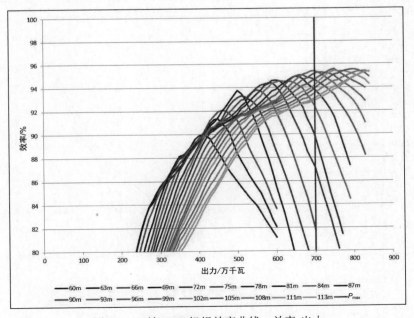

图 4.4　三峡 VGS 机组效率曲线：效率-出力

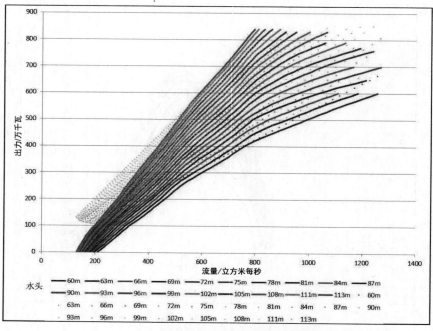

图 4.5　三峡 VGS 机组出力曲线与理论计算值比较

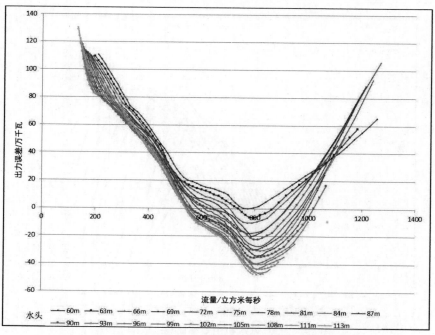

图 4.6　三峡 VGS 机组出力曲线与理论计算出力误差曲线

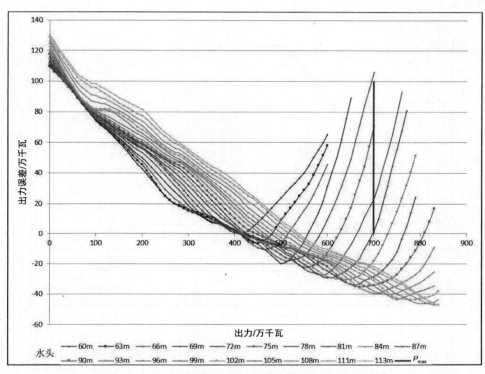

图 4.7　三峡 VGS 机组出力曲线与理论计算值误差曲线

实际运行中，有时受到机组运行工况、系统调峰、送电线路、检修情况、开停机次数或其他安全因素等约束，机组间负荷分配并不一定按照以上优化计算实施。实际运行常用的负荷分配方式包括人工指定符合，机组按预想出力限制线运行，这样的运行方式很显然偏离了最优方案。图 4.8 为三峡电厂在上游水位为 150 米时，葛洲坝库水位为 64 米时，下泄流量在 3000～30000 立方米每秒范围，优化运行与预想出力两种方式的出力比较，最下方的曲线为按优化方法运行时的出力增量相对值。如图 4.8 所示，当下泄流量在 23000～28000 立方米每秒，即接近满发时，优化算法效益最明显，相对出力增加 4.5%。而在汛期时，三峡机组经常运行于这一区域，可见实现厂内经济运行有巨大经济效益。在其他运行区域，优化算法的增量在 2% 以上，这应该是实现厂内经济运行预期的正常效益。

三峡机组典型的 24 小时负荷分配结果如图 4.9～图 4.13 所示。

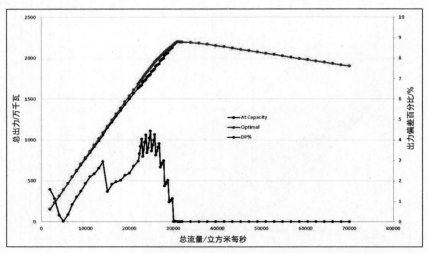

图 4.8　三峡水库厂内经济运行与机组预想出力方式对比图

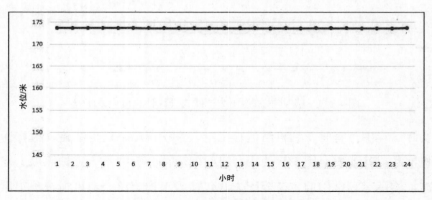

图 4.9　三峡 24 小时上游水位过程

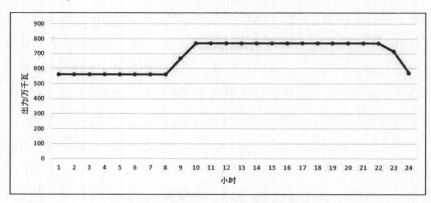

图 4.10　三峡 24 小时出力过程算例

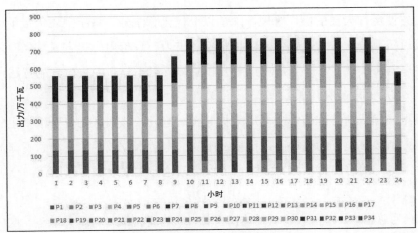

图 4.11　三峡 24 小时机组出力算例

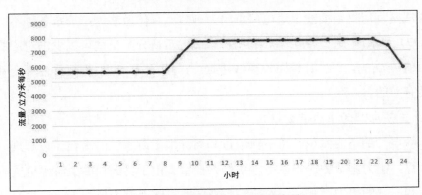

图 4.12　三峡 24 小时总下泄流量

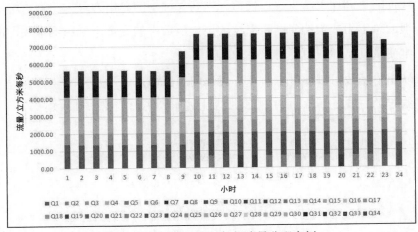

图 4.13　三峡 24 小时机组流量分配案例

　　为方便运行人员的操作管理，除了以上优化算法外，系统中还包括了比较灵活的机组负荷分配方式，包括人工指定任意出力、预想出力等方式。同时，对溪洛渡电厂，还实现了左、右岸电厂分开和总体机组不分开的负荷分配方法。

　　2.　电厂出力函数计算

　　机组最优负荷分配模型主要用来指导实时运行，该模型还可以用来生成电厂的总出力函数。电厂的出力函数是指在不同的上游水位或毛水头和总下泄流量给定条件下电厂的总出力。出力函数也可以用理论公式来近似计算。

$$P = \eta Q H \tag{4.10}$$

式中：P 为总出力；η 为总效率及转换系数；Q 为下泄流量；H 为水头。这样的近似与实际出力相差太大。为减少误差，需要确定与水头相关的效率系数，比较准确的方法是利用机组曲线生成电厂总出力函数。具体做法为：选定各种不同的总流量（Q）和水库水位（H）值，利用机组最优负荷分配模型可以求出对应的最优总出力值 $P(Q,H)$，以上计算可以离线进行。一旦完成，只要机组特性不变其最优解将是有效的。

　　3.　三峡电厂的出力函数推导

　　三峡电厂的下游水位是总下泄流量和葛洲坝上游水位的函数。按常规，为了简化计算，出力函数中应该以毛水头作为变量。由于葛洲坝的上游水位同时影响葛洲坝和三峡的出力，那么，对应一个特定的三峡上游水位和下泄流量，必然存在一个最优的葛洲坝上游水位，使得三峡和葛洲坝的总出力最大。为了解决三峡和葛洲坝的总出力最大的问题，三峡的出力函数中的变量不采用毛水头，而是增加了一维变量：葛洲坝的上游水位。

　　三峡出力函数可以通过求解以下优化问题获得：

　　对给定的三峡上游水位 H_1 和葛洲坝上游水位 H_2、下泄流量 Q_1：

$$Q_1 = \sum_{j=1}^{34} q_j + s \tag{4.11}$$

$$H_j = H_1 - r(Q_1, H_2) - H_{\text{lsj}}(q_j) \tag{4.12}$$

$$p_j = g_j(H_j, q_j) \tag{4.13}$$

$$p_j^{\min} \leqslant p_j \leqslant p_j^{\max} \quad \text{or} \quad p_j = 0 \tag{4.14}$$

$$q_j^{\min} \leqslant q_j \leqslant q_j^{\max} \quad \text{or} \quad q_j = 0 \tag{4.15}$$

条件下，使得电站出力总和最大：

$$P = \sum_{j=1}^{n} p_j \tag{4.16}$$

对每一种可能的机组组合，H_1 的取值范围为 140～175 米，离散步长为 2.5 米；H_2 的取值范围为 63 到 66 米，离散步长为 0.5 米，下泄流量范围为 3000～70000 米每秒。除出力外，每点计算后还保留有弃水量，对应于上游水位的最大出力。

图 4.14 显示了三峡 34 台机组运行时，葛洲坝上游水位为 64 米时的出力函数。图中每条曲线对应不同的三峡上游水位值。如图 4.14 所示，可以清楚地看到三峡电厂的最大出力限制点。在水位较低时，机组受水头限制无法达到装机出力。

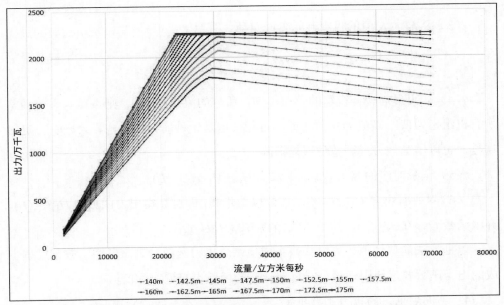

图 4.14　三峡总出力函数曲线（葛洲坝上游水位 64 米，三峡 34 台机组）

以上函数的获得需要对所有可能的机组组合和 H_1、H_2、Q_1 的运行范围求解，并存入数据库。虽然是离线计算，但由于三峡机组台数多，H_1、H_2、Q_1 运行范围大，其优化计算过程是很长的，但是这样的计算是离线且是一次性的。

在实际应用中，机组间的负荷分配可能并不是按最优方式进行。比如，按最大出力运行就是在实际中常采用的一种运行方式。按最大出力运行方式也可以计算的总出力函数，其计算步骤如下：

（1）给定上游水位 H_1，下游水位 H_2，下泄流量 Q_1，通过以下迭代步骤找出所有在线机组的最大出力 $P_{\max i}$ 和对应的流量 $Q_{\max i}$：

A. 假定初始水头 $H_0=H_1-r(Q_1,H_2)$

B. 根据出力限制线求 $P_{\max i}(H_0)$

C. 根据机组特性曲线求出对应的最大流量 $Q_{\max i}(H_0,P_{\max i})$

D. 更新水头 $H_0=H_1-r(Q_1,H_2)-H_{lsi}(Q_{\max i})$

E. 返回 B，迭代 3 次。

（2）对所有在线机组计算最大出力点的水利用效率 $K_i=P_{\max i}/Q_{\max i}$，按 K_i 值从大到小排序。

（3）从最大 K 值的机组开始分配负荷，直至 Q_1 分完为止

$$Q_1 = \sum_{i=1}^{n} Q_{\max i}, \quad P_1 = \sum_{i=1}^{n} P_{\max i}$$

（4）如果最后一台机组的负荷不满，所分的流量为 DQ，则按比例系数调整所有机组出力值，以免 DQ 太小或不可行（这是一种简化的方式，会产生一定的误差，可以用其他方式调整使误差消除）。

（5）记录对应的弃水 Q_{spl}，毛水头 $H_{grs}=H_1-r(Q_1,H_2)$

（6）对所有组合 H_1，H_2，Q_1，重复以上步骤，即可获得出力函数 $P(H_1,H_2,Q_1)$，弃水函数 $Q_{spl}(H_1,H_2,Q_1)$，和毛水头函数 $H_{grs}(H_1,H_2,Q_1)$。

以上方法简单快速，可以很快生成电站总出力函数。对比表明，按该过程生成的出力函数要远比用理论公式近似计算的函数更接近实际值。

4. 葛洲坝电厂的出力函数推导

葛洲坝电厂的下游水位仅是其下泄流量的函数，所以，出力函数仅是总下泄流量和葛洲坝上游水位的函数。

葛洲坝电厂装机 22 台。对于机组的出力特性曲线、下游水位曲线、机组水头损失曲线、发电机容量和效率等数据。其出力函数的求解方法与三峡的出力函数求解方法相同，只是下游水位曲线仅是流量的函数，故最后的出力函数的参数要

少一维。图 4.15 提供了所有机组在线时的最优出力函数。

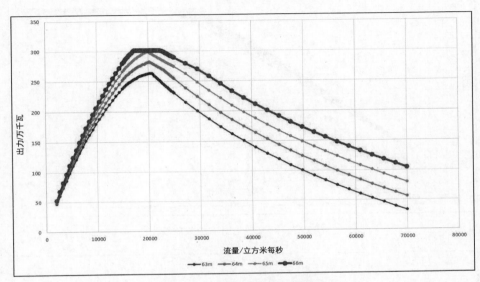

图 4.15　葛洲坝总出力函数曲线

类似的，可以计算出溪洛渡（图 4.16）、向家坝（图 4.17）以及最新建成的乌东德（图 4.18）、白鹤滩（图 4.19）的出力函数。

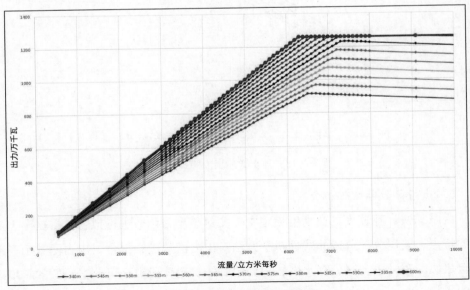

图 4.16　溪洛渡总出力函数曲线

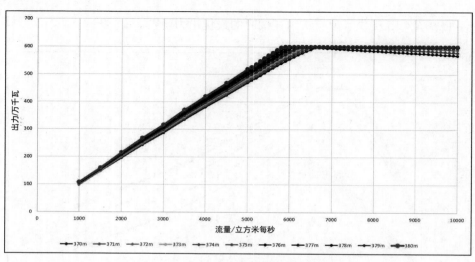

图 4.17　向家坝总出力函数曲线

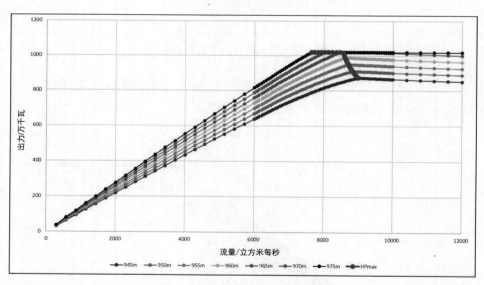

图 4.18　乌东德总出力函数曲线

5. 出力函数非线性拟合

　　为了加快计算速度，在调度模型中需要对总出力函数进行拟合。根据出力函数的特点，采用分部分段非线性拟合方法对出力函数进行拟合。出力函数由三部分组成，即正常出力区、弃水区、出力限制线。用分段拟合可获得较好的精度，如图 4.20～图 4.23 所示。

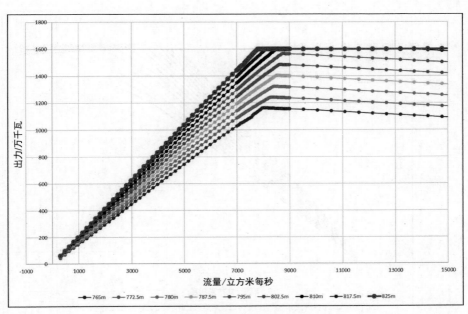

图 4.19　白鹤滩总出力函数曲线

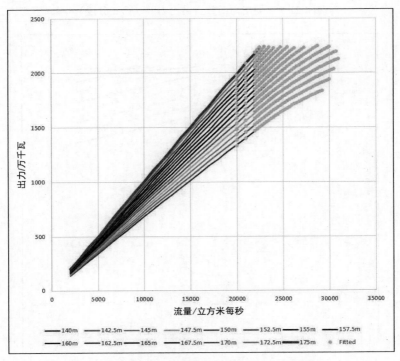

图 4.20　三峡出力函数正常出力区（第一分段）

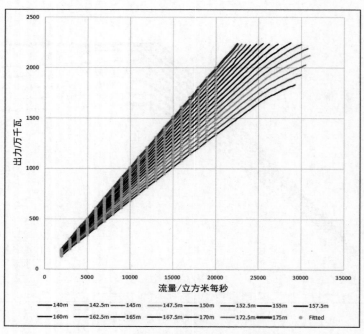

图 4.21　三峡出力函数正常出力区（第二分段）

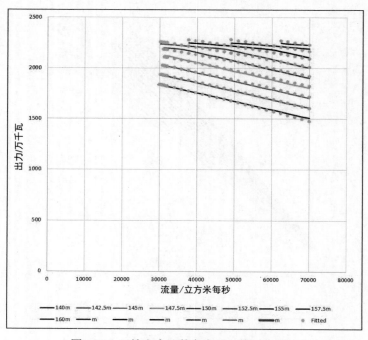

图 4.22　三峡出力函数弃水区（第一分段）

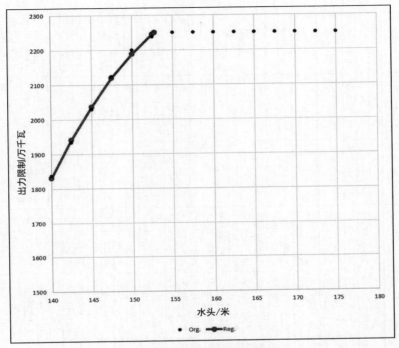

图 4.23　三峡出力限制函数

拟合函数采用以下形式:

正常出力区和弃水区函数形式为:

$$P = A1HQ + A2H + A3H^2 + A4Q + A5Q^2 + A6 \tag{4.17}$$

出力限制线函数为:

$$P_{\max} = A1H + A2H^2 + A3 \tag{4.18}$$

式中, H 为水库水位; Q 为出库流量; $A1$, …, $A6$ 为回归系数。

以上形式对所有出力函数都有很好的拟合效果。函数系数误差统计值见表 4.1~表 4.3。

6. 葛洲坝最优运行水位研究

葛洲坝的上游水位影响其自身和三峡电厂的出力。假定葛洲坝和三峡的下泄平均流量相同,对于给定的三峡上游水位和下泄流量,存在一个最优的葛洲坝上游水位使两站的出力总和最大。该最优葛洲坝上游水位是指导葛洲坝运行的一个重要参数。

表 4.1 拟合函数系数及误差统计一览表

电站名	下游水位/米	维数	分段号	X_{min0}	X_{max0}	绝对误差平均值	误差标准差	相关系数	A1	A2	A3	A4	A5	A6
向家坝	0	2	1	370	371	0.00	0.00	1.00	2.642449E+00	0.000000E+00	-3.803487E+02			
向家坝	0	2	2	371	380	0.00	0.00	1.00	0.000000E+00	0.000000E+00	6.000000E-02			
向家坝	0	3	1	0	8000	1.08	1.39	1.00	1.073614E-03	1.841674E+01	-2.504012E-02	-2.962446E-01	-1.397910E-06	-3.387613E+03
向家坝	0	3	1	6000	40000	0.49	0.62	1.00	1.890752E-05	5.188305E+00	5.623366E-03	-1.691852E-02	9.204266E-08	-2.030907E+03
溪洛渡	370	2	2	540	571	0.02	0.02	1.00	8.029966E+00	2.244941E+00	-4.051904E+00			
溪洛渡	370	2	2	571	600	0.00	0.00	1.00	0.000000E+00	0.000000E+00	1.260000E+03			
溪洛渡	372	2	1	540	571	0.01	0.01	1.00	8.053557E+00	2.221717E+00	-4.067243E+00			
溪洛渡	372	2	2	571	600	0.00	0.00	1.00	0.000000E+00	0.000000E+00	1.260000E+03			
溪洛渡	374	2	1	540	572	0.02	0.02	1.00	8.033795E+00	2.244449E+00	-4.068773E+00			
溪洛渡	374	2	2	572	600	0.00	0.00	1.00	0.000000E+00	0.000000E+00	1.260000E+03			
溪洛渡	376	2	1	540	573	0.02	0.02	1.00	8.079851E+00	2.204855E+00	-4.088913E+00			
溪洛渡	376	2	2	573	600	0.00	0.00	1.00	0.000000E+00	0.000000E+00	1.260000E+03			
溪洛渡	378	2	1	540	573	0.01	0.02	1.00	7.998879E+00	2.281030E+00	-4.073651E+00			
溪洛渡	378	2	2	573	600	0.00	0.00	1.00	0.000000E+00	0.000000E+00	1.260000E+03			
溪洛渡	380	2	1	540	574	0.02	0.02	1.00	7.979645E+00	2.301542E+00	-4.075553E+00			
溪洛渡	380	2	2	574	600	0.00	0.00	1.00	0.000000E+00	0.000000E+00	1.260000E+03			
溪洛渡	370	3	1	500	8000	1.91	2.37	1.00	9.959650E-04	9.257590E-01	-9.196404E-04	-3.840442E-01	-1.764433E-06	-2.280766E+02
溪洛渡	372	3	1	500	8000	1.88	2.36	1.00	9.975653E-04	3.830998E-01	-4.445757E-04	-3.862162E-01	-1.633065E-06	-7.403757E+01
溪洛渡	374	3	1	500	8000	1.82	2.31	1.00	9.973283E-04	1.937413E-02	-1.192069E-04	-3.872599E-01	-1.515033E-06	2.662237E+01
溪洛渡	376	3	1	500	8000	1.81	2.33	1.00	9.965529E-04	-1.780840E-01	6.063596E-05	-3.881148E-01	-1.381891E-06	7.999213E+01
溪洛渡	378	3	1	500	8000	1.88	2.40	1.00	9.954640E-04	-4.720428E-01	3.250574E-04	-3.888792E-01	-1.233884E-06	1.608751E+02
溪洛渡	380	3	1	500	8000	2.06	2.64	1.00	9.946060E-04	-8.545876E-01	6.658175E-04	-3.896643E-01	-1.105631E-06	2.672794E+02
溪洛渡	370	3	1	5000	30000	0.18	0.32	1.00	-3.389984E-06	9.503255E+00	1.245834E-03	-1.337930E-02	1.382553E-07	-4.465268E+02
溪洛渡	372	3	1	5000	30000	0.24	0.47	1.00	-2.771839E-06	9.848396E+00	9.241767E-04	-1.348220E-02	1.389910E-07	-4.565733E+03
溪洛渡	374	3	1	5000	30000	0.20	0.35	1.00	-2.924995E-06	9.615916E+00	1.135144E-03	-1.316669E-02	1.398221E-07	-4.509635E+03
溪洛渡	376	3	1	5000	30000	0.21	0.42	1.00	-2.550450E-06	9.533235E+00	1.200026E-03	-1.310684E-02	1.397041E-07	-4.493131E+03
溪洛渡	378	3	1	5000	30000	0.30	0.62	1.00	-2.261482E-06	1.031352E+01	4.952830E-04	-1.305198E-02	1.410863E-07	-4.715856E+03
溪洛渡	380	3	1	5000	30000	0.28	0.56	1.00	-2.146415E-06	1.000387E+01	7.708514E-04	-1.284747E-02	1.408902E-07	-4.637258E+03
三峡	63	3	1	0	20000	2.30	3.01	1.00	9.333810E-04	1.213802E+01	-3.886340E-02	-5.865982E-02	-1.726015E-07	-9.489136E+02
三峡	63	3	2	20000	35000	3.78	4.59	1.00	1.008418E-03	2.052554E+01	-7.044098E-02	1.799107E-02	-2.107941E-06	-2.489433E+03
三峡	64	3	1	0	20000	2.18	2.98	1.00	9.393877E-04	1.166627E+01	-3.734382E-02	-6.052007E-02	-1.649441E-07	-9.125063E+02
三峡	64	3	2	20000	35000	3.74	4.52	1.00	1.021356E-03	2.036873E+01	-7.069541E-02	1.450400E-02	-2.085263E-06	-2.453774E+03
三峡	65	3	1	0	20000	2.26	3.03	1.00	9.425662E-04	1.096379E+01	-3.504708E-02	-6.207176E-02	-1.521770E-07	-8.585037E+02

续表

电站名	下游水位/米	维数	分段号	X_{min0}	X_{max0}	绝对误差平均值	误差标准差	相关系数	A1	A2	A3	A4	A5	A6
三峡	65	3	2	20000	35000	3.64	4.41	1.00	1.017519E-03	1.918707E+01	-6.635860E-02	1.526241E-02	-2.099170E-06	-2.388465E+03
三峡	66	3	1	0	20000	2.03	2.68	1.00	9.481443E-04	1.024274E+01	-3.275131E-02	-6.413109E-02	-1.325390E-07	-8.015965E+02
三峡	66	3	2	20000	35000	3.73	4.54	1.00	1.027617E-03	1.828050E+01	-6.376884E-02	1.268136E-02	-2.085596E-06	-2.311861E+03
三峡	63	3	1	30000	70000	10.84	13.32	1.00	2.590132E-04	2.298255E+02	-7.013636E-01	-4.301989E-02	-2.692431E-08	-1.633654E+04
三峡	64	3	1	30000	70000	10.72	13.24	1.00	2.262479E-04	2.217432E+02	-6.663984E-01	-3.849598E-02	-2.197690E-08	-1.592052E+04
三峡	65	3	1	30000	70000	10.72	13.86	1.00	1.742351E-04	2.058962E+02	-6.028782E-01	-3.099511E-02	-1.794874E-08	-1.498522E+04
三峡	66	3	1	30000	70000	11.35	14.13	1.00	2.157094E-04	2.186206E+02	-6.512913E-01	-3.521086E-02	-3.361244E-08	-1.588150E+04
三峡	63	2	1	140	152	6.02	6.73	1.00	4.167359E+02	-1.316143E+00	-3.069303E+04			
三峡	63	2	2	152	175	0.00	0.00	1.00	0.000000E+00	0.000000E+00	2.250000E+03			
三峡	64	2	1	140	153	7.28	8.23	1.00	3.454316E-02	-1.068003E+02	-2.559575E+03			
三峡	64	2	2	153	175	0.00	0.00	1.00	0.000000E+00	0.000000E+00	2.250000E+03			
三峡	65	2	1	140	152	6.96	8.82	1.00	7.245280E-01	-1.190126E-01	-6.000818E+03			
三峡	65	2	2	152	175	0.00	0.00	1.00	0.000000E+00	0.000000E+00	2.250000E+03			
三峡	66	2	1	140	154	9.42	11.10	1.00	3.511746E-02	-1.079919E+00	-2.622826E+04			
三峡	66	2	2	154	175	0.00	0.00	1.00	0.000000E+00	0.000000E+00	2.250000E+03			
三峡	63.5	2	1	140	153	6.99	7.71	1.00	3.782804E-02	-1.182707E+00	-2.793440E+04			
三峡	63.5	2	2	153	175	0.00	0.00	1.00	0.000000E+00	0.000000E+00	2.250000E+03			
三峡	64.5	2	1	140	153	6.96	8.82	1.00	3.081150E-02	-9.372216E-01	-2.293845E+04			
三峡	64.5	2	2	153	175	0.00	0.00	1.00	0.000000E+00	0.000000E+00	2.250000E+03			
三峡	65.5	2	1	140	153	7.82	10.06	1.00	2.644143E-02	-7.831624E-01	-1.987798E+04			
三峡	65.5	2	2	153	175	0.00	0.00	1.00	0.000000E+00	0.000000E+00	2.250000E+03			
三峡	63.5	3	1	0	20000	2.34	3.01	1.00	9.440692E-04	1.087999E+01	-3.483218E-02	-6.107457E-02	-1.637693E-07	-8.509933E+02
三峡	63.5	3	2	20000	35000	4.57	5.64	1.00	9.633114E-04	2.021843E+01	-6.550773E-02	3.160170E-02	-2.230770E-06	-2.658741E+03
三峡	64.5	3	1	0	20000	2.17	2.86	1.00	9.476700E-04	1.050182E+01	-3.355469E-02	-6.256205E-02	-1.558979E-07	-8.232725E+02
三峡	64.5	3	2	20000	35000	4.51	5.58	1.00	9.828552E-04	1.811957E+01	-5.992846E-02	2.781362E-02	-2.221710E-06	-2.472221E+03
三峡	65.5	3	1	0	20000	2.18	2.82	1.00	9.521647E-04	9.420935E+00	-3.010930E-02	-6.435524E-02	-1.424112E-07	-7.384734E+02
三峡	65.5	3	2	20000	35000	4.53	5.64	1.00	9.794552E-04	1.788102E+01	-5.865269E-02	2.797836E-02	-2.223282E-06	-2.474300E+03
三峡	63.5	3	1	30000	70000	10.87	13.33	1.00	2.410898E-04	2.271972E+02	-6.884176E-01	-4.054413E-02	-2.432658E-08	-1.623775E+04
三峡	64.5	3	1	30000	70000	10.61	13.25	1.00	2.098410E-04	2.164962E+02	-6.448421E-01	-3.608404E-02	-2.092577E-08	-1.562720E+04
三峡	65.5	3	1	30000	70000	10.54	13.57	1.00	1.977423E-04	2.100533E+02	-6.194801E-01	-3.379429E-02	-2.320062E-08	-1.526697E+04
葛洲坝	0	3	1	0	25000	1.00	1.16	1.00	9.811799E-04	-3.250272E+00	2.045877E-02	-3.876383E-02	-4.984814E-07	1.265577E+02
葛洲坝	0	3	2	20000	70000	1.92	2.34	1.00	1.562011E-04	9.096817E+01	-5.862669E-01	-1.811479E-02	3.978051E-08	-2.989851E+03
葛洲坝	0	2	1	63	65	0.00	0.00	1.00	1.250695E-02	-8.385593E-01	-4.287395E-03			
葛洲坝	0	2	2	65	66	0.00	0.00	1.00	0.000000E+00	0.000000E+00	3.010000E+02			

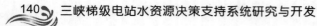

表 4.2　乌东德出力函数拟合系数及误差统计一览表

电站名	下游水位/米	维数	分段号	X_{min0}	X_{max0}	绝对误差平均值	误差标准差	相关系数	A_1	A_2	A_3	A_4	A_5	A_6
乌东德	765	2	1	945.0	962.0	0.0360	0.0465	1.0000	1.749646E+01	-5.133475E-03	-1.106118E+04			
乌东德	765	2	2	962.0	975.0	0.0000	0.0000	1.0000	0.000000E+00	0.000000E+00	1.020000E+03			
乌东德	775	2	1	945.0	962.0	0.0360	0.0464	1.0000	1.749282E+01	-5.131595E-03	-1.105941E+04			
乌东德	775	2	2	962.0	975.0	0.0000	0.0000	1.0000	0.000000E+00	0.000000E+00	1.020000E+03			
乌东德	785	2	1	945.0	962.1	0.0108	0.0139	1.0000	2.027523E+01	-6.595955E-03	-1.238113E+04			
乌东德	785	2	2	962.1	975.0	0.0000	0.0000	1.0000	0.000000E+00	0.000000E+00	1.020000E+03			
乌东德	795	2	1	945.0	962.1	0.0108	0.0139	1.0000	2.027175E+01	-6.594164E-03	-1.237944E+04			
乌东德	795	2	2	962.1	975.0	0.0000	0.0000	1.0000	0.000000E+00	0.000000E+00	1.020000E+03			
乌东德	805	2	1	945.0	962.1	0.0108	0.0139	1.0000	2.026781E+01	-6.592129E-03	-1.237753E+04			
乌东德	805	2	2	962.1	975.0	0.0000	0.0000	1.0000	0.000000E+00	0.000000E+00	1.020000E+03			
乌东德	815	2	1	945.0	964.4	3.0372	3.7435	1.0000	2.610930E+02	-1.331424E-01	-1.269466E+05			
乌东德	815	2	2	964.4	975.0	0.0000	0.0000	1.0000	0.000000E+00	0.000000E+00	1.020000E+03			
乌东德	825	2	1	945.0	964.1	0.0095	0.0123	1.0000	1.846569E+01	-5.663556E-03	-1.151827E+04			
乌东德	825	2	2	964.1	975.0	0.0000	0.0000	1.0000	0.000000E+00	0.000000E+00	1.020000E+03			
乌东德	765	3	1	300.0	4000.0	0.9219	1.2757	1.0000	9.836140E-04	8.298979E+00	-4.364363E-03	-8.079516E-01	-2.132920E-06	-3.946110E+03
乌东德	765	3	2	4000.0	6000.0	0.4689	0.5644	1.0000	9.926895E-04	1.213301E+01	-6.371940E-03	-8.259300E-01	-1.045570E-06	-5.755883E+03
乌东德	765	3	3	6000.0	9000.0	0.5524	0.7185	1.0000	1.114601E-03	1.869480E+01	-1.019380E-02	-8.402700E-01	-8.844484E-06	-8.868690E+03
乌东德	775	3	1	300.0	4000.0	0.9111	1.2599	1.0000	9.832833E-04	8.238902E+00	-4.332635E-03	-8.075647E-01	-2.154695E-06	-3.917819E+03
乌东德	775	3	2	4000.0	6000.0	0.4488	0.5417	1.0000	9.934224E-04	1.201923E+01	-6.314292E-03	-8.267977E-01	-1.015750E-06	-5.699820E+03
乌东德	775	3	3	6000.0	9000.0	0.5481	0.7104	1.0000	1.113921E-03	1.870133E+01	-1.019479E-02	-8.394568E-01	-8.855350E-06	-8.874641E+03
乌东德	785	3	1	300.0	4000.0	0.6307	0.7749	1.0000	9.769061E-04	6.222210E+00	-3.264594E-03	-8.005579E-01	-2.398448E-06	-2.966667E+03
乌东德	785	3	2	4000.0	6000.0	0.3856	0.4756	1.0000	9.899937E-04	1.432625E+01	-7.504072E-03	-8.272724E-01	-6.101562E-07	-6.810213E+03

续表

电站名	下游水位/米	维数	分段号	X_{min0}	X_{max0}	绝对误差平均值	误差标准差	相关系数	A1	A2	A3	A4	A5	A6
乌东德	785	3	3	6000.0	9000.0	0.5902	0.7659	1.0000	1.117253E-03	1.991209E+01	-1.083745E-02	-8.420633E-01	-8.898586E-06	-9.446611E+03
乌东德	785	3	1	300.0	4000.0	0.6307	0.7749	1.0000	9.769061E-04	6.222210E+00	-3.264594E-03	-8.005579E-01	-2.398448E-06	-2.966667E+03
乌东德	805	3	1	300.0	4000.0	0.6146	0.7508	1.0000	9.761247E-04	6.110109E+00	-3.204512E-03	-7.997572E-01	-2.422610E-06	-2.914646E+03
乌东德	805	3	2	4000.0	6000.0	0.3327	0.4070	1.0000	9.869532E-04	1.358518E+01	-7.109711E-03	-8.239049E-01	-6.264807E-07	-6.463639E+03
乌东德	805	3	3	6000.0	9000.0	0.5931	0.7707	1.0000	1.118480E-03	1.979014E+01	-1.077827E-02	-8.434221E-01	-8.885171E-06	-9.383504E+03
乌东德	805	3	1	300.0	4000.0	0.6146	0.7508	1.0000	9.761247E-04	6.110109E+00	-3.204512E-03	-7.997572E-01	-2.422610E-06	-2.914646E+03
乌东德	805	3	2	4000.0	6000.0	0.3327	0.4070	1.0000	9.869532E-04	1.358518E+01	-7.109711E-03	-8.239049E-01	-6.264807E-07	-6.463639E+03
乌东德	805	3	3	6000.0	9000.0	0.5931	0.7707	1.0000	1.118480E-03	1.979014E+01	-1.077827E-02	-8.434221E-01	-8.885171E-06	-9.383504E+03
乌东德	815	3	1	300.0	4000.0	0.6108	0.7439	1.0000	9.764546E-04	6.063908E+00	-3.180071E-03	-8.000290E-01	-2.440613E-06	-2.892938E+03
乌东德	815	3	2	4000.0	6000.0	0.2925	0.3681	1.0000	9.884115E-04	1.403008E+01	-7.345340E-03	-8.244897E-01	-6.935421E-07	-6.676038E+03
乌东德	815	3	3	6000.0	9000.0	0.5893	0.7661	1.0000	1.117987E-03	1.981931E+01	-1.079189E-02	-8.428419E-01	-8.892716E-06	-9.399330E+03
乌东德	825	3	1	300.0	4000.0	0.4782	0.6292	1.0000	9.812585E-04	4.991570E+00	-2.606607E-03	-8.153520E-01	-6.597090E-07	-2.392202E+03
乌东德	825	3	2	4000.0	6000.0	0.3574	0.4423	1.0000	9.940320E-04	1.403306E+01	-7.335561E-03	-8.205935E-01	-1.636305E-06	-6.726203E+03
乌东德	825	3	3	6000.0	9000.0	0.5456	0.7290	1.0000	1.130198E-03	1.980880E+01	-1.080551E-02	-8.579986E-01	-8.675005E-06	-9.380350E+03
乌东德	765	3	1	8000.0	12000.0	0.1955	0.2347	1.0000	-2.495610E-07	6.662937E+00	4.302904E-04	-2.628569E-02	8.831347E-07	-5.625814E+03
乌东德	775	3	1	8000.0	12000.0	0.1952	0.2344	1.0000	-2.309540E-07	6.663994E+00	4.296284E-04	-2.629826E-02	8.828584E-07	-5.626243E+03
乌东德	785	3	1	8000.0	14000.0	0.3773	0.4423	1.0000	-3.998230E-06	5.128347E+00	1.259882E-03	-1.347511E-02	4.303648E-07	-4.963480E+03
乌东德	795	3	1	8000.0	14000.0	0.3767	0.4417	1.0000	-3.987941E-06	5.131501E+00	1.258161E-03	-1.348653E-02	4.301980E-07	-4.964940E+03
乌东德	805	3	1	8000.0	14000.0	0.3761	0.4410	1.0000	-3.978326E-06	5.134518E+00	1.256516E-03	-1.348054E-02	4.300136E-07	-4.966342E+03
乌东德	815	3	1	8000.0	14000.0	0.3756	0.4404	1.0000	-3.969385E-06	5.137357E+00	1.254969E-03	-1.349054E-02	4.298107E-07	-4.967667E+03
乌东德	825	3	1	8000.0	14000.0	0.1492	0.1924	1.0000	5.547546E-07	8.220282E+00	-3.914322E-04	-1.261532E-02	2.381610E-07	-6.455115E+03

表 4.3　白鹤滩出力函数拟合系数及误差统计一览表

电站名	下游水位/米	维数	分段号	X_{min0}	X_{max0}	绝对误差平均值	误差标准差	相关系数	A1	A2	A3	A4	A5	A6
白鹤滩	550	2	1	765.0	799.2	0.0072	0.0093	1.0000	9.644029E+00	6.564857E-04	-6.527256E+03			
白鹤滩	550	2	2	799.2	825.0	0.0000	0.0000	1.0000	0.000000E+00	0.000000E+00	1.600000E+03			
白鹤滩	560	2	1	765.0	799.2	0.0072	0.0093	1.0000	9.645332E+00	6.564546E-04	-6.528231E+03			
白鹤滩	560	2	2	799.2	825.0	0.0000	0.0000	1.0000	0.000000E+00	0.000000E+00	1.600000E+03			
白鹤滩	580	2	1	765.0	799.6	0.0057	0.0075	1.0000	9.724522E+00	5.877494E-04	-6.551751E+03			
白鹤滩	580	2	2	799.6	825.0	0.0000	0.0000	1.0000	0.000000E+00	0.000000E+00	1.600000E+03			
白鹤滩	590	2	1	765.0	801.6	0.0507	0.0626	1.0000	1.150490E+01	-5.118642E-04	-7.293053E+03			
白鹤滩	590	2	2	801.6	825.0	0.0000	0.0000	1.0000	0.000000E+00	0.000000E+00	1.600000E+03			
白鹤滩	600	2	1	765.0	805.6	0.2023	0.2663	1.0000	6.880546E+00	2.478354E-03	-5.551392E+03			
白鹤滩	600	2	2	805.6	825.0	0.0000	0.0000	1.0000	0.000000E+00	0.000000E+00	1.600000E+03			
白鹤滩	550	3	1	9000.0	30000.0	1.2267	1.4282	1.0000	6.631458E-07	1.091351E+01	-1.242752E-05	-1.894552E-02	1.685293E-07	-6.969992E+03
白鹤滩	560	3	1	9000.0	30000.0	1.3448	1.5026	1.0000	6.815699E-07	1.092874E+01	-2.241026E-05	-1.929313E-02	1.764183E-07	-6.972570E+03
白鹤滩	580	3	1	9000.0	30000.0	1.4373	1.7031	1.0000	6.682772E-07	1.078407E+01	7.011191E-05	-1.894007E-02	1.732600E-07	-6.925024E+03
白鹤滩	590	3	1	9000.0	30000.0	0.9378	1.1276	1.0000	3.249140E-07	1.070675E+01	1.243898E-04	-1.652481E-02	1.277349E-07	-6.930747E+03
白鹤滩	600	3	1	9000.0	30000.0	0.5409	0.6793	1.0000	-2.770862E-08	1.077948E+01	8.303764E-05	-1.252293E-02	6.476444E-08	-7.030007E+03
白鹤滩	600	3	1	9000.0	30000.0	0.5409	0.6793	1.0000	-2.770862E-08	1.077948E+01	8.303764E-05	-1.252293E-02	6.476444E-08	-7.030007E+03
白鹤滩	550	3	1	0.0	5000.0	0.7944	1.2167	1.0000	9.592279E-04	3.282154E+01	-2.060759E-03	-5.694790E-01	-5.847944E-07	-1.309272E+03
白鹤滩	550	3	2	5000.0	9000.0	1.8659	2.3785	0.9999	1.107953E-03	1.233610E+01	-8.333291E-01	-6.150274E-01	-7.362085E-06	-4.739742E+03
白鹤滩	580	3	1	0.0	5000.0	0.7720	1.1919	1.0000	9.603283E-04	3.261453E+01	-2.047317E+00	-5.712885E-01	-5.723658E-07	-1.301159E+03
白鹤滩	580	3	2	5000.0	9000.0	1.9133	2.4357	0.9999	1.108715E-03	1.245189E+01	-8.408128E-01	-6.102455E-01	-7.757854E-06	-4.804392E+03
白鹤滩	590	3	1	0.0	5000.0	0.7683	1.1095	1.0000	9.650495E-04	3.036865E+01	-1.907308E+00	-5.783470E-01	-4.846953E-07	-1.210987E+03
白鹤滩	590	3	2	5000.0	9000.0	1.9557	2.5060	0.9999	1.126309E-03	1.326623E+01	-8.969223E-01	-6.276203E-01	-7.555161E-06	-5.100693E+03
白鹤滩	600	3	1	0.0	5000.0	0.8788	1.1735	1.0000	9.781834E-04	5.086732E+00	-3.184121E+01	-5.953466E-01	-4.342474E-07	-2.032711E+03
白鹤滩	600	3	2	5000.0	9000.0	1.9991	2.6580	0.9999	1.090450E-03	1.150310E+01	-7.659988E+03	-6.085888E-01	-6.945748E-06	-4.525829E+03

最优葛洲坝水位可通过求解以下问题获得：

给定三峡上游水位 H_1 和下泄流量 Q_1，假定葛洲坝流量 $Q_2=Q_1$，则最优葛洲坝上游水位 $H_2(H_1,Q_1)$ 可以通过一维寻优获得：

$$\max_{H_2} P = P_1(H_1,H_2,Q_1) + P_2(H_2,Q_1) \qquad (4.19)$$

见表 4.4 给出了三峡水位在 170 米时，不同下泄流量下的最优葛洲坝水位。

表 4.4 不同下泄流量下葛洲坝最优水位一览表

三峡水位/米	三峡流量/立方米每秒	葛洲坝最优水位/米	总出力/万千瓦	三峡出力/万千瓦	葛洲坝出力/万千瓦	三峡弃水/立方米每秒	葛洲坝弃水/立方米每秒	最小总出力/万千瓦	出力差/万千瓦	出力差/%
170	5000	65	593.83	479.50	114.33	0.00	0.00	592.94	0.89	0.15
170	7500	66	881.68	713.60	168.07	0.00	0.00	879.63	2.05	0.23
170	10000	66	1161.69	950.44	211.25	0.00	0.00	1157.93	3.75	0.32
170	12500	66	1433.81	1185.62	248.20	0.00	0.00	1427.85	5.96	0.42
170	15000	66	1698.05	1419.14	278.91	0.00	0.00	1689.38	8.67	0.51
170	17500	66	1952.00	1651.00	301.00	0.00	275.65	1942.51	9.49	0.49
170	20000	66	2194.10	1894.90	299.21	0.00	628.68	2182.21	11.89	0.55
170	22500	65	2415.39	2128.28	287.10	0.00	3128.68	2407.24	8.15	0.34
170	25000	66	2539.99	2250.00	289.99	984.29	7775.65	2482.26	57.73	2.33
170	27500	66	2525.70	2250.00	275.70	3484.29	10275.65	2466.80	58.91	2.39
170	30000	66	2511.91	2250.00	261.91	5984.29	12775.65	2451.83	60.08	2.45

计算表明，最优的葛洲坝上游水位可使梯级总出力效益增加约 0.5%。

类似地，也可以寻找溪洛渡流量给定时，向家坝的最优上游水位，初步计算结果见表 4.5。

表 4.5 不同下泄流量下向家坝最优上游水位一览表

溪洛渡水位/米	溪洛渡流量/立方米每秒	向家坝最优水位/米	总出力/万千瓦	溪洛渡出力/万千瓦	向家坝出力/万千瓦	溪洛渡弃水/立方米每秒	向家坝弃水/立方米每秒	最小总出力/万千瓦	出力差/万千瓦	出力差/%
580	2000	379	579.74	368.48	211.26	0.00	0.00	574.65	5.09	0.89
580	4000	379	1146.45	730.66	415.79	0.00	0.00	1125.92	20.53	1.82
580	6000	377	1683.96	1086.67	597.29	0.00	0.00	1651.89	32.07	1.94
580	8000	372	1860.00	1260.00	600.00	1030.59	1612.86	1845.11	14.89	0.81
580	10000	374	1860.00	1260.00	600.00	3010.91	3763.34	1828.58	31.42	1.72
580	12000	375	1860.00	1260.00	600.00	5010.91	5834.75	1812.79	47.21	2.60
580	14000	377	1860.00	1260.00	600.00	6991.73	7970.45	1797.73	62.27	3.46
580	16000	378	1838.90	1238.90	600.00	8973.18	10034.94	1779.00	59.90	3.37
580	18000	379	1817.25	1219.77	597.48	10973.18	12097.29	1744.12	73.13	4.19
580	20000	380	1793.61	1198.81	594.81	12952.67	14157.61	1711.09	82.52	4.82

4.2 日优化运行模型

日优化运行模型是将短期优化调度结果在更短时段（小时或 15 分钟）内合理分配，确定各水电站逐小时或逐 15 分钟负荷及运行状态，制订各水电站日优化运行方式。日优化运行模型的时间长度为 1～3 天，计算时间步长为 1 小时，结果可按 15 分钟输出。日优化运行模型包括两个内容：

（1）根据来水情况、电站特点、水库运行、电力系统及电力市场（如市场供需变化、已签订合同、竞争对手影响、各区域各时段价格变化）等需求，制订计划期（未来 1～3 天）的发电计划，并模拟水库水位、流量、出力等动态过程。

（2）按计划期内的运行方式（计划）为指导，根据面临时段及其后时段水情、负荷等信息的可能变化，实时修正原计划。

日优化模型将生成可实施的未来 1～3 天的小时发电计划。可实施意味着准确的水量平衡计算和出力估计。一旦发电计划制订，除非特殊情况，不用更改计划。利用本模型，三峡—葛洲坝出入库流量不平衡问题可以得到根本解决。解决的基础取决于准确的总出力函数，水量平衡计算，以及系统模拟演算。

日优化运行模型的主要元素：

- 水库状态方程：$x(k+1)=f_k[x(k),u(k),w(k)]$, $k=0,1,\cdots,n\text{-}1$
- 状态约束：$x(k)\in\Omega x(k)$
- 控制约束：$u(k)\in\Omega u(x(k),k)$
- 入库径流：$w(k)\in\Omega w(k)$
- 时段变量（小时）：k
- 河道小时状态方程：$s(k+1)=f(s(k),w(k))$
- 状态约束：$S(k)\in\Omega s(k)$
- 流量约束：$u(k)\in\Omega u(k)$
- 输电线路约束：$p_i < PB_i^{max}$
- 效益函数（发电效益或发电量）：$g_k(x(k),u(k),w(k))$

$$g_k = \sum \lambda_{ik}P_i(k)\Delta t$$

当 λ 为 1 时，时段效益为发电量，当 λ 为电价时，时段效益为发电效益。

● 末端效益函数：$g_N[x(N)]$

末端效益是末端状态变量的惩罚函数，具有以下形式：

$$g_N(N) = \frac{1}{2}(x(N) - x^0(N))^2$$

式中，$x^0(N)$ 为时段末水库水位值，由短期模型确定。

● 径流概率分布函数：$p[w(k)/x(k),u(k)]$

径流概率分布由预报输入确定。

● 目标函数：

$$J = \max E_{W(k)} \left\{ \sum_{k=0}^{N-1} g_k(x(k),u(k),w(k)) + g_N(x(N)) \right\}$$

短期模型包括溪洛渡、向家坝、三峡、葛洲坝四个水库及它们之间的河道。
细化的系统状态方程如下：

溪洛渡：

$$S_1(k+1) = S_1(k) + W_1(k) - u_1(k) - e_1(k) - D_1(k) - L_1(k)$$

向家坝：

$$S_2(k+1) = S_2(k) + W_2(k) + u_1(k) - u_2(k) - e_2(k) - D_2(k) + L_1(k) - L_2(k)$$

三峡：

$$S_3(k+1) = S_3(k) + W_3(k) + \alpha_{11}u_2(k) + \alpha_{12}S_5(k) + \alpha_{13}S_6(k) + \alpha_{14}S_7(k) - u_3(k) - e_3(k) - D_3(k) - L_3(k)$$

葛洲坝：

$$S_4(k+1) = S_4(k) + W_4(k) + u_3(k) - u_4(k) - e_4(k) - D_4(k) - L_4(k)$$

AS1：$S_5(k+1) = u_2(k)$

AS2：$S_6(k+1) = \alpha_{11}u_2(k) + \alpha_{12}S_5(k) + \alpha_{13}S_6(k) + \alpha_{14}S_7(k) + W_6(k)$

AS3：$S_7(k+1) = S_6(k)$

寸滩流量：

$$CF(k) = \alpha_{11}(u_2(k) + L_2(k)) + \alpha_{12}(S_5(k) + L_2(k-1)) + \alpha_1 F_{10}(k) + \alpha_2 F_{10}(k-1) + \alpha_3 F_{11}(k) + \alpha_4 F_{11}(k-1) + \alpha_5 F_{12}(k) + \alpha_6 F_{12}(k-1) + \alpha_7 F_{13}(k) + \alpha_8 F_{13}(k-1) + \alpha_9 F_{14}(k) + \alpha_{10}F_{14}(k-1) + \alpha_{13}S_6(k) + \alpha_{14}S_7(k) + \alpha_{15}\beta(k)$$

$$W_1(k) = \sum_{1}^{8} F_i(k)$$

$$W_2(k) = F_9(k)$$

$$\begin{aligned}
W_3(k) = {} &\alpha_{11}L_2(k) + \alpha_{12}L_2(k-1) + \alpha_1 F_{10}(k) + \alpha_2 F_{10}(k-1) + \\
&\alpha_3 F_{11}(k) + \alpha_4 F_{11}(k-1) + \alpha_5 F_{12}(k) + \alpha_6 F_{12}(k-1) + \\
&\alpha_7 F_{13}(k) + \alpha_8 F_{13}(k-1) + \alpha_9 F_{14}(k) + \alpha_{10} F_{14}(k-1) + \\
&\alpha_{15}\beta + F_{15}(k) + F_{16}(k)
\end{aligned}$$

$$W_4(k) = F_{17}(k)$$

$$W_5(k) = 0$$

$$W_6(k) = W_3(k) - F_{15}(k) - F_{16}(k)$$

以上式中，$S_1 \sim S_4$ 为传统的状态变量，代表溪洛渡、向家坝、三峡、葛洲坝的蓄水量；$S_5 \sim S_7$ 为扩充状态变量，与河道方程有关；$W_1 \sim W_6$ 为区间天然入流，$F_1 \sim F_{16}$ 为支流入流；$L_1 \sim L_4$ 为水库水量损失（船闸流量或渗流）；α，β 为小时河道演进模型系数；$e_1 \sim e_4$ 为水库蒸发损失，可忽略不计，$D_1 \sim D_4$ 为水库取水。

1. 求解算法

日模型必须以短期模型确定的计划时段末水库水位为约束，该约束是保证日模型与短期模型决策一致的重要条件。日模型也可以用短期模型确定的平均流量或平均出力为约束计算。但是，由于径流预报的不确定性，如果用流量或出力约束，均可能产生大的目标水位偏移。以末水位为约束的调度结果具有稳定性。

以上模型为典型的多阶段决策过程，可采用多种方法求解。决策支持系统采用"扩展线性二次高斯（ELQG）"。此法由乔治卡科斯（Georgakakos）和马克斯（Marks）提出，后由 Georgakakos 和 Yao 等进一步完善，是一个比较成熟稳定的方法。ELQG 属于迭代优化算法，从初始控制系列开始 $\{u(k);k=0,1,2,\cdots,N-1\}$，然后逐步寻找改善的系列直到收敛。ELQG 法的特点是计算速度快，不存在"维数灾难"问题，特别适合有不确定输入的多水库系统的优化问题。"ELQG"的求解过程见附录 1。

日模型的输出包括未来 1～3 天的水库小时库水位、下泄流量、出力过程等。小时水位变化过程对反调节下游水库的运行指导有重要意义，可从根本上解决上下游水库流量不平衡问题。典型的日模型输出如图 4.24～图 4.31 所示。

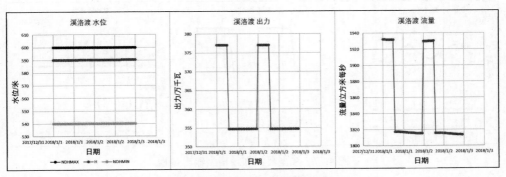

图 4.24 典型溪洛渡日模型输出过程

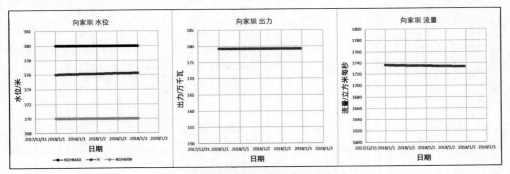

图 4.25 典型向家坝日模型输出过程

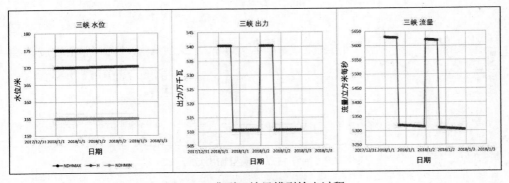

图 4.26 典型三峡日模型输出过程

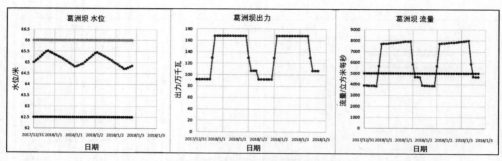

图 4.27 典型葛洲坝日模型输出过程

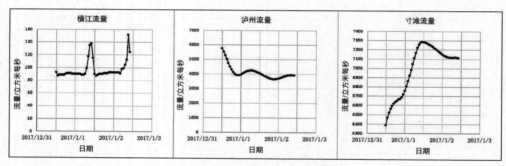

图 4.28 河道站点日模型输出过程（1）

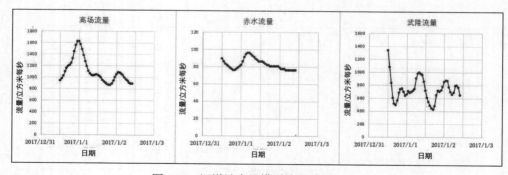

图 4.29 河道站点日模型输出过程（2）

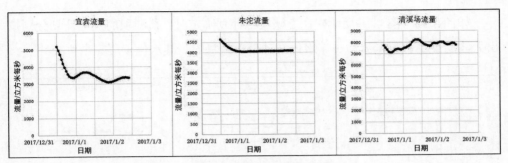

图 4.30 河道站点日模型输出过程（3）

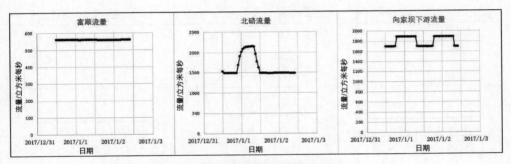

图 4.31 河道站点日模型输出过程（4）

2. 上下游流量不平衡问题解决方案

利用日优化模型可以解决三峡—葛洲坝水量不平衡问题，问题能否解决基于精确的总出力函数和系统动态模拟。具体做法是在日模型中，葛洲坝的调度计划可以先不固定，待三峡的计划确定后再确定葛洲坝的调度方式。葛洲坝的运行方式可以：①按水位波动最小运行；②按出力变化最小运行；③按下泄流量变化最小运行。具体步骤如下：

（1）给定三峡发电计划 $P_1(k)$，假定葛洲坝初始水位 $H_2(k)$，根据三峡总出力函数 $P_1(Q_1,H_1,H_2)$ 求三峡总流量 $Q_1(k)$。

（2）根据三峡下泄流量 $Q_1(k)$ 和选定的葛洲坝发电方式，计算新的葛洲坝水位过程 $H_2(k)$ 和出力 $P_2(k)$，对应的流量 $Q_2(k)$。

（3）利用新的葛洲坝水位返回（1）迭代，直至 $H_2(k)$ 收敛。

如图 4.32～图 4.35 所示，在三峡发电计划确定时，葛洲坝的发电计划分别按出力波动最小、流量波动小、水位波动最小为目的，其水位工程完全可控。

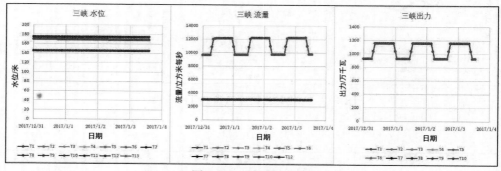

图 4.32　三峡发电计划

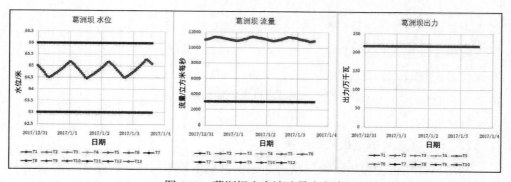

图 4.33　葛洲坝出力波动最小方式

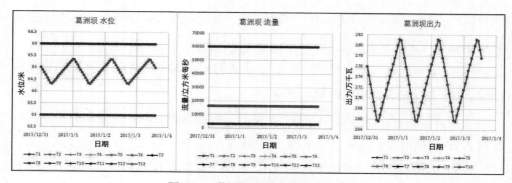

图 4.34　葛洲坝流量波动最小方式

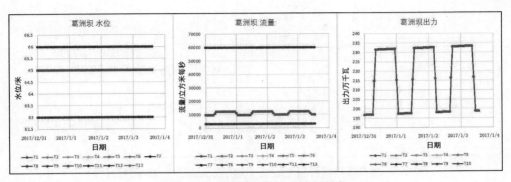

图 4.35　葛洲坝水位波动最小方式

4.3　短期优化模型

短期优化调度是将中长期优化调度结果在更短时间（日）内合理分配，确定各水电站逐日调度方式。短期优化调度的时间长度为旬，计算时间步长为日。短期优化调度的输入包括中长期决策确定的时段末目标水位、径流预报、水库时段初水位及河道状态、日发电函数。调度目标为发电量或发电效益最大。模型决策变量为日调度方案。短期调度模型是一个过渡模型，在很多决策支持系统中往往被省略，直接从中长期过渡到日模型，将日模型的优化时间增加到旬或月，这样的设计会大大增加计算时间，也没有必要。因为以小时为计算步长的优化结果外延性很差，三天之后的决策与实际值误差会越来越大，必须滚动更新。而将中长期第一时段的优化结果通过短期模型分配到日，再利用日模型确定前两天的小时决策，整个优化过程计算速度和精度都会大大提高。

1. 数学模型

短期优化模型的结构与日运行模型的结构类似，具体可见"4.2 日优化运行模型"（P144～146）相应表述。

2. 求解算法

短期模型也是多阶段决策模型。所有多阶段决策模型都具有相同的模型结构，可以用"扩展线性二次高斯（ELQG）"求解。"ELQG"求解过程见附录 1。

短期模型的典型应用结果如图 4.36～图 4.42 所示。

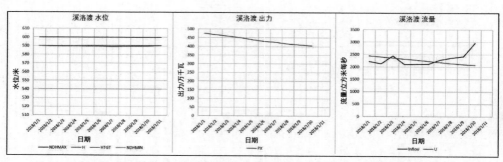

图 4.36 短期模型典型应用结果（溪洛渡水位、出力、流量过程）

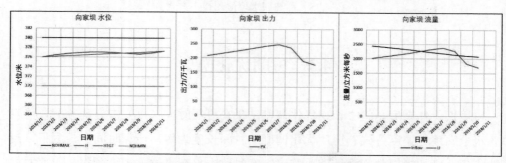

图 4.37 短期模型典型应用结果（向家坝水位、出力、流量过程）

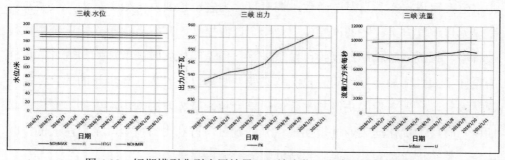

图 4.38 短期模型典型应用结果（三峡水位、出力、流量过程）

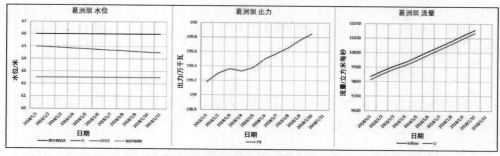

图 4.39 短期模型典型应用结果（葛洲坝水位、出力、流量过程）

图 4.40 短期模型典型应用结果（河道站点流量过程）

图 4.41 短期模型典型应用结果（河道站点流量过程）

图 4.42 短期模型典型应用结果（河道站点流量过程）

4.4 中长期优化模型

中长期优化模型以中长期径流预报为输入，水资源综合利用需求为约束，发电量或发电效益最大为目标，确定梯级水库群优化调度决策，制订系统逐时段的调度方式。中长期优化调度是决策模型的最上层，其结果是短期优化调度的约束和边界。中长期优化调度的时间长度选择与系统水库调节性能有关，年调节能力的系统优化时间长度一般取一年，计算步长为月，季调节能力的系统计算时间为3～6个月，计算步长为旬。决策支持系统涉及的系统属于后者。

中长期模型的主要功能是生成计划期内多目标权衡关系，为计划决策部门提供多目标之间的相互关系。典型的多目标权衡关系包括目标末水位、发电量/发电效益、供水量、最小生态流量等。一旦决策部门选定计划方案后，中长期模型可以生成逐时段的实施方案。

和短期模型一样，中长期优化模型使用时也采用滚动修正过程。应用时，仅仅第一时段的决策传递给短期模型实施。第一时段结束后，中长期预报模型滚动更新，决策模型也利用最新的水库水位，河道观测值滚动更新，系统演进到下一时段。

1. 数学模型

中长期优化模型的基本元素与短期优化模型类似，包括状态变量、决策变量、约束以及目标函数。中长期优化模型的决策时段步长为旬。中长期模型的计算步长旬或月已经远远超过河段的传播时间，因此，系统状态方程中不包括河道演算模型。如果河道传播时间比计算步长要长，则相应的河道模型必须包括到系统状态方程中。

- 水库状态方程：$x(k+1)=f_k[x(k),u(k),w(k)]$，$k=0,1,\cdots,n-1$
- 状态约束：$x(k)\in \Omega x(k)$
- 控制约束：$u(k)\in \Omega u(x(k),k)$
- 入库径流：$w(k)\in \Omega w(k)$
- 时段变量（小时）：k
- 时段效益函数（发电效益或发电量）：$g_k(x(k),u(k),w(k))$

$$g_k = \sum \lambda_{ik} P_i(k)\Delta t$$

当 λ 为 1 时，时段效益为发电量，当 λ 为电价时，时段效益为发电效益。λ 是时段平均值，不同电站可有不同的平均电价。

末端效益函数：$gN[x(N)]$

末端效益一般是末端状态变量的惩罚函数，具有以下形式：

$$g_N(N) = \frac{1}{2}(x(N) - x^0(N))^2$$

$x^0(N)$ 是计划时段末蓄水量目标，为模型输入参数。通过改变该值可以生成系统权衡曲线。

- 径流概率分布函数：$p[w(k)/x(k), u(k)]$

径流概率分布由中长期预报输入确定。

- 目标函数：

$$J = \max E_{W(k)} \left\{ \sum_{k=0}^{N-1} g_k(x(k), u(k), w(k)) + g_N(x(N)) \right\}$$

2. 求解算法

如前所述，以上多阶段决策模型可用"扩展线性二次高斯（ELQG）"求解。"ELQG"算法的详细描述见相关文献和附录。

多目标权衡曲线生成可以通过选取不同时段末水位多次求解以上模型获得。目标变量包括时段末水位、发电量/发电效益、下泄流量、弃水量，以及对应不同目标末水位的逐时段发电计划、水库水位、下泄流量、供水及综合利用等过程线。过程线的第一时段的决策值，时段水库末水位、平均流量、平均出力将作为约束条件，传递给短期模型。

长期模型典型应用结果如图 4.43～图 4.46 所示。

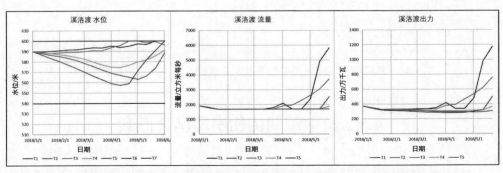

图 4.43 溪洛渡长期模型应用结果（水库水位、流量、出力过程集合）

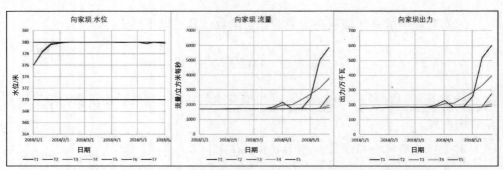

图 4.44　向家坝长期模型应用结果（水库水位、流量、出力过程集合）

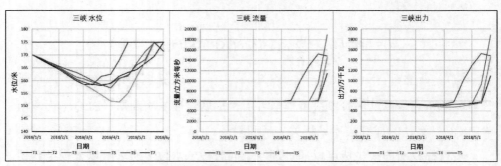

图 4.45　三峡长期模型应用结果（水库水位、流量、出力过程集合）

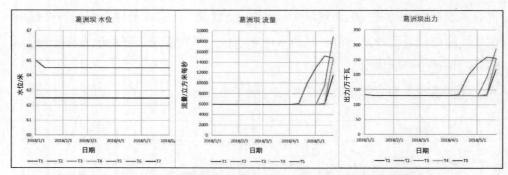

图 4.46　葛洲坝长期模型应用结果（水库水位、流量、出力过程集合）

4.5　长中短期优化模型耦合嵌套

梯级水库群优化调度需要对未来不同时间长度做出决策。短时间尺度模型为长时间尺度模型提供反馈，长时间尺度模型为短时间尺度模型提供控制边界和约束。中长期调度模型提供计划期内多目标权衡曲线，根据径流预报信息和水库群运行工况选择最佳方案逐步实施。短期模型以中长期的结果作为约束，将长时段平均结果分配到短时段实施。考虑到实际需求与预报偏差，中长期优化模型需要逐旬滚动更新，短期模型需要逐日更新。

长中期、短期、日优化运行、实时优化模型构成了整个决策支持系统的决策链。模型采用分层结构设计，模型之间的信息通过数据库交换，上一层的结果作为下一层的约束，以保证决策的一致性和可行性。建模时，上一层的效益函数由下一层获得，保证目标估算的一致性。每层模型的约束存在差别，以反映不同层面决策机构的不同侧重点。模型建立的顺序为短期到长期，应用时则从长期到短期。各级模型的决策方法可以有多种选择，包括优化算法、传统调度规则以及人工输入等。长中短期径流预报是各级调度模型的重要输入。本项目研究内容没有包括径流预报模型，径流预报作为外部输入提供给调度模型。本项目将对外部提供的预报成果进行评估（下一章内容），以了解预报成果的误差。并根据评估结果对预报进行修正，修正后的预报将作为调度模型的输入。修正后的预报结果采用国际上流行的过程集合预报（Ensemble Streamflow Prediction，ESP）。

决策模型耦合关系如图 4.47 所示。

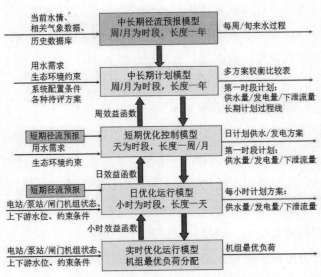

图 4.47　水库群优化调度分层模型与集成

各级模型之间通过数据库交换信息，这为实际应用提供了灵活性。由于上一级模型对下一级只是提供运行约束，如果该约束被人工修改，上一级模型的决策与下一级模型的决策就可以隔离，各级模型将独立运行。这种运行方式为应急调度和人工交互提供了方便。

模型使用时，实时模型（厂内经济运行）和日优化模型一般不用滚动更新，短期、中长期模型都需要根据新的径流预报成果和新的水库信息滚动更新，这样可以保证决策时使用最新的观察值，减少系统误差。模型更新的频率取决于系统状态和输入信息的更新频率，比如中长期模型更新的频率与径流预报更新频率一致。

4.6 常规调度模型

水库群优化调度是在给定入流、初始水位的条件下，确定满足约束条件的使系统效益最大化的调度方案。这一问题是典型的多阶段决策问题，可以利用各种优化方法求解，比如动态规划算法、ELQG、多种启发式优化算法。由于问题的非线性与多维特征，寻找最优解往往非常困难。实际应用中，有很多简化的算法可以获得比较合理的可行解或次优解。本节将介绍生产管理中几种常用的常规调度方法，这些常规调度方法并不能给出系统最优方案，最多只能提供一个可行解或合理解。由于常规调度比较直观，计算速度快，易于实施，在实际生产中得到了广泛的应用。

（1）调度图。调度图是一种最常见的单库调度方式。水库任意时刻的决策只与自身的水位有关。常规调度图由固定的格式构成，横坐标为时间轴（一年的长度），纵坐标为水库水位。几根不同的调度线将水库水位从死水位到正常高水位划分为不同的区间。典型的调度线包括死水位、限制出力线（下基本调度线）、防破坏线（上基本调度线）、放弃水线、加大出力线、防洪限制水位。调度线给出了出力与水位和日期的函数关系。调度区域的数目（调度线）一般在水库设计时就已经确定，也可以由用户根据实际情况修改。调度线从低到高，最低的为死水位，最高的为防洪限制水位。低于死水位，水库关闭；高于防洪限制水位，水库按最大泄流放水。如图 4.48 所示提供了三峡水库的一组调度曲线。

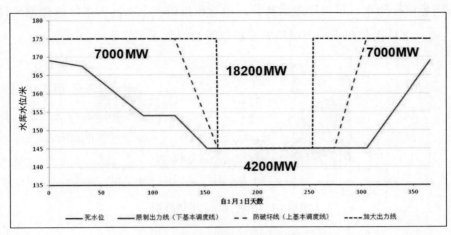

图 4.48　三峡水库运行调度曲线

调度图的实施非常简单。任何时间的决策（电站出力）是水库自身上游水位的函数，与其他因素无关。使用时，根据水位值和日期，可以查到电站所处出力区域，在该时段采用区域对应的出力发电即可。水库水位变化会遵循水库水量动态平衡方程增加或者减少。一旦水位改变了出力区，则出力应相应改变。图 4.48 中，有一段防洪限制区，所有出力区的水位值都限定在一个常数值，这意味着水库调度决策由水位控制，而不是由出力控制。在这一时段内，保持水位为常数。

（2）目标水位控制。目标水位控制指每个时段设定一个预定的水位目标值，水库操作的目标是尽量使水库水位接近该目标值。水位目标值是日期的函数，一年中的每一天都有对应的目标值。目标值选定需要经过长系列的水量平衡模拟演算，考虑综合利用需求是否满足后确定。为了使水库水位平稳贴近目标值，在决策时，应该考虑径流预报，并根据系统的状态不断调整。目标水位控制的决策计算过程如下。

给定水库初始水位 H_0，计算对应的库容 S_0，径流预报值 W_0，从目标水位图（图 4.49）中获取控制期末的目标水位 H_1，计算对应的 S_1，则时段决策目标下泄流量 R 为：

$$R = S_0 - S_1 + W_0 - L \tag{4.20}$$

式中，L 为水流损失或船闸用水等。根据 R，即可求得发电量。如果计算出来的 R 值不满足运行约束，可以修改后执行。由于预报误差，实际末水位值会偏离目标水位 H_1，这种误差在下一个决策时段决策时会得到逐步修正。

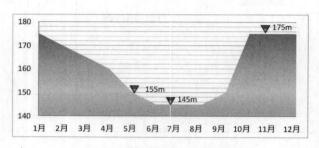

图 4.49　三峡目标水位调度图

（3）目标流量控制。目标流量控制指每个时段设定一个下泄流量值，水库调度按对应值执行。

目标流量控制调度方式在满足下游综合利用需求时应用比较普遍。常见的综合利用需求有生态流量、航运最小流量、下游供水需求等。这些综合利用需求往往在其他调度模型中作为约束考虑，大部分会自动满足要求。如果这些约束成为限制约束，水库运行方式就自动变成目标流量控制。

给定水库初始水位 H_0，计算对应的库容 S_0，径流预报值 W_0，目标流量 R_0，计算时段末水位库容 S_1：

$$S_1 = S_0 - R_0 + W_0 - L \tag{4.21}$$

式中，L 为水流损失或船闸用水等。根据 S_1 可求得末水位 H_1 和发电量 E，末水位为下一时段的初始水位。

（4）目标电量或效益控制。目标电量或效益控制指每个时段设定一个目标电量值或效益期望值，水库按对应的目标电量或效益调度。

目标电量控制在短期发电计划制作或发电计划调整时经常使用。水库按照给定的发电目标控制，本调度方式需要计算时段末水位和下泄流量。

给定水库初始水位 H_0，计算对应的库容 S_0，径流预报值 W_0，目标电量 E_0，目标平均出力 $P=E/\Delta T$，利用电站出力函数 $P=f(H,Q)$，可以求得平均流量 Q 和下泄流量 $R_0=Q\Delta T$。时段末水位库容 S_1 由下式给出：

$$S_1 = S_0 - R_0 + W_0 - L \qquad (4.22)$$

所有常规调度方式的模型基本要素与优化模型基本一致，只是优化模型中决策的优化算法用常规调度规则或人工设定来代替。

典型的应用结果如图 4.50～图 4.53 所示。

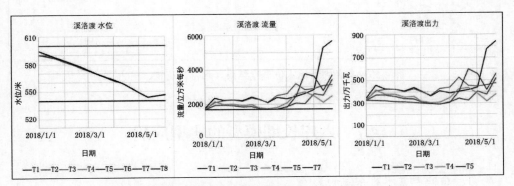

图 4.50　溪洛渡目标水位调度结果（水位、流量、出力）

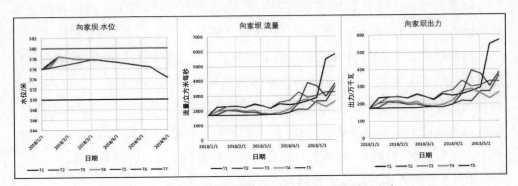

图 4.51　向家坝目标水位调度结果（水位、流量、出力）

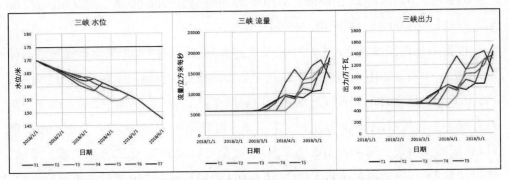

图 4.52　三峡目标水位调度结果（水位、流量、出力）

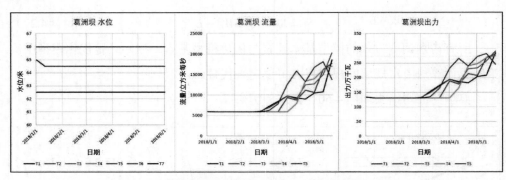

图 4.53　葛洲坝目标水位调度结果（水位、流量、出力）

4.7　六库长期模型的典型应用

1.　白鹤滩蓄水对系统的影响

乌东德电站已经于 2020 年 7 月下闸蓄水，8 月首台机组发电，2021 年底全部机组投入运行。目前，乌东德水库已经按设计要求，发挥正常的调蓄功能。

白鹤滩电站于 2021 年 4 月初开始下闸蓄水，7 月之前达到正常发电水位要求。从起蓄水位 641 米到计划发电水位 760 米的库容为 77.4 亿立方米，见表 4.6。这里的焦点有两个：①未来三个月上游是否有足够的来水，满足白鹤滩蓄水的需求，同时也要满足生态下泄流量的要求；②白鹤滩水库拦截 77.4 亿立方米的水量，对下游发电量的影响如何。这两个问题利用六库长期模型可以方便地回答。

4 月 1 日的水库初始水位分别为：

乌东德：974.00 米，白鹤滩：641.00 米，溪洛渡：586.00 米，向家坝：377.00米，三峡：165.00 米，葛洲坝：65.00 米。

根据中长期预报模型，分别生成了上游和向三区间的 3 个来水预报过程，偏丰、偏枯、中等，如图 4.54～图 4.57 所示。乌东德上游预测总水量分别为 238 亿、195 亿、218 亿立方米，看似远远大于白鹤滩 77 亿立方米蓄水的要求。由于白鹤滩有最小生态流量 1160 立方米每秒的需求（相当于 90 亿立方米的下泄要求），所以，剩下的上游最小来水为 105 亿立方米，完全可以满足 77 亿立方米的蓄水要求。模拟计算表明，白鹤滩水位将于 2021 年 6 月 1 日前后达到 760 米的发电目标水位。

表 4.6　2021 年 4—6 月白鹤滩蓄水对系统发电量的影响　　　　单位：米

对比项	白鹤滩蓄水	白鹤滩不蓄水	白鹤滩蓄水电量优化
乌东德	84.70	84.70	84.70
白鹤滩	45.65	0.00	45.65
溪洛渡	77.45	130.93	77.45
向家坝	47.41	79.85	47.41
三峡	223.44	248.10	231.32
葛洲坝	50.98	55.26	50.15
总和	529.63	598.84	536.68

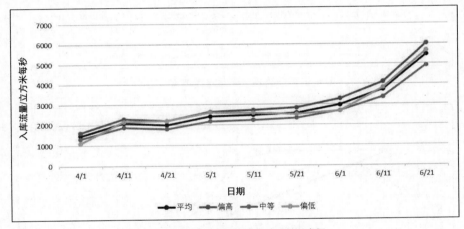

图 4.54　乌东德上游来水预报过程

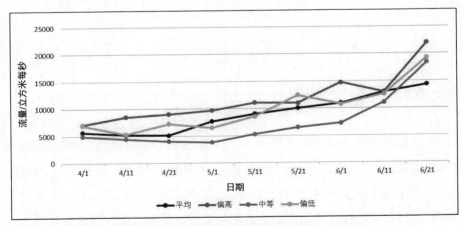

图 4.55　向家坝—三峡区间来水预报过程

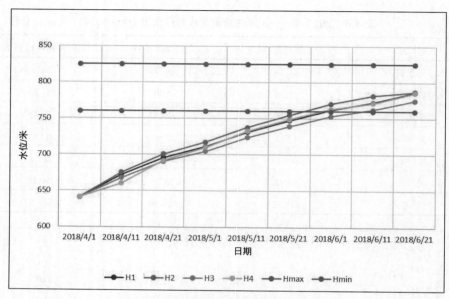

图 4.56　白鹤滩水库蓄水模拟水位过程

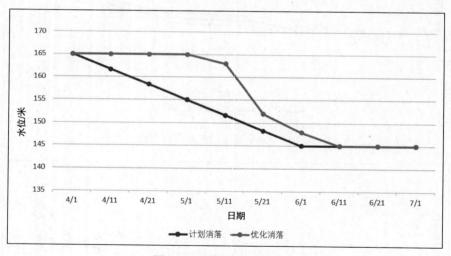

图 4.57　三峡消落过程对比

　　白鹤滩水库蓄水不会影响下游水库，特别是三峡的消落过程，但会影响下游电站的发电量。计算表明，由于白鹤滩蓄水，对应的三峡发电量减少近 70 亿千瓦时。蓄水时按优化调度可以增加发电量约 7 亿千瓦时。优化消落过程主要是先保持三峡在较高水位运行，然后集中消落至汛限值，最大可能发挥水头效益。

2. 洪水期调度案例

6 月 1 日后，水库系统进入汛期运行，所有水库均有比较严格的防洪调度规则和汛限水位要求。如果汛限水位固定，则意味着水库出入库流量平衡。从科学研究的角度来看，运行汛限水位的取值是一直关注的热点。设计的水库汛限水位是假定上游没有水库拦蓄，利用选定的历史入流过程计算获得。例如，三峡的汛限水位 145 米，就是假定三峡上游没有水库，当发生千年一遇洪水时，三峡能够利用调蓄库容，将下泄流量控制在 98000 立方米每秒。随着上游大型水库群的建设，设计时的假设已经不再适用，得出的汛限水位值也值得重新认识。下面的计算案例通过 2021 年 6 月 1 日到 10 月底的汛期模拟计算，研究了三峡汛限水位的小幅提升对汛期发电量的影响。

6 月 1 日的水库初始水位分别为：

乌东德：947.00 米，白鹤滩：791.70 米，溪洛渡：558.00 米，向家坝：376.00 米，三峡：145.00 米，葛洲坝：65.00 米。

利用相似预报法，生成了上游和向三区间的 5 个来水预报过程，如图 4.58、图 4.59 所示。

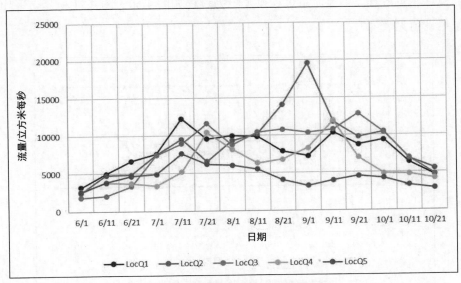

图 4.58　乌东德水库区间径流预报过程

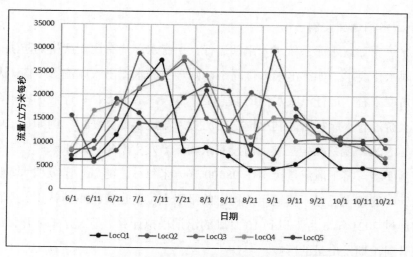

图 4.59　三峡水库区间径流预报过程

　　以三峡的汛限水位和避免弃水的调度方式进行了四种方案模拟（145 米汛限水位控制、145 米汛限水位+避免弃水、148.5 米汛限水位+避免弃水、150 米汛限水位+避免弃水），避免弃水指在模拟中如果有弃水，则允许三峡水位抬高。这种方式可以模拟出汛期在场次洪水下，不弃水时，三峡的水位抬升的最大幅度。模拟的三峡水位过程、下泄流量过程以及出力过程如图 4.60～图 4.71 所示，平均发电量统计值见表 4.7。

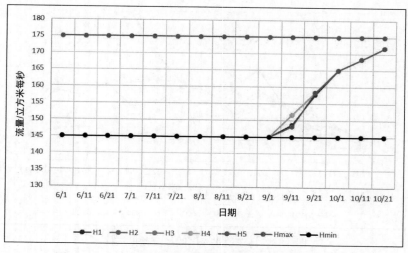

图 4.60　三峡水库模拟水位过程（145 米汛限水位控制）

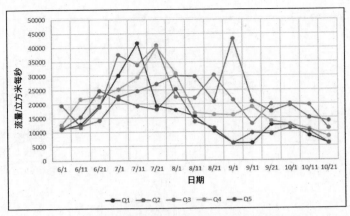

图 4.61　三峡水库模拟流量过程（145 米汛限水位控制）

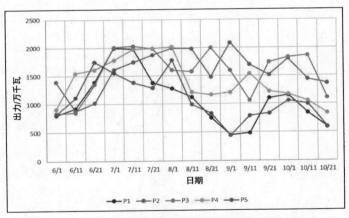

图 4.62　三峡水库模拟出力过程（145 米汛限水位控制）

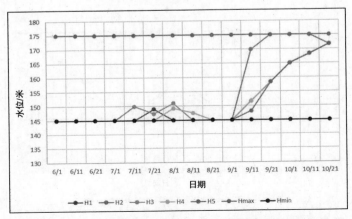

图 4.63　三峡水库模拟出力过程（145 米汛限水位+避免弃水）

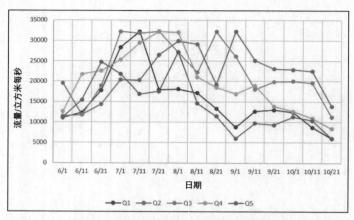

图 4.64　三峡水库模拟流量过程（145 米汛限水位+避免弃水）

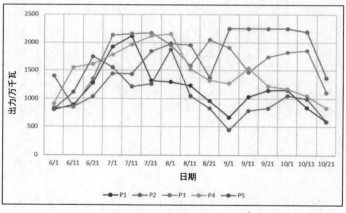

图 4.65　三峡水库模拟出力过程（145 米汛限水位+避免弃水）

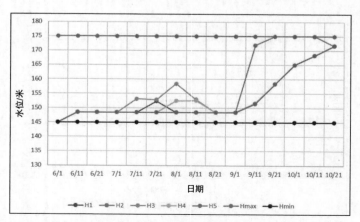

图 4.66　三峡水库模拟水位过程（148.5 米汛限水位+避免弃水）

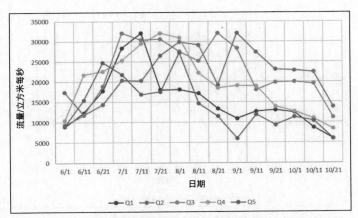

图 4.67　三峡水库模拟流量过程（148.5 米汛限水位＋避免弃水）

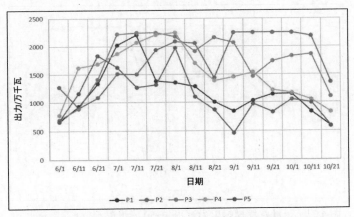

图 4.68　三峡水库模拟出力过程（148.5 米汛限水位＋避免弃水）

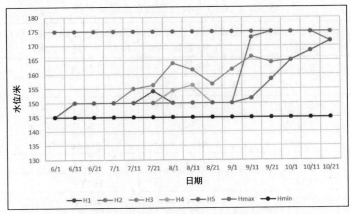

图 4.69　三峡水库模拟水位过程（150 米汛限水位＋避免弃水）

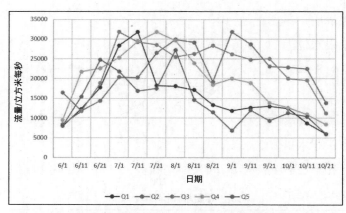

图 4.70　三峡水库模拟流量过程（150 米汛限水位+避免弃水）

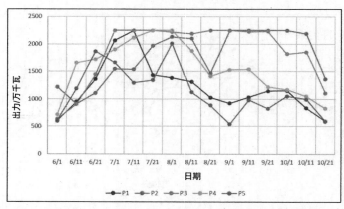

图 4.71　三峡水库模拟出力过程（150 米汛限水位+避免弃水）

表 4.7　2020 年长江流域水库增发电量

对比项	目标水位+三峡汛限145 米	目标水位+三峡汛限145 米+避免弃水	目标水位+三峡汛限148.5 米+避免弃水	目标水位+三峡汛限150 米+避免弃水
乌东德	274.92	280.28	280.28	280.28
白鹤滩	423.40	440.34	440.34	440.34
溪洛渡	340.73	376.18	376.18	376.18
向家坝	190.99	196.43	196.43	196.43
三峡	493.17	519.41	536.66	551.06
葛洲坝	91.22	93.52	93.12	93.05
总和	1814.43	1906.16	1923.01	1937.34
增发电量	0.00	91.73	108.59	122.91
增发/%	0.00	5.06	5.98	6.77

　　模拟结果表明，汛期如果三峡不弃水，汛限水位为 145 米时，水位涨幅最高为 151 米；汛限水位 148.5 米时，最高涨幅为 158.4 米；汛限水位为 150 米时，最高涨幅为 163.8 米。与水库调蓄能力相比，所有的最高点仍然还有很大裕量，没有任何安全隐患。水位达到最高点后，都会立即下调，可以保持足够的调蓄库容。后面三种调度方式，三峡汛期均没有弃水发生，维持电站在较高的水位运行，充分发挥了水头和水量效益。统计表明，当维持 145 米汛限水位时，采用避免弃水策略，整个系统（白鹤滩按所有机组发电计算）可以增加发电量 91.7 亿千瓦时；汛限水位为 148.5 米时，可增加发电量 108.6 亿千瓦时；汛限水位为 150 米时，可增加发电量 122.9 亿千瓦时。由此可见，适当提高三峡汛限水位，不会增加防洪安全风险，但可以大大增加发电效益，提高水资源利用效率。

　　经过多年的实践和探索，我国对长江上游的水库群运行调度积累了丰富的经验，形成了一套比较完善的规则和体系。随着科学技术的进步，预报精度的提高，有些规则需要重新认识和检验。目前的调度规则对预报信息考虑甚少，比如按汛限水位调度其实质就是不管未来来水大小，首先把水位降到固定值，显然不符合科学规律。水库水位的控制应该根据预报动态确定，这是目前国际上比较流行的方法，叫集成预报—调度方法，这些理念和方法至少可以作为参考。

　　自从三峡大坝 2012 年建成蓄水以来，汛期水位究竟能提高多少一直在试验探索。最高的蓄水位是在 2012 年达到 162.5 米，之后，最高的蓄水位为 158 米，大部分年份控制在 150 米以下，即便在较枯水年份（图 4.72）。从设计的防洪库容来说，145 到 175 米的范围是用来防洪的，操作时应该充分发挥整个库容空间的作用。实际中，由于预报的不确定性，往往采用保守的调度方法，只使用了一小部分防洪库容来进行调蓄，将水位限制在较低的范围。

　　究竟三峡汛期水位可以提升到多少一直是调度人员关心的问题。2020 年连续几场洪水创造了新的纪录。由于当时长江下游与上游同时发生了大的洪水，为减轻下游的防洪压力，三峡水库不得不错峰蓄洪，减小下泄流量，抬高水位。最后，三峡汛期最高水位抬高到 167.5 米，创下历史新高。同时，三峡电厂的年发电量也创下纪录，达到 1118 亿千瓦时，成为世界上年发电量最大的水电站。

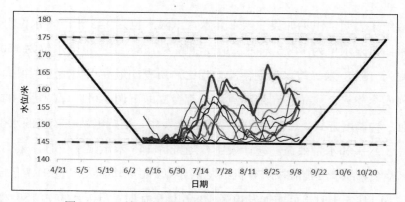

图 4.72 三峡洪水期历史水位过程（2012—2020 年）

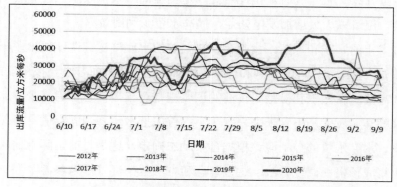

图 4.73 三峡洪水期出库流量过程（2012—2020 年）

应该清楚地看到，这一成果的取得并非是因为采用了新的调度理论和方法，很大程度上是为了应对当时非典型的流域性洪水过程采取的迫不得已的被动举措。试想，如果当时下游没有洪水压力，三峡的水位按照调度规则就不能提高，也就是说，三峡汛期洪水大部分都会弃掉，很可能就不会有创纪录的成就了。

创纪录之后，一个问题值得思考：如果未来汛期来水减少，或者说遇到枯水年份，三峡水库水位应该维持在什么位置？是大幅提升，还是依然限制 145 米的低水位？不需要深奥的理论论证就可以得出结论：如果汛期来水减少，水库水位应该维持在更高水位才是合理的。可按目前的调度方法和特征水位运行，三峡汛期只能维持在较低的汛限水位 145 米附近，这显然是一个矛盾的策略。这样的决策在历史调度过程中就多次出现（比如 2013 年、2014 年、2019 年）。以固定调度规则为基础的调度方式是一种被动的、不科学的调度方式，采用结合预报的动态水位控制方法显然更合理。关于动态汛限水位的研究已经有大量的成果,可目前还停留在理论阶段。建议长江电力总结实践经验,积极推动动态汛限水位的实施。

3. 蓄水期调度案例

2021 年 8 月 1 日后,水库系统进入汛期末,开始准备蓄水。2021 年来水偏枯,汛期三峡一直维持在 145～148 米低水位运行,对发电效益有很大影响。汛期末关心的问题是水库蓄水期能否按计划蓄满。根据预报过程,利用优化模型可以生成六库的蓄水过程。

下面的案例计划时期为 2021 年 8 月 1 日到 10 月底,针对两个预报过程,制订了六库优化蓄水过程。

8 月 1 日的水库初始水位分别为:

乌东德:949.90 米,白鹤滩:772.10 米,溪洛渡:563.80 米,向家坝:371.60 米,三峡:146.80 米,葛洲坝:65.00 米。

8 月 1 日到 10 月底,两个区间预报的来水总量分别为 106.51 亿立方米和 122.34 亿立方米。优化结果见表 4.8,预报方案一的发电量为 974.26 亿千瓦时,方案二的发电量为 1055.31 亿千瓦时,两种方案均没有发生弃水。第一种方案乌东德和三峡末水位没有达到目标值,其原因是来水偏少,最小下泄流量成为瓶颈约束,导致水库水位不能达到目标值。为了保证三峡在汛期末能够蓄满,需要及时更新预报,必要时,提前开始蓄水,各水库径流预报、模拟流量、模拟水位过程如图 4.74～图 4.85 所示。

表 4.8 2021 年预报区间流量、发电量及末水位

对比项	区间流量/亿立方米		发电量/亿千瓦时		末水位/米	
	预报一	预报二	预报一	预报二	预报一	预报二
乌东德	34.40	36.53	149.95	157.18	962.10	965.00
白鹤滩	3.45	3.45	205.16	208.93	800.00	800.00
溪洛渡	4.67	4.67	219.87	233.04	600.00	600.00
向家坝	0.00	0.00	118.61	122.04	380.00	380.00
三峡	63.98	77.68	231.39	278.25	167.92	175.00
葛洲坝	0.00	0.00	49.28	55.87	65.00	66.00
合计	106.50	122.33	974.26	1055.31		

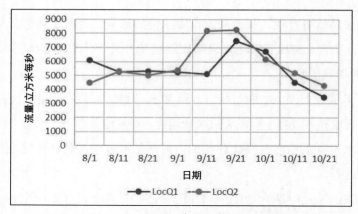

图 4.74　乌东德水库区间径流预报过程

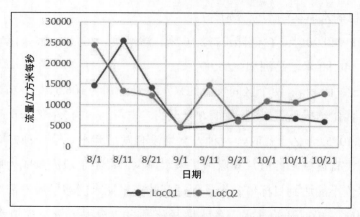

图 4.75　三峡水库区间径流预报过程

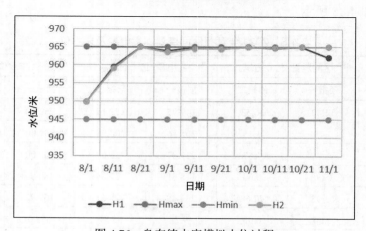

图 4.76　乌东德水库模拟水位过程

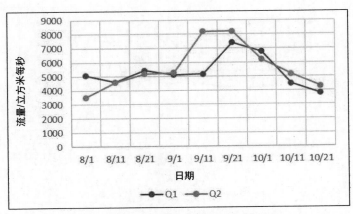

图 4.77　乌东德水库模拟流量过程

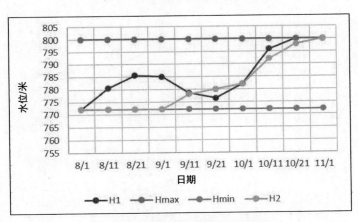

图 4.78　白鹤滩水库模拟水位过程

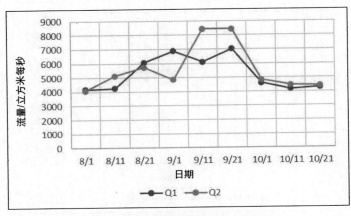

图 4.79　白鹤滩水库模拟流量过程

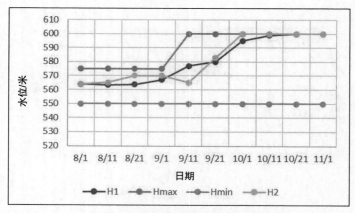

图 4.80　溪洛渡水库模拟水位过程

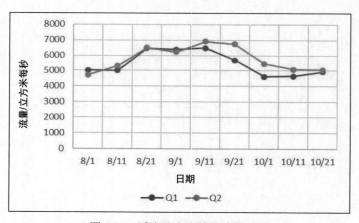

图 4.81　溪洛渡水库模拟流量过程

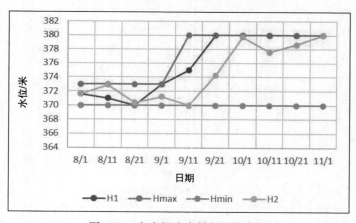

图 4.82　向家坝水库模拟水位过程

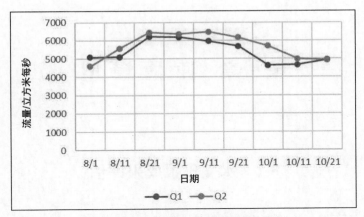

图 4.83 向家坝水库模拟流量过程

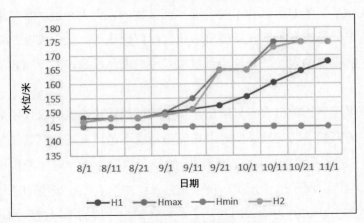

图 4.84 三峡水库模拟水位过程

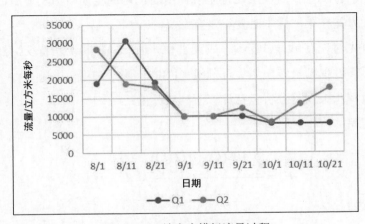

图 4.85 三峡水库模拟流量过程

第5章 评估模型

5.1 水文预报成果评估

天然径流预报是水库调度的关键输入，水库调度的不确定性绝大部分由径流的不确定性产生。随着信息技术的发展，预报技术也大大改进，预见期、预报精度也大大改善，径流预报在水库调度中正发挥巨大作用。预报模型都存在误差，只有充分了解模型的误差，在使用预报成果时考虑预报的误差范围才能保证决策的可靠性。

传统预报模型的输出大多只给出单一平均过程线。决策时仅仅考虑单一因素（如均值）的影响，其结果显然对未来风险考虑不足，不是偏高就是偏低。过程集合预报（ESP）是目前国际上比较流行的径流预报方法，即径流预报结果以过程集合形式给出，属于概率预报。决策支持系统中所有优化模型的建模体系和求解方法都建立在以 ESP 为输入的基础上。很显然，传统的单一过程线预报是 ESP 预报的特例。传统预报对决策支持系统提出的优化调度模型仍然适用，只是有些统计值比如方差在单一样本时变得没有意义。

本节首先对现有单一过程预报成果进行评估，确定其误差特征，然后提出修正方法将单一过程预报转换为集合预报（ESP）。

单一过程预报误差分析包括计算下列统计值：

平均误差：

$$E_k = \frac{\sum_{i=1}^{N}(W_i(k) - WO_i(k))}{N}, \quad k=1,\cdots,LT \tag{5.1}$$

误差方差：

$$S_k^2 = \frac{\sum_{i=1}^{N}(W_i(k) - WO_i(k))^2}{N-1} , \quad k=1,\cdots,LT \qquad (5.2)$$

绝对误差：

$$|E_k| = \frac{\sum_{i=1}^{N}|(W_i(k) - WO_i(k))|}{N} , \quad k=1,\cdots,LT \qquad (5.3)$$

绝对误差相对值：

$$|E_k|\% = \frac{|E_k|}{\sum_{i=1}^{N}WO_i(k)/N} , \quad k=1,\cdots,LT \qquad (5.4)$$

相关系数：

$$R = \frac{\sum_{i=1}^{N}(W_i(k) - \bar{W}_i(k))(WO_i(k) - \overline{WO}_i(k))}{\sqrt{\sum_{i=1}^{N}(W_i(k) - \bar{W}_i(k))^2(WO_i(k) - \overline{WO}_i(k))^2}} \qquad (5.5)$$

现有系统仅仅包括少量几个站点的短期和中期预报成果，且预报参数不是调度模型所需要的区间径流，而是调节后的站点流量。但这并不妨碍对其预报成果的评估及修正。短期预报的最长预见期为 72 小时，预报时段步长为 6 小时。中长期预报的最长预见期为一个月，步长为旬。

站点寸滩流量短期预报与实际值的比较如图 5.1～图 5.3 所示。

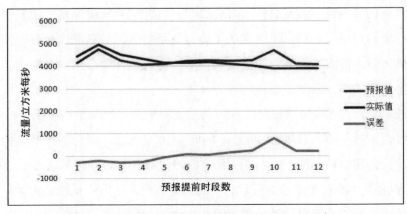

图 5.1 寸滩预报值与实际值对比（2017 年 1 月 1 日）

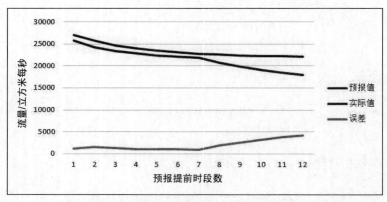

图 5.2　寸滩预报值与实际值对比（2017 年 9 月 12 日）

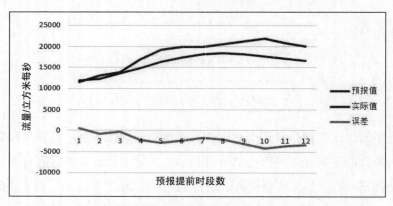

图 5.3　寸滩预报值与实际值对比（2017 年 7 月 6 日）

结果表明，在枯水期（2017.1.1），误差较小，开始偏低，后来偏高；在丰水期（2017.9.12），预报普遍偏低；在蓄水期（2017.7.6）预报偏高。很显然，这样的误差产生的后果很严重。丰水期的主要目的是防洪，而预报成果普遍偏低，增加了防洪风险；而在蓄水期，预报成果偏高，有可能导致水库延期蓄满。现有的预报结果具有缺陷，增加了系统运行的风险。

图 5.4 显示了寸滩短期预报所有的误差过程集合。如图 5.4 所示，未来 72 小时的预报误差值不小，范围在-8000～4000 立方米每秒。所有站点不同预见期的误差统计值分别按枯水期、丰水期、所有时段进行计算，结果见表 5.1，图 5.5～图 5.12 显示了寸滩和北碚的结果。北碚的误差表明，预报流量总是大大偏低，是数据误差还是模型原因有待进一步核实。

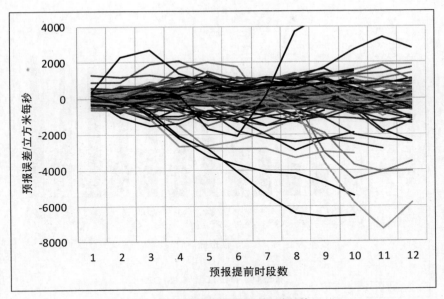

图 5.4 寸滩预报误差部分过程线

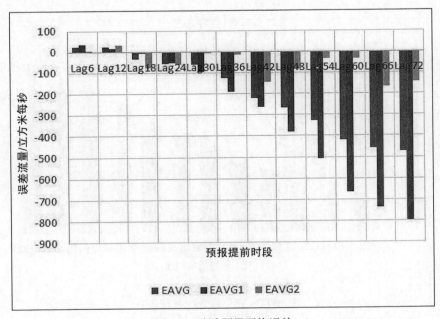

图 5.5 寸滩预报平均误差

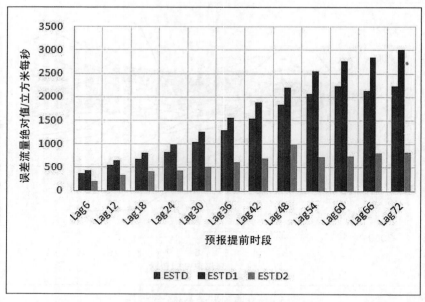

图 5.6　寸滩预报误差方差

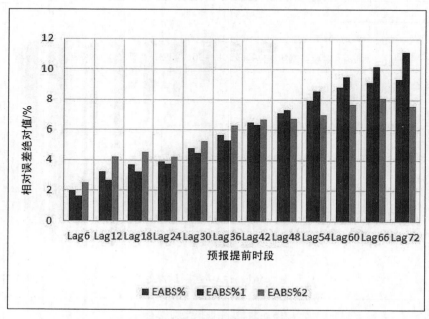

图 5.7　寸滩预报平均误差绝对值相对值

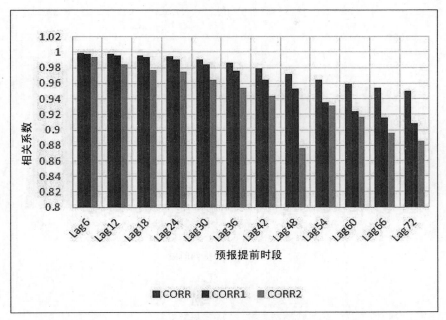

图 5.8 寸滩预报值与实际值相关系数

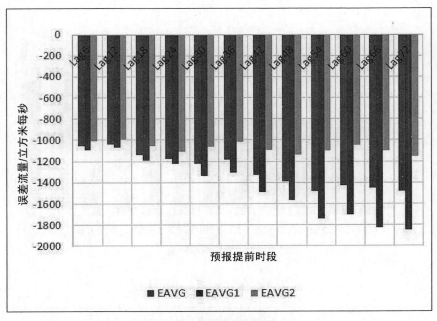

图 5.9 北碚预报误差平均

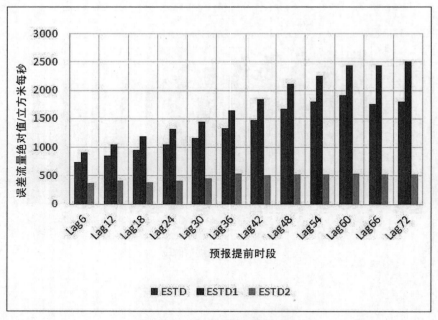

图 5.10　北碚预报误差方差

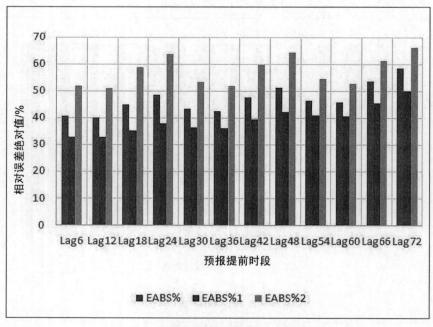

图 5.11　北碚预报误差平均绝对值相对值

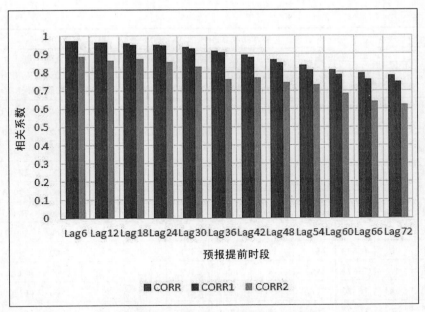

图 5.12 北碚预报值与实际值相关系数

现有的中长期预报模型提供了溪洛渡、向家坝、三峡一个月的旬预报，很显然不能满足决策系统中的中长期调度模型的需要。中长期调度模型要求天然径流预报预见期长度为 3～6 个月，即 9 个旬以上。所以，现有模型必须延长预见期。尽管预见期的长度不能满足要求，但是，评估的方法和误差统计值的计算公式与短期预报成果评估计算是一致的。误差统计结果见表 5.1～表 5.9、图 5.13～图 5.27 所示。

表 5.1 寸滩预报误差统计表

寸滩短期预报评估统计值											
对比项	预见期/小时	平均流量/立方米每秒	流量标准差/立方米每秒	平均误差/立方米每秒	误差标准差/立方米每秒	绝对误差平均/立方米每秒	绝对误差方差/立方米每秒	绝对平均误差相对值/%	最大误差/立方米每秒	最小误差/立方米每秒	相关系数
所有时段	6	12472	7684	24	369	213	303	1.97	8600	-2300	1.00
所有时段	12	12647	7618	22	549	356	419	3.25	7600	-4500	1.00
所有时段	18	12691	7582	-33	686	433	533	3.73	7500	-7000	1.00
所有时段	24	12565	7717	-57	827	485	673	3.92	7600	-12400	0.99
所有时段	30	12536	7749	-62	1044	597	858	4.79	7900	-16800	0.99
所有时段	36	12705	7689	-124	1291	722	1077	5.68	6200	-19300	0.99

对比项	预见期/小时	平均流量/立方米每秒	流量标准差/立方米每秒	平均误差/立方米每秒	误差标准差/立方米每秒	绝对误差平均/立方米每秒	绝对误差方差/立方米每秒	绝对平均误差相对值/%	最大误差/立方米每秒	最小误差/立方米每秒	相关系数
					寸滩短期预报评估统计值						
所有时段	42	12735	7645	-219	1549	867	1303	6.49	5000	-22200	0.98
所有时段	48	12595	7775	-266	1846	976	1590	7.12	20180	-23600	0.97
所有时段	54	12536	7788	-326	2076	1126	1773	7.98	5800	-25300	0.96
所有时段	60	12504	7700	-419	2233	1242	1902	8.83	6200	-27200	0.96
所有时段	66	10881	6989	-457	2133	1146	1855	9.16	5300	-27900	0.95
所有时段	72	10531	6997	-474	2244	1180	1966	9.39	5800	-26000	0.95
洪水期	6	16547	7021	35	441	254	362	1.63	8600	-2300	1.00
洪水期	12	16678	6961	17	646	421	490	2.66	7600	-4500	1.00
洪水期	18	16670	6973	-8	806	522	615	3.25	7500	-7000	0.99
洪水期	24	16626	7086	-54	992	615	780	3.74	7600	-12400	0.99
洪水期	30	16624	7097	-96	1260	760	1009	4.50	7900	-16800	0.98
洪水期	36	16751	7047	-192	1563	921	1277	5.30	6200	-19300	0.98
洪水期	42	16721	7054	-264	1890	1123	1542	6.34	5000	-22200	0.96
洪水期	48	16658	7168	-380	2202	1306	1813	7.32	4900	-23600	0.95
洪水期	54	16625	7164	-506	2556	1541	2101	8.58	5800	-25300	0.94
洪水期	60	16655	7116	-664	2766	1722	2264	9.54	6200	-27200	0.92
洪水期	66	15503	6993	-734	2851	1745	2370	10.18	5300	-27900	0.92
洪水期	72	15184	7078	-799	3015	1868	2497	11.13	5800	-26000	0.91
枯水期	6	5809	1853	5	203	145	142	2.52	900	-980	0.99
枯水期	12	6054	1902	30	336	249	227	4.22	1110	-2060	0.98
枯水期	18	6184	1934	-74	417	287	312	4.52	960	-3100	0.98
枯水期	24	5930	1955	-62	439	271	351	4.22	1700	-3500	0.98
枯水期	30	5849	1954	-7	519	331	400	5.27	2010	-3600	0.96
枯水期	36	6087	2002	-12	614	396	470	6.30	1750	-4600	0.95
枯水期	42	6216	2042	-145	691	447	547	6.72	2500	-5600	0.94
枯水期	48	5951	2037	-79	1002	435	906	6.79	20180	-5600	0.88
枯水期	54	5854	1983	-32	729	449	575	7.01	2800	-5600	0.93
枯水期	60	5998	1872	-34	753	489	574	7.73	2900	-6400	0.92
枯水期	66	6060	1806	-167	809	522	640	8.09	2490	-9300	0.90
枯水期	72	5781	1770	-143	828	478	691	7.61	2270	-11300	0.89

表 5.2 北碚预报误差统计表

对比项	预见期/小时	平均流量/立方米每秒	流量标准差/立方米每秒	平均误差/立方米每秒	误差标准差/立方米每秒	绝对误差平均/立方米每秒	绝对误差方差/立方米每秒	绝对平均误差相对值/%	最大误差/立方米每秒	最小误差/立方米每秒	相关系数
所有时段	6	3554	3242	-1056	745	1129	629	40.63	8700	-4860	0.97
所有时段	12	3499	3293	-1039	855	1125	739	40.23	9100	-7920	0.97
所有时段	18	3454	3329	-1136	954	1229	830	44.85	8900	-8600	0.96
所有时段	24	3345	3384	-1175	1055	1271	936	48.44	10000	-12100	0.95
所有时段	30	3576	3297	-1225	1162	1332	1037	43.41	9900	-13840	0.94
所有时段	36	3503	3304	-1187	1330	1315	1204	42.46	10300	-14100	0.92
所有时段	42	3448	3311	-1328	1476	1447	1359	47.65	10200	-16100	0.90
所有时段	48	3314	3344	-1390	1678	1509	1572	51.20	10800	-16750	0.87
所有时段	54	3528	3223	-1484	1798	1576	1717	46.51	10700	-17640	0.84
所有时段	60	3362	3198	-1425	1913	1526	1833	45.77	8400	-18380	0.81
所有时段	66	2894	2806	-1448	1764	1505	1715	53.69	5400	-20350	0.80
所有时段	72	2731	2759	-1482	1803	1539	1754	58.53	3400	-20720	0.78
洪水期	6	4555	3834	-1090	912	1204	755	32.98	8700	-4860	0.97
洪水期	12	4469	3923	-1071	1053	1207	893	32.88	9100	-7920	0.96
洪水期	18	4502	3928	-1190	1190	1339	1019	35.30	8900	-8600	0.95
洪水期	24	4360	4027	-1219	1320	1374	1158	38.08	10000	-12100	0.94
洪水期	30	4590	3902	-1335	1448	1508	1267	36.57	9900	-13840	0.93
洪水期	36	4475	3937	-1304	1652	1502	1474	36.15	10300	-14100	0.91
洪水期	42	4489	3907	-1490	1846	1681	1674	39.48	10200	-16100	0.88
洪水期	48	4314	3984	-1563	2113	1754	1957	42.26	10800	-16750	0.85
洪水期	54	4518	3824	-1744	2252	1892	2130	40.98	10700	-17640	0.81
洪水期	60	4336	3877	-1702	2435	1866	2311	40.58	8400	-18380	0.79
洪水期	66	4044	3670	-1826	2438	1934	2354	45.48	5400	-20350	0.76
洪水期	72	3782	3669	-1848	2508	1957	2424	50.17	3400	-20720	0.75
枯水期	6	2076	807	-1006	377	1018	342	51.94	1604	-2820	0.89
枯水期	12	2065	825	-992	415	1003	386	51.10	1488	-3930	0.86
枯水期	18	1906	803	-1056	391	1067	360	58.96	1304	-3600	0.87
枯水期	24	1846	811	-1109	419	1119	391	63.74	2208	-3930	0.86
枯水期	30	2076	811	-1061	455	1073	427	53.52	1542	-4340	0.83
枯水期	36	2067	832	-1015	546	1037	502	51.78	6836	-4230	0.76
枯水期	42	1909	801	-1090	513	1101	488	59.72	2110.85	-5213	0.77
枯水期	48	1838	781	-1135	522	1147	496	64.38	1922.33	-5100	0.74
枯水期	54	2070	762	-1099	521	1109	499	54.65	1482	-4940	0.73
枯水期	60	2024	742	-1046	543	1058	518	52.89	1054	-5080	0.68
枯水期	66	1844	683	-1103	526	1114	504	61.19	1372	-5701	0.64
枯水期	72	1783	677	-1152	531	1162	509	66.07	1410	-5881	0.62

表 5.3 朱沱预报误差统计表

| | | | | | | | | | | | 朱沱 |
对比项	预见期/小时	平均流量/立方米每秒	流量标准差/立方米每秒	平均误差/立方米每秒	误差标准差/立方米每秒	绝对误差平均/立方米每秒	绝对误差方差/立方米每秒	绝对平均误差相对值/%	最大误差/立方米每秒	最小误差/立方米每秒	相关系数
所有时段	6	9244	5631	142	379	315	253	4.24	1460	-1240	1.00
所有时段	12	9263	5611	147	431	342	300	4.44	2760	-2200	1.00
所有时段	18	9185	5686	184	501	394	361	5.03	3050	-2820	1.00
所有时段	24	9180	5719	202	615	456	459	5.50	3000	-6540	0.99
所有时段	30	9274	5660	169	787	545	592	6.07	3200	-10975	0.99
所有时段	36	9288	5638	129	988	644	761	6.90	3940	-13350	0.98
所有时段	42	9196	5697	115	1208	759	946	8.07	4860	-14225	0.98
所有时段	48	9178	5712	62	1398	862	1102	8.99	5650	-14350	0.97
所有时段	54	9261	5644	-36	1559	951	1236	9.54	6360	-15325	0.96
所有时段	60	9229	5618	-108	1682	1021	1340	10.11	6510	-14800	0.95
所有时段	66	7748	5108	-64	1508	889	1220	10.35	6440	-12675	0.95
所有时段	72	7696	5111	-92	1592	926	1298	10.82	6620	-14750	0.95
洪水期	6	12803	4849	207	425	374	289	3.40	1460	-1240	1.00
洪水期	12	12790	4873	235	483	411	347	3.64	2760	-2200	1.00
洪水期	18	12766	4937	272	578	488	412	4.27	3050	-2820	0.99
洪水期	24	12802	4921	281	740	592	525	4.94	3000	-6540	0.99
洪水期	30	12840	4885	254	974	740	682	5.92	3200	-10975	0.98
洪水期	36	12822	4908	210	1240	888	890	6.97	3940	-13350	0.97
洪水期	42	12778	4956	151	1531	1063	1112	8.33	4860	-14225	0.95
洪水期	48	12793	4922	46	1783	1226	1295	9.46	5650	-14350	0.93
洪水期	54	12820	4876	-72	1992	1372	1446	10.42	6360	-15325	0.91
洪水期	60	12772	4911	-158	2156	1484	1571	11.19	6510	-14800	0.90
洪水期	66	11632	4994	-149	2095	1430	1539	11.75	6440	-12675	0.91
洪水期	72	11645	4948	-236	2215	1497	1650	12.19	6620	-14750	0.89
枯水期	6	4314	1092	51	279	235	160	5.41	1080	-490	0.98
枯水期	12	4384	1078	26	306	248	182	5.56	1438	-1774	0.97
枯水期	18	4230	1020	62	335	264	215	6.08	1800	-1034	0.96
枯水期	24	4167	1079	92	350	267	245	6.27	1912	-1470	0.96
枯水期	30	4336	1167	51	375	276	258	6.29	2067	-2020	0.96
枯水期	36	4403	1138	17	424	306	294	6.81	2790	-2504	0.94
枯水期	42	4244	1052	66	478	340	343	7.72	3600	-2954	0.92
枯水期	48	4175	1070	85	510	360	372	8.33	3440	-3880	0.90
枯水期	54	4338	1131	13	547	369	404	8.31	2810	-6770	0.89
枯水期	60	4388	1069	-41	581	389	433	8.62	2520	-7740	0.86
枯水期	66	4216	966	12	585	398	429	9.08	2630	-7390	0.84
枯水期	72	4151	1012	38	608	414	447	9.60	2480	-6390	0.83

表 5.4　横江预报误差统计表

											横江
对比项	预见期/小时	平均流量/立方米每秒	流量标准差/立方米每秒	平均误差/立方米每秒	误差标准差/立方米每秒	绝对误差平均/立方米每秒	绝对误差方差/立方米每秒	绝对平均误差相对值/%	最大误差/立方米每秒	最小误差/立方米每秒	相关系数
所有时段	6	470	560	45	233	129	199	32.89	3483	-946	0.94
所有时段	12	461	510	25	284	143	247	35.52	2960	-2197	0.85
所有时段	18	427	520	-25	384	152	353	38.18	2181	-5921	0.68
所有时段	24	396	461	-60	353	148	326	36.84	1280	-5223	0.65
所有时段	30	401	418	-59	336	154	304	37.26	903	-4977	0.59
所有时段	36	384	354	-56	294	147	261	37.52	851	-2790	0.56
洪水期	6	534	595	54	253	145	214	31.94	3483	-946	0.93
洪水期	12	523	539	29	311	162	267	33.73	2960	-2197	0.84
洪水期	18	488	552	-31	420	173	384	37.63	2181	-5921	0.65
洪水期	24	455	491	-73	387	170	355	36.60	1280	-5223	0.62
洪水期	30	456	443	-70	370	175	333	36.02	903	-4977	0.55
洪水期	36	438	372	-69	323	167	285	35.63	851	-2790	0.50
枯水期	6	166	105	1	84	57	62	37.36	383	-585	0.64
枯水期	12	166	104	10	74	55	51	43.97	295	-299	0.71
枯水期	18	139	102	6	86	54	67	40.78	228	-465	0.55
枯水期	24	136	89	-2	91	49	77	37.90	748	-520	0.41
枯水期	30	161	97	-13	90	64	65	42.59	132	-565	0.43
枯水期	36	160	90	-1	84	60	59	45.45	301	-387	0.43

表 5.5　高场预报误差统计表

											高场
对比项	预见期/小时	平均流量/立方米每秒	流量标准差/立方米每秒	平均误差/立方米每秒	误差标准差/立方米每秒	绝对误差平均/立方米每秒	绝对误差方差/立方米每秒	绝对平均误差相对值/%	最大误差/立方米每秒	最小误差/立方米每秒	相关系数
所有时段	6	3623	1964	102	332	223	266	6.31	2637	-2324	0.99
所有时段	12	3642	2119	149	490	341	382	9.98	3719	-4681	0.98
所有时段	18	3742	2188	90	682	464	507	12.83	4937	-6244	0.95
所有时段	24	3692	2081	15	854	533	667	14.49	5684	-7781	0.91
所有时段	30	3425	1944	-4	921	552	737	15.51	3190	-9994	0.88
所有时段	36	3263	1870	-77	1032	612	834	17.66	3088	-8188	0.83
洪水期	6	4132	1874	149	340	244	280	5.63	2637	-1266	0.99
洪水期	12	4158	2051	202	519	386	401	9.93	3719	-4681	0.97
洪水期	18	4314	2076	111	737	524	530	12.26	3637	-6244	0.94
洪水期	24	4282	1984	33	932	601	713	13.60	2956	-7781	0.88
洪水期	30	3980	1898	17	.1021	639	797	15.35	2288	-9994	0.84

续表

									高场		
对比项	预见期/小时	平均流量/立方米每秒	流量标准差/立方米每秒	平均误差/立方米每秒	误差标准差/立方米每秒	绝对误差平均/立方米每秒	绝对误差方差/立方米每秒	绝对平均误差相对值/%	最大误差/立方米每秒	最小误差/立方米每秒	相关系数
洪水期	36	3806	1824	-56	1144	718	892	18.00	3088	-8181	0.78
枯水期	6	1781	889	-69	228	149	186	8.75	1576	-2324	0.97
枯水期	12	1749	983	-45	294	177	239	10.18	2237	-2978	0.96
枯水期	18	1646	974	12	411	248	328	15.16	4937	-749	0.94
枯水期	24	1718	765	-48	505	302	407	17.46	5684	-2340	0.86
枯水期	30	1737	733	-69	501	288	416	15.98	3190	-5480	0.77
枯水期	36	1671	768	-140	588	301	523	16.67	2090	-8071	0.67

表 5.6　武隆预报误差统计表

									武隆		
对比项	预见期/小时	平均流量/立方米每秒	流量标准差/立方米每秒	平均误差/立方米每秒	误差标准差/立方米每秒	绝对误差平均/立方米每秒	绝对误差方差/立方米每秒	绝对平均误差相对值/%	最大误差/立方米每秒	最小误差/立方米每秒	相关系数
所有时段	6	2000	1580	21	450	315	322	21.49	3000	-3610	0.96
所有时段	12	2004	1596	23	534	365	391	24.02	4170	-4850	0.94
所有时段	18	1701	1451	-9	524	345	394	24.92	3590	-4600	0.94
所有时段	24	1476	1319	-41	556	331	449	24.22	4290	-6030	0.91
洪水期	6	2071	1594	21	459	323	326	21.42	3000	-3610	0.96
洪水期	12	2078	1618	26	544	373	397	23.78	4170	-4850	0.94
洪水期	18	1781	1481	-4	538	358	402	24.98	3590	-4600	0.93
洪水期	24	1544	1353	-43	578	349	462	24.75	4290	-6030	0.91
枯水期	6	763	333	32	260	176	193	22.64	936	-800	0.70
枯水期	12	894	447	-12	356	237	265	27.71	883	-1780	0.67
枯水期	18	769	375	-71	302	202	235	24.22	997	-990	0.62
枯水期	24	707	273	-22	175	128	120	18.20	507	-620	0.79

表 5.7　三峡中期预报评估统计表

									三峡中期预报评估统计值		
对比项	预见期/旬	平均流量/立方米每秒	流量标准差/立方米每秒	平均误差/立方米每秒	误差标准差/立方米每秒	绝对误差平均/立方米每秒	绝对误差方差/立方米每秒	绝对平均误差相对值/%	最大误差/立方米每秒	最小误差/立方米每秒	相关系数
所有时段	1	12519	7874	-108	3750	2184	3039	16.50	14076	-11447	0.89
所有时段	2	13030	9144	-504	5005	2717	4220	16.62	12450	-20900	0.84
所有时段	3	12301	7364	69	4947	2952	3953	20.86	22884	-10692	0.82
洪水期	1	18914	7034	208	5335	3607	3881	21.11	14076	-11447	0.75

对比项	预见期/旬	平均流量/立方米每秒	流量标准差/立方米每秒	平均误差/立方米每秒	误差标准差/立方米每秒	绝对误差平均/立方米每秒	绝对误差方差/立方米每秒	绝对平均误差相对值/%	最大误差/立方米每秒	最小误差/立方米每秒	相关系数
三峡中期预报评估统计值											
洪水期	2	19585	9536	-534	7235	4678	5480	21.53	12450	-20900	0.71
洪水期	3	17826	7044	785	7085	4970	5029	27.82	22884	-10692	0.67
枯水期	1	6855	2135	-389	1267	924	940	12.42	2483	-3931	0.85
枯水期	2	7224	2396	-477	1299	981	965	12.28	3500	-3378	0.88
枯水期	3	7565	3117	-546	1554	1223	1087	14.89	3382	-4979	0.89

表 5.8　溪洛渡中期预报误差统计表

对比项	预见期/旬	平均流量/立方米每秒	流量标准差/立方米每秒	平均误差/立方米每秒	误差标准差/立方米每秒	绝对误差平均/立方米每秒	绝对误差方差/立方米每秒	绝对平均误差相对值/%	最大误差/立方米每秒	最小误差/立方米每秒	相关系数
溪洛渡中期预报评估统计值											
所有时段	1	4134	2716	293	1339	829	1087	18.41	4125	-4304	0.90
所有时段	2	4255	2973	192	1276	818	993	18.89	3849	-3884	0.91
所有时段	3	4172	2781	173	1329	806	1066	18.18	4756	-3576	0.90
洪水期	1	6091	2567	645	1791	1373	1299	22.77	4125	-4304	0.80
洪水期	2	6397	2812	371	1745	1336	1159	22.81	3849	-3884	0.83
洪水期	3	6199	2650	459	1816	1318	1311	23.26	4756	-3576	0.80
枯水期	1	2113	358	-70	353	267	236	13.91	1006	-590	0.75
枯水期	2	2042	372	8	387	284	258	14.83	962	-836	0.70
枯水期	3	2145	458	-113	358	295	226	13.11	608	-672	0.81

表 5.9　向家坝中期预报误差统计表

对比项	预见期/旬	平均流量/立方米每秒	流量标准差/立方米每秒	平均误差/立方米每秒	误差标准差/立方米每秒	绝对误差平均/立方米每秒	绝对误差方差/立方米每秒	绝对平均误差相对值/%	最大误差/立方米每秒	最小误差/立方米每秒	相关系数
向家坝中期预报评估统计值											
所有时段	1	4097	2698	223	1334	808	1080	18.70	4178	-5501	0.88
所有时段	2	4155	2785	138	1235	824	924	20.79	4168	-3835	0.90
所有时段	3	4071	2676	-11	1274	800	986	19.47	4004	-5774	0.89
洪水期	1	6139	2636	435	1873	1334	1366	22.55	4178	-5501	0.77
洪水期	2	6271	2711	230	1731	1286	1159	22.93	4168	-3835	0.82
洪水期	3	6085	2697	64	1796	1291	1228	23.22	4004	-5774	0.79
枯水期	1	2235	551	30	423	329	261	15.19	1282	-930	0.80
枯水期	2	2226	569	53	467	403	232	18.83	1011	-710	0.77
枯水期	3	2294	580	-78	503	368	346	16.16	1309	-1104	0.74

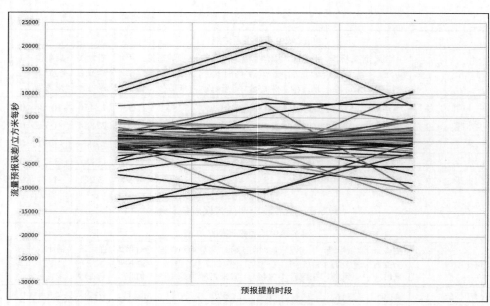

图 5.13　三峡中长期预报误差集合

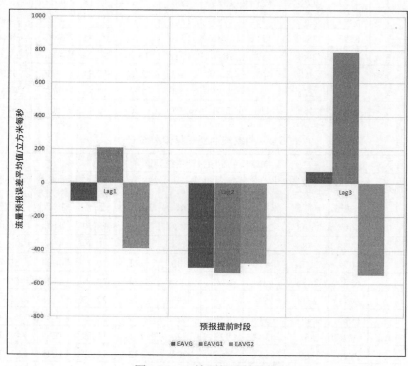

图 5.14　三峡预报误差平均

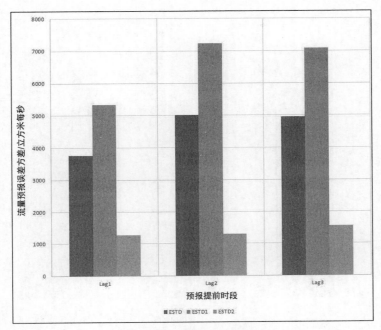

图 5.15　三峡预报误差方差

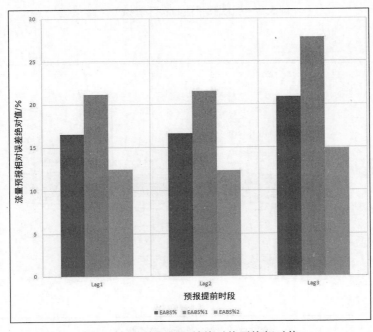

图 5.16　三峡预报误差绝对值平均相对值

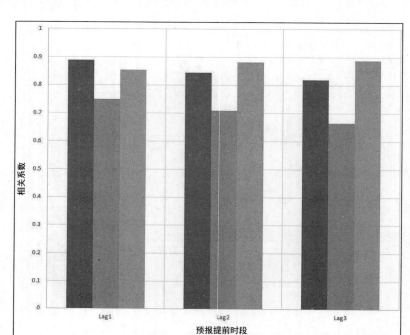

图 5.17　三峡预报值与实际值相关系数

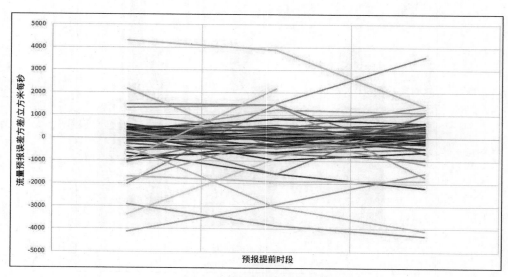

图 5.18　溪洛渡预报误差集合

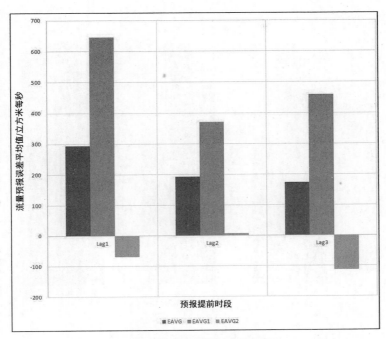

图 5.19　溪洛渡预报误差均值

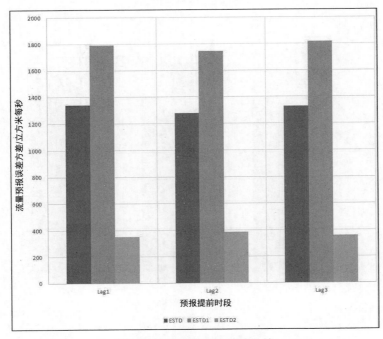

图 5.20　溪洛渡预报误差方差

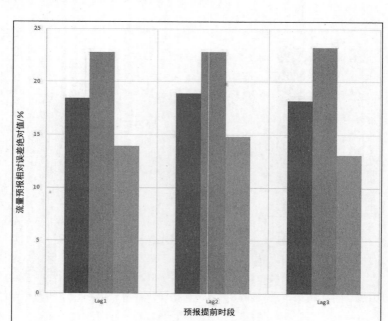

图 5.21　溪洛渡预报误差绝对值、平均值、相对值

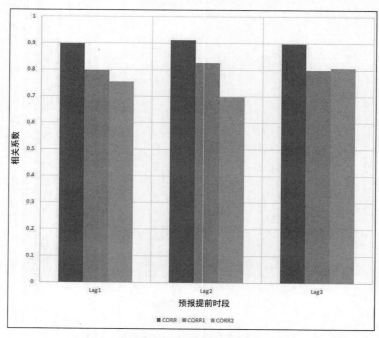

图 5.22　溪洛渡预报值与观测值相关系数

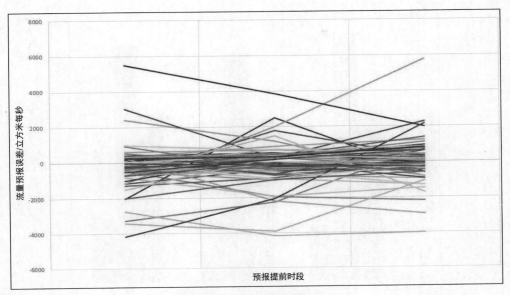

图 5.23 向家坝预报误差集合

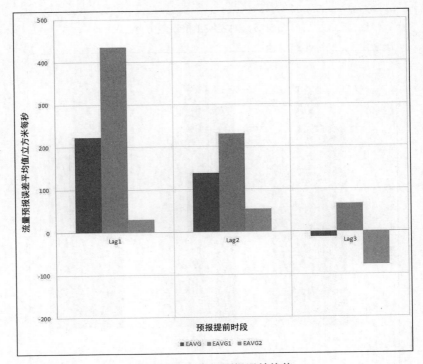

图 5.24 向家坝预报误差均值

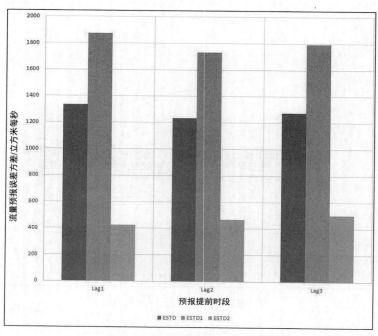

图 5.25　向家坝预报误差方差

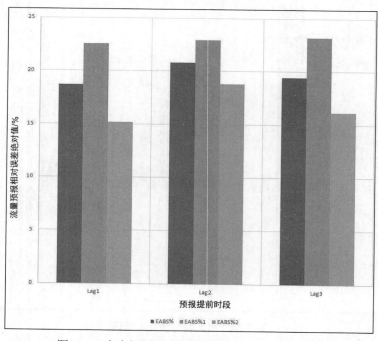

图 5.26　向家坝预报误差绝对值、平均值、相对值

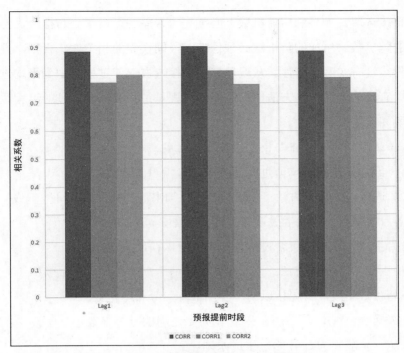

图 5.27　向家坝预报值与历史值相关系数

实际预报中，应该科学地采用集合预报方法。集合预报给出了预报的概率分布以及预报值的范围。近两年洪水期提供的预报采用均值过程线，与实际值差别较大，引起了业内人士的关注和质疑。例如，2021 年 7 月的某次降雨过程，预报洪峰为 50000 立方米每秒，结果值有 42000 立方米每秒，最大误差 8000 立方米每秒。如果查看预报模型的评估统计值，这一误差仍然在模型的误差范围内，所以，预报的结果是合理的。由此建议，在以后预报成果提交时，一并给出误差范围及对应的概率，这样更科学，也可以避免误导。

现在科学技术的发展可以不断帮助我们提高预见力，提高预报精度。长江流域的水文预报技术改进永远在路上。

1.　单一预报成果修正及集合预报生成

单一过程预报成果修正主要是偏差修正，即将预报误差均值叠加到预报成果，修正后的预报过程是无偏差预报。无偏差修正只能生成单一过程。要生成多过程集合预报，需要误差值 E_i^j。误差值可以用随机数生成，也可以用相似法从误差数据库中直接选取。如果利用随机数，必须先对误差进行概率分布拟合，然后生成该分布的随机数。生成的随机数必须保持时段间误差的相关性，否则，叠加误差后的过程线没有实际代表性。从误差库中直接选取误差过程叠加到平均过程线是一种简单有效的方法。该方法能保证误差过程是过去实际发生过的过程线，能够保持时段间误差的相关性。

2. 传统预报实时修正与快速集合预报生成

（1）给定传统预报均值过程系列 $W_0(k)$，$k=1,2,\cdots,LT$。

（2）选定误差修正方法（历史相似法、频率值选择法、随机数生成）及预报过程数 N，根据所选方法生成误差系列 $DW_i(k)$，$i=1,2,\cdots,N$。

（3）生成修正后的集合过程预报 $W_i(k)=W_0(k)-DW_i(k)$。

两种生成 $DW_i(k)$ 的方法：

1）随机数生成。首先按以下步骤生成均匀分布随机数：

a. 选择一个大的质子数 m 和 2 与 $m-1$ 之间的一个整数。

b. 从一个非零数 z_0 开始，生成系列。

c. $z_{n+1}=\mathrm{MOD}\{Az_n,m\}$，$n=0,1,2,\cdots,N$。式中 MOD 为余数运算符。

d. 系列 $\{Z_n,n=1,2,\cdots,N\}$ 满足 1 的质子数 m 和 2 与 $m-1$ 之间的一个整数。

e. 以下系列为（0，1）区间上均匀分布的随机数 $\{u_n,n=1,2,\cdots,m-1\}$：$u_n=z_n/m$。

f. 为了保证 $\{Z_n,n=1,2,\cdots,N\}$ 具有最大周期 $m_0=m-1$，A 必须是 m 的质数根。即 A 必须满足以下条件：对在区间（1，$m-1$）内的所有整数 n，$A^{m-1}=\mathrm{MOD}\{1,m\}$，$A_n\neq\mathrm{MOD}\{1,m\}$。

g. 满足以上条件的两个经常用到的整数是：

$$m=2^{31}-1=2,147,483,647,\quad A=16,807$$

然后，按以下算法生成任意分布的随机数：

设 $Fx(x)$ 为随机变量 X 的任意累积分布函数，$\{u_i,i=1,2,\cdots,N\}$ 为均匀分布随机数系列，则具有 $Fx(x)$ 分布的随机数系列 $\{x_i,i=1,2,\cdots,N\}$ 可以由下式生成：

$$x_i=Fx(u_i)^{-1},i=1,2,\ldots,N$$

式中，$Fx(u_i)^{-1}$ 为 $Fx(x)$ 的反函数。

2）历史相似法：求预报过程 $W_0(k)$ 与数据库中历史均值预报的欧式距离 E_i：

$$E_i = \sum_{k=1}^{LT}(F_i(k) - W_0(k))^2, \quad i = 1, \cdots, M$$

式中，$F_i(k)$ 为历史库中第 i 个预报过程时段 k 的预报值；M 为历史库中总的预报过程数。将 E_i 从小到大排序，选取前 N 个值，找出对应的 N 个误差过程 $DW_i(k)$，$W_0(k)+DW_i(k)$ 即为修正后的集合预报。

利用上述修正步骤，对横江、朱沱、北碚、寸滩四个站点 2018 年 5 月 1 日的集合预报如图 5.28～图 5.31 所示，其中圆点过程线为单过程预报值。

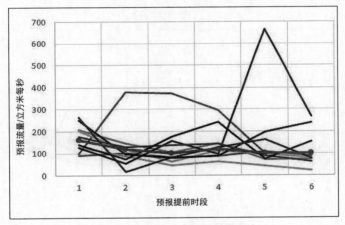

图 5.28　横江站集合预报成果

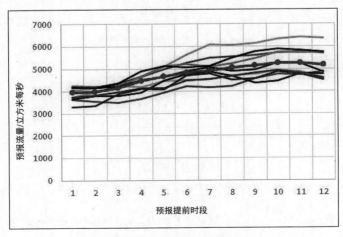

图 5.29　朱沱站集合预报成果

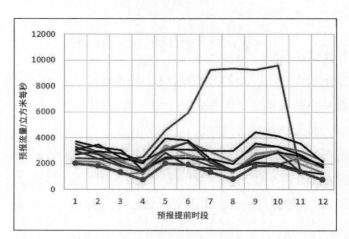

图 5.30　北碚站集合预报成果

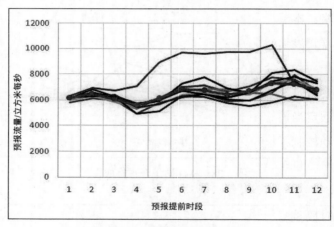

图 5.31　寸滩站集合预报成果

集合预报的评估一般采用以下统计值：

平均误差：　　$E_k = \dfrac{\sum\limits_{i=1}^{N}(W_i(k) - WO_i(k))}{N}$ ，$k=1,\cdots,LT$

误差方差：　　$S_k^2 = \dfrac{\sum\limits_{i=1}^{N}(W_i(k) - WO_i(k))^2}{N-1}$ ，$k=1,\cdots,LT$

可靠性：$R_k = \dfrac{N_{\text{in}}(k)}{N}$ ，$k=1,\cdots,LT$。$N_{\text{in}}(k)$ 为实际值在预报区间内的次数，N 为总统计次数。

不确定性比值：$UR_k = \dfrac{\sum \dfrac{D_i}{D_0}}{N}$，　$k = 1, 2, \cdots, LT$。D_i 为预报宽度，D_0 为历史值宽度。

5.2　梯级水库群调度运行评估模型

水库群系统会随着时间的变化而改变，包括系统结构的变化（最近建成的白鹤滩和乌东德水库，使得系统由 4 个水库变成 6 个水库），调度规则的改变，综合利用的约束条件的变化，水文条件的改变（气候变化），预报技术的改进等。系统变化后，调度部门需要快速科学地对这些变化产生的影响做出评估，以便制订出对应的调度策略。本节以长期调度模型为基础，建立评估模型。

梯级水库群调度运行评估过程如下：首先选定评估的基本条件（长时间历史或生成的径流系列、系统约束条件、初始水位、预报模型、供水计划等），然后从所选径流系列第一时段开始逐时段进行模拟演算。模拟过程与实际决策过程相同。在每时段初，假定当前和过去信息已知，启动预报模型，生成各时段的水库入流预报，然后启动控制模型制订出计划期各时段的水库调度计划，利用第一时段的决策（水库下泄流量和发电计划）和实际来水演算出第一时段末，也就是下一时段初的系统状态（水库水位），记录第一时段的所有参数如发电量、水位、弃水、缺水量等，逐时段重复上述过程，直到所选的径流系列结束。模拟演算完毕后，计算所有记录的参数统计，并与不同方案的结果进行对比。

评估模型中的决策方法也是评估方案的一种，可以选用优化模型，也可使用常规调度模型。评估模型的运行过程示意图如图 5.32 所示。

评估模型任何运行条件的改变都定义一个新的方案。这些方案包括新建水利工程、调度规则改变（比如汛期限制水位）、综合利用约束（灌溉、供水/调水、发电、环境、防洪）需求变化、径流预报模型的改进、气候变化对径流的影响。评估不同方案对系统水资源利用、环境、生态的影响，是管理部门决策规划的重要依据。

用于多方案评估比较时，首先要选定一个基准方案作为参考方案，其他方案与基准方案的变化趋势比较往往更有意义。

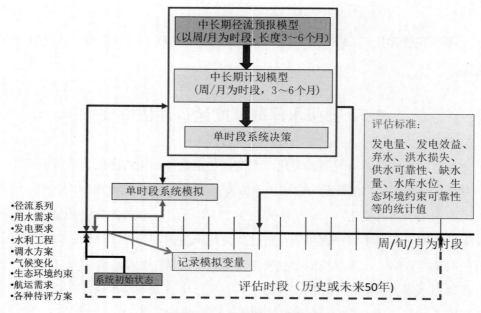

图 5.32 中长期调度模型评估原理示意图

本章首先介绍的是项目前期四库系统分析，然后增补了电站发电能力及六库系统的相关分析。

1. 四库系统多方案评估比较

下面介绍的评估基于 1959—2013 年的历史天然径流序列，其旬径流系列如图 5.33～图 5.37 所示。

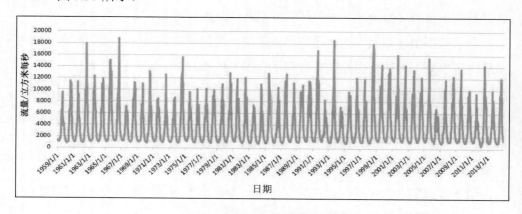

图 5.33 乌东德历史天然径流系列

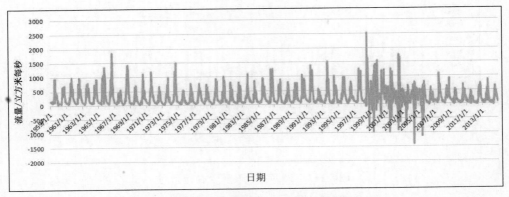

图 5.34 白鹤滩历史区间天然径流系列

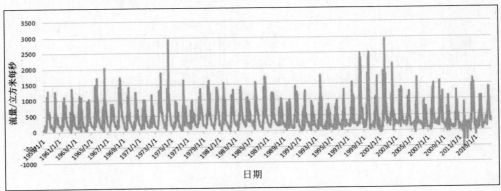

图 5.35 白鹤滩—溪洛渡区间历史天然径流系列

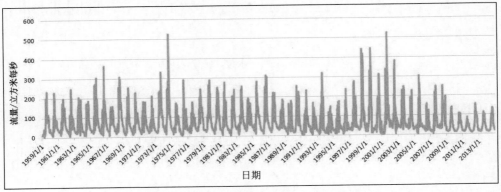

图 5.36 溪洛渡—向家坝区间历史天然径流系列

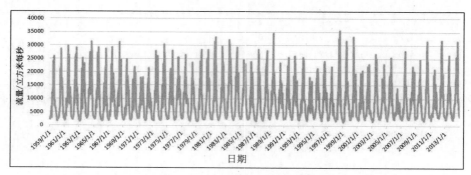

图 5.37　三峡库区历史天然径流系列

选用 1980—2000 年历史天然径流，利用评估模型首先对溪洛渡、向家坝、三峡、葛洲坝四库系统进行了五种不同调度方案的模拟演算，如图 5.38～图 5.41 所示。

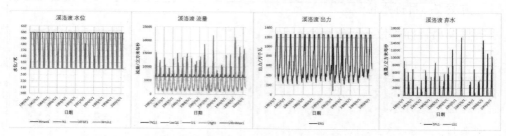

图 5.38　溪洛渡模拟系列（水位、流量、出力、弃水）

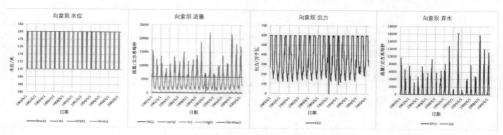

图 5.39　向家坝模拟系列（水位、流量、出力、弃水）

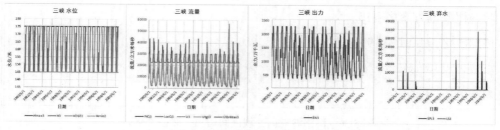

图 5.40　三峡模拟系列（水位、流量、出力、弃水）

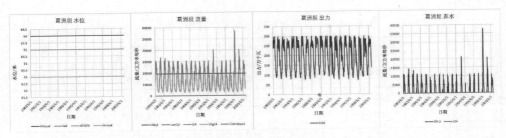

图 5.41　葛洲坝模拟系列（水位、流量、出力、弃水）

5 种调度方案定义如下：

方案 1：按目标水位调度。系统严格按照各时段目标水位决策，模拟水位过程与目标水位过程相同。本方案将作为多方案的参考方案。

方案 2：目标水位+避免弃水。系统将以目标水位为目标决策，如有弃水时，系统将偏离目标水位，将水位抬高尽量避免弃水，直到水位达到最高值。

方案 3：高水位+避免弃水+预报。系统将以最高水位为目标水位进行决策，并根据预报进行试算。如有弃水时，系统将尽量在前期加大下泄而降低水位，从而尽可能避免弃水。评估计算时，每时段的预报方法采用历史相似法，预报长度为 5 个月。

方案 4：确定预报+系统优化。系统将采用优化算法进行决策，每时段的预报方法采用历史真实值，预报长度为 5 个月。

方案 5：HAM 预报+系统优化。系统将采用优化算法进行决策，每时段的预报方法采用历史相似法，预报长度为 5 个月。

5 种方案评估模拟的年均发电量统计结果如表 5.10、图 5.42 所示。总年均发电量最大的是方案 4，优化算法+确定预报，为 2225.70 亿千瓦时，比基准方案多 245.7 亿千瓦时（12%）；其次是方案 5，优化算法+HAM 预报，为 2199.39 亿千瓦时，比基准方案多 219.47 亿千瓦时（11%）。方案 2 和方案 3 分别比基准方案多 155.85 亿千瓦时（7.9%），190.09 亿千瓦时（9.6%）。由此可见，基准方案按目标水位调度年发电量最小，从经济效益来说最不可取。将目标水位提高，尽量避免弃水的方案简单可行，可以增加发电量 8%以上，效益巨大。

表 5.10　不同调度方案年均发电量统计值　　　　单位：亿千瓦时

对比项	调度方案 1	调度方案 2	调度方案 3	调度方案 4	调度方案 5
	目标水位	目标水位+避免弃水	高水位+避免弃水+预报	高目标水位+确定预报+优化	高目标水位+HAM预报+优化
溪洛渡	551.77	611.08	622.71	633.16	625.18
向家坝	320.08	331.75	328.72	326.11	324.50
三峡	936.63	1018.23	1043.84	1096.71	1082.48
葛洲坝	171.45	174.72	174.75	169.72	167.24
梯级总年均发电量	1979.92	2135.77	2170.01	2225.70	2199.39
与基准值差	0.00	155.85	190.09	245.78	219.47

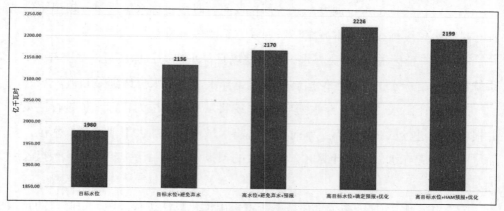

图 5.42　不同调度方案梯级年均发电量

　　如表 5.11、图 5.43 所示，总结了 5 种方案的年均弃水量。与基准方案相比，所有其他方案的弃水量都有所减少。方案 3 弃水最少，为 1279 亿立方米。两个优化方案 4 和 5 都产生了多的弃水，且发电量最多，说明了长期来说，水头效益比水量效益对发电量影响更大。方案 4 采用确定预报，实际运行中不可能实现，这应该是系统效益的最大值。方案 5 采用的相似预报方法，在实际运用中很容易实施。所以说，系统优化+相似预报是一种值得推荐的运行方式。

表 5.11　不同调度方案年均弃水量统计值　　　　单位：亿立方米

对比项	调度方案 1	调度方案 2	调度方案 3	调度方案 4	调度方案 5
	目标水位	目标水位+避免弃水	高水位+避免弃水+预报	高目标水位+确定预报+优化	高目标水位+HAM预报+优化
溪洛渡	274.38	260.84	260.84	269.34	274.65
向家坝	309.47	323.81	310.17	346.00	347.80

续表

对比项	调度方案 1	调度方案 2	调度方案 3	调度方案 4	调度方案 5
	目标水位	目标水位+避免弃水	高水位+避免弃水+预报	高目标水位+确定预报+优化	高目标水位+HAM预报+优化
三峡	190.67	114.73	100.55	273.79	370.35
葛洲坝	709.44	632.11	607.45	711.09	757.69
梯级总年均弃水量	1483.97	1331.49	1279.01	1600.22	1750.49
与基准值差	0.00	-152.47	-204.95	116.25	266.52

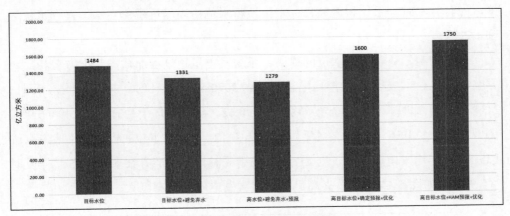

图 5.43 不同调度方案梯级年均弃水量

表5.12给出了关于三峡汛期不同限制水位的几种方案的评估模拟的年均发电量统计值。

表 5.12 不同汛期限制水位调度方案年均发电量统计值   单位：亿千瓦时

对比项	调度方案 1	调度方案 2	调度方案 6	调度方案 7	调度方案 8
	目标水位	目标水位+避免弃水	目标水位+避免弃水+三峡 150 米限制	目标水位+避免弃水+三峡 160 米限制	目标水位+避免弃水+三峡 165 米限制
溪洛渡	551.77	611.08	611.08	611.08	611.08
向家坝	320.08	331.75	331.75	331.75	331.75
三峡	936.63	1018.23	955.26	981.90	995.55
葛洲坝	171.45	174.72	172.45	172.68	173.10
梯级总年均发电量	1979.92	2135.77	2070.54	2097.41	2111.48
与基准值差	0.00	155.85	90.62	117.49	131.56

方案 1 与方案 2 的定义同前。其他 3 种方案定义如下：

方案 6：目标水位+避免弃水+汛限水位 150 米。系统将以目标水位为目标决策，如有弃水时，系统将偏离目标水位，将水位抬高尽量避免弃水，直到水位达到 150 米。

方案 7：目标水位+避免弃水+汛限水位 160 米。系统将以目标水位为目标决策，如有弃水时，系统将偏离目标水位，将水位抬高尽量避免弃水，直到水位达到 160 米。

方案 8：目标水位+避免弃水+汛限水位 165 米。系统将以目标水位为目标决策，如有弃水时，系统将偏离目标水位，将水位抬高尽量避免弃水，直到水位达到 165 米。

计算表明，随着汛限水位的提高，系统发电量逐渐增加，与基准方案相比，方案 6、方案 7、方案 8 的年均电量分别为 2070.54 亿千瓦时、2097.41 亿千瓦时、2111.48 亿千瓦时，比基准方案分别增加 90.62（4.6%）亿千瓦时、117.49（5.9%）亿千瓦时、131.56（6.6%）亿千瓦时。方案 2 为目标水位+无限制（汛限水位 175 米），年均发电量最大，为 2135.77 亿千瓦时，比基准方案多 155.85 亿千瓦时（7.9%）。如图 5.44 所示，提高汛限水位对发电效益影响巨大。

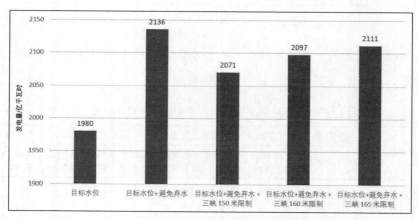

图 5.44 不同汛限水位梯级总年均发电量

表 5.13 总结了 5 种方案的年均弃水量。与基准方案相比，所有方案的弃水量都有所减少。方案 2 的弃水量最少，为 1331.29 亿立方米，比基准方案少 152.47 亿立方米（10%）。弃水量随汛限水位提高而逐渐减少，因为系统有更多的调节库容可以减少弃水。计算表明，提高汛限水位可以增加发电效益，同时减少弃水，

不同汛限水位梯级点年均弃水量如图 5.45 所示。

表 5.13　不同汛期限制水位调度方案年均弃水量统计值　　　　单位：亿立方米

对比项	调度方案 1 目标水位	调度方案 2 目标水位+避免弃水	调度方案 6 目标水位+避免弃水+三峡 150 米限制	调度方案 7 目标水位+避免弃水+三峡 160 米限制	调度方案 8 目标水位+避免弃水+三峡 165 米限制
溪洛渡	274.38	260.84	260.84	260.84	260.84
向家坝	309.47	323.81	323.81	323.81	323.81
三峡	190.67	114.73	128.51	116.17	116.59
葛洲坝	709.44	632.11	685.41	677.88	667.56
梯级总年均弃水量	1483.97	1331.49	1398.56	1378.70	1368.79
与基准值差	0.00	-152.47	-85.40	-105.27	-115.17

同时评估方案在对梯级水库进行总体评估的同时，也会生成单个水库的调度运行方式，这里以三峡水库进行展示说明，如图 5.46～图 5.48 所示。

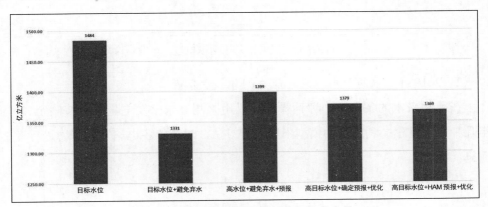

图 5.45　不同汛限水位梯级总年均弃水量

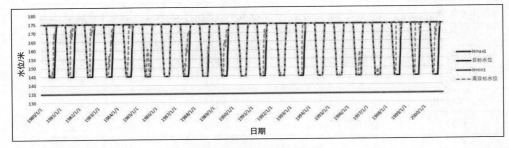

图 5.46　三峡水位模拟过程

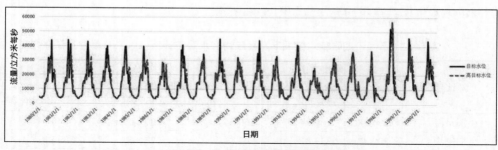

图 5.47　三峡下泄流量模拟过程

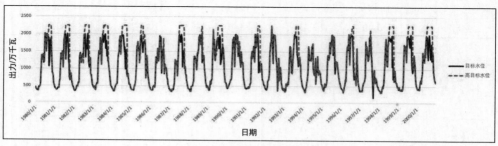

图 5.48　三峡平均出力模拟过程

2. 2019 年三峡梯级电站发电能力测算初步分析

在已知来水的条件下，评估模型可以用来测算未来发电量。本节假定 2019 年几种来水过程，利用评估模型不同调度方法，对全年各电站发电能力进行评估演算。

（1）来水方案包括以下 5 种过程，见表 5.14。

表 5.14　来水方案一览表

来水方案	说明	溪洛渡年流量/亿立方米	三峡年流量/亿立方米
30%频率	历史数据超过 30%频率	1620	4951
50%频率	历史数据超过 50%频率	1390	4320
70%频率	历史数据超过 70%频率	1198	3753
近 5 年平均	近 5 年平均值	1292	4027
预报	预报模型生成值	1413	4320

（2）调度方法包括以下几种选择，见表 5.15。

表 5.15　调度方法一览表

调度方法	说明
1	目标水位控制
2	目标水位+避免弃水
3	高水位目标+避免弃水+预报
4	优化+确定预报
5	优化+HAM 预报

（3）目标水位：各水库旬目标水位如图 5.49、图 5.50 所示。

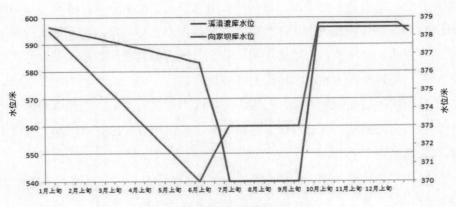

图 5.49　溪洛渡、向家坝目标水位

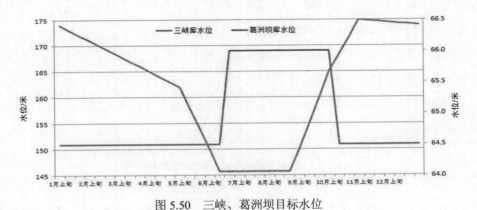

图 5.50　三峡、葛洲坝目标水位

（4）计算结果。利用评估模型对不同来水，采用不同调度方法进行全年模拟演算，计算结果总结如下。

来水方案包括 5 种：30%频率、50%频率、70%频率、近 5 年平均、预报值。

预报值方案比 50%频率略高，低于 30%频率。来水方案应该选用天然区间径流，频率选择应该选用统一对应的水文年，不能按站点分别选取，这样能保证所选径流系列在流域范围内一致。

演算采用 5 个调度方案：目标水位、目标水位+避免弃水、高目标水位+避免弃水+预报、系统优化+确定预报、系统优化+HAM 预报。方案 2（目标水位+避免弃水）应该与目前实际的调度方式最为接近。计算表明，从发电量来说，后 3 种方案明显优于前两种方案，这 3 种方案的调度方式都建议水库运行在高水位，有时尽管弃水，发电量还会增加，说明水头效益要高于流量效益。方案 5（系统优化+HAM 预报）中使用的 HAM 预报方法，假定来水不确定，是一种比较保守的优化调度方式，这种预报比较接近实际情况。尽管与确定预报相比发电量有所下降，但是，与其他方法相比，还是能够增加效益。

计算表明，要提高发电量，必须保证水库水位尽可能高。与预报相结合可以减少弃水。提前满发，降低水位并尽量不弃水的调度方式比高水位弃水调度方式发电效益低。

方案 3、方案 4、方案 5 均能保证三峡年发电量在 5 种来水情况下超过 1000 亿千瓦时，而方案 1 和方案 2 很难做到。当来水为 30%频率时，三峡年发电量在方案 1、方案 2 时分别为 1060 亿千瓦时、1097 亿千瓦时，其他来水过程其对应的年发电量均小于 1000 亿千瓦时。

综合比较后得出，不论何种来水过程，从发电效益来说，方案 3 和方案 5 为值得推荐的运行方式。

来水频率为 30%时，不同来水方案总平均发电量（亿千瓦时），见表 5.16、图 5.51 所示。

表 5.16   来水 30%频率总平均发电量对比表

对比项	来水 30%频率				
	调度方案 1	调度方案 2	调度方案 3	调度方案 4	调度方案 5
	目标水位	目标水位+避免弃水	高水位+避免弃水+预报	高目标水位+确定预报+优化	高目标水位+HAM预报+优化
溪洛渡	625.21	654.68	656.23	671.35	673.88
向家坝	339.08	346.53	344.29	343.75	342.77

续表

对比项	来水 30%频率				
	调度方案 1	调度方案 2	调度方案 3	调度方案 4	调度方案 5
	目标水位	目标水位+避免弃水	高水位+避免弃水+预报	高目标水位+确定预报+优化	高目标水位+HAM预报+优化
三峡	1060.83	1097.55	1117.06	1203.79	1180.24
葛洲坝	186.71	186.66	185.03	175.14	173.21
梯级总年均发电量	2211.83	2285.41	2302.61	2394.02	2370.09
与基准值差	0.00	73.58	90.77	182.19	158.26

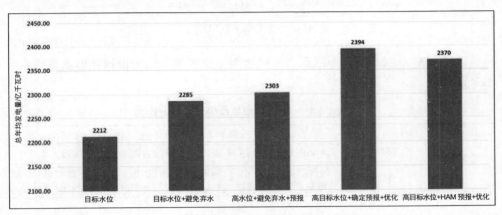

图 5.51 来水 30%频率梯级总年均发电量对比图

来水频率为 50%时，不同来水方案总年均发电量（亿千瓦时）如表 5.17、图 5.52 所示。

表 5.17 来水 50%频率总年均发电量对比表

对比项	来水 50%频率				
	调度方案 1	调度方案 2	调度方案 3	调度方案 4	调度方案 5
	目标水位	目标水位+避免弃水	高水位+避免弃水+预报	高目标水位+确定预报+优化	高目标水位+HAM预报+优化
溪洛渡	600.09	626.33	625.52	628.43	640.61
向家坝	326.59	331.10	330.92	317.12	321.79
三峡	956.19	960.96	1022.02	1087.36	1087.88
葛洲坝	182.46	184.37	183.15	170.56	175.42
梯级总年均发电量	2065.33	2102.77	2161.61	2203.47	2225.71
与基准值差	0.00	37.44	96.28	138.14	160.38

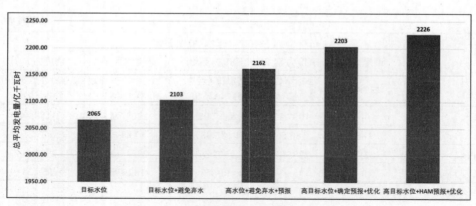

图 5.52　来水 50%频率梯级总年均发电量对比图

来水频率为 70%时，不同来水方案总年均发电量（亿千瓦时）如表 5.18、图 5.53 所示。

表 5.18　来水 70%频率总年均发电量对比表

对比项	来水 70%频率				
	调度方案 1	调度方案 2	调度方案 3	调度方案 4	调度方案 5
	目标水位	目标水位+避免弃水	高水位+避免弃水+预报	高目标水位+确定预报+优化	高目标水位+HAM预报+优化
溪洛渡	558.46	589.52	582.63	599.66	590.14
向家坝	306.18	314.39	315.35	309.72	304.35
三峡	841.56	843.41	1000.20	996.77	988.90
葛洲坝	175.18	177.04	173.59	171.45	167.70
梯级总年均发电量	1881.39	1924.37	2071.77	2077.60	2051.10
与基准值差	0.00	42.98	190.38	196.21	169.71

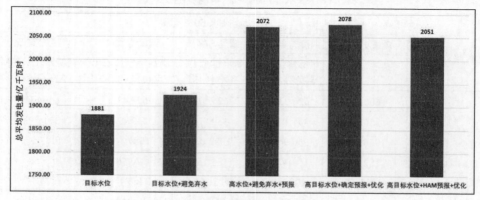

图 5.53　来水 70%频率梯级总年均发电量对比图

来水近 5 年平均时，不同来水方案发电量（亿千瓦时），如表 5.19、图 5.54 所示。

表 5.19　来水近 5 年总年均发电量对比表

对比项	来水近 5 年平均				
	调度方案 1	调度方案 2	调度方案 3	调度方案 4	调度方案 5
	目标水位	目标水位+避免弃水	高水位+避免弃水+预报	高目标水位+确定预报+优化	高目标水位+HAM预报+优化
溪洛渡	603.44	628.34	635.78	654.02	642.31
向家坝	331.88	336.42	337.67	332.02	336.55
三峡	910.54	912.61	1093.28	1090.81	1055.95
葛洲坝	189.35	190.56	184.91	182.43	172.94
梯级总年均发电量	2035.20	2067.93	2251.64	2259.28	2207.75
与基准值差	0.00	32.74	216.44	224.09	172.56

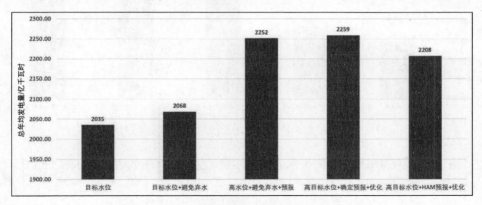

图 5.54　来水近 5 年梯级总年均发电量对比图

来水采用预报值时，不同来水方案发电量（亿千瓦时）如表 5.20、图 5.55 所示。

表 5.20　预报来水时不同方案对比表

对比项	预报来水				
	调度方案 1	调度方案 2	调度方案 3	调度方案 4	调度方案 5
	目标水位	目标水位+避免弃水	高水位+避免弃水+预报	高目标水位+确定预报+优化	高目标水位+HAM预报+优化
溪洛渡	635.08	661.71	670.25	691.33	686.13
向家坝	347.76	352.39	352.69	348.61	349.89
三峡	973.35	976.18	1160.26	1167.31	1145.48

续表

对比项	预报来水				
	调度方案 1	调度方案 2	调度方案 3	调度方案 4	调度方案 5
	目标水位	目标水位+避免弃水	高水位+避免弃水+预报	高目标水位+确定预报+优化	高目标水位+HAM预报+优化
葛洲坝	193.96	196.22	189.15	186.00	184.05
梯级总年均发电量	2150.15	2186.50	2372.35	2393.25	2365.55
与基准值差	0.00	36.35	222.20	243.09	215.39

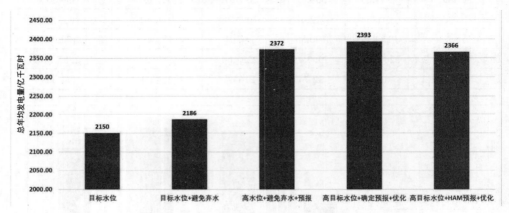

图 5.55　预报来水时不同方案梯级总年均发电量对比图

来水频率为 30% 时，不同来水方案弃水量（亿立方米）如表 5.21、图 5.56 所示。

表 5.21　来水 30% 频率弃水量对比表

对比项	预报来水				
	调度方案 1	调度方案 2	调度方案 3	调度方案 4	调度方案 5
	目标水位	目标水位+避免弃水	高水位+避免弃水+预报	高目标水位+确定预报+优化	高目标水位+HAM预报+优化
溪洛渡	305.18	360.82	343.58	343.58	345.30
向家坝	357.34	399.69	383.53	418.56	420.99
三峡	100.92	0.00	0.00	190.34	564.48
葛洲坝	782.30	782.30	750.41	932.01	980.39
梯级总弃水量	1545.73	1542.81	1477.52	1884.49	2311.16
与基准值差	0.00	-2.92	-68.22	338.76	765.43

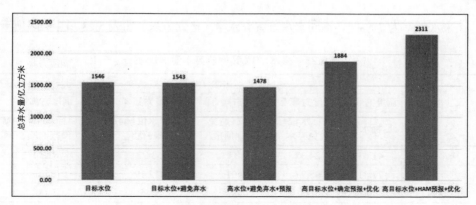

图 5.56　来水 30% 频率梯级总弃水量对比图

来水频率为 50% 时，不同来水方案弃水量（亿立方米）如表 5.22、图 5.57 所示。

表 5.22　来水 50% 频率总弃水量对比表

对比项	来水 50%频率				
	调度方案 1	调度方案 2	调度方案 3	调度方案 4	调度方案 5
	目标水位	目标水位+避免弃水	高水位+避免弃水+预报	高目标水位+确定预报+优化	高目标水位+HAM预报+优化
溪洛渡	140.02	185.14	165.24	231.81	209.35
向家坝	184.98	227.33	204.08	283.10	263.80
三峡	0.00	0.00	0.00	229.82	93.74
葛洲坝	446.65	396.65	330.33	581.63	496.53
梯级总弃水量	771.65	809.12	699.65	1326.36	1063.42
与基准值差	0.00	37.47	-72.01	554.70	291.77

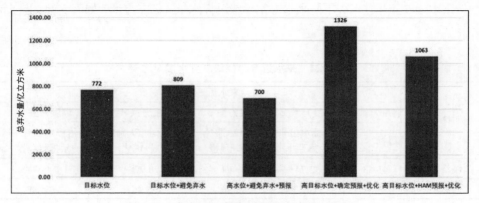

图 5.57　来水 50% 频率梯级总弃水量对比图

来水频率为 70%时，不同来水方案弃水量（亿立方米）如表 5.23、图 5.58 所示。

表 5.23 来水 70%频率总弃水量对比表

对比项	来水 70%频率				
	调度方案 1	调度方案 2	调度方案 3	调度方案 4	调度方案 5
	目标水位	目标水位+避免弃水	高水位+避免弃水+预报	高目标水位+确定预报+优化	高目标水位+HAM预报+优化
溪洛渡	41.43	24.32	6.85	53.97	81.30
向家坝	77.41	95.27	70.01	117.19	135.68
三峡	0.00	0.00	0.00	1.45	0.00
葛洲坝	215.27	178.23	154.33	195.80	261.81
梯级总弃水量	334.11	297.82	231.19	368.41	478.79
与基准值差	0.00	-36.29	-102.92	34.30	144.68

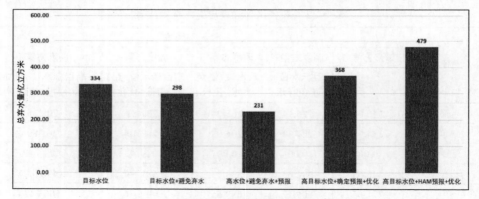

图 5.58 来水 70%频率梯级弃水量对比图

来水近 5 年平均时，不同来水方案梯级总弃水量（亿立方米）如表 5.24、图 5.59 所示。

表 5.24 来水近 5 年梯级总弃水量对比表

对比项	来水近 5 年平均				
	调度方案 1	调度方案 2	调度方案 3	调度方案 4	调度方案 5
	目标水位	目标水位+避免弃水	高水位+避免弃水+预报	高目标水位+确定预报+优化	高目标水位+HAM预报+优化
溪洛渡	41.63	32.74	19.64	70.97	24.67
向家坝	77.61	110.33	88.96	133.45	109.00
三峡	0.00	0.00	0.00	0.21	0.00

续表

对比项	来水近 5 年平均				
	调度方案 1	调度方案 2	调度方案 3	调度方案 4	调度方案 5
	目标水位	目标水位+避免弃水	高水位+避免弃水+预报	高目标水位+确定预报+优化	高目标水位+HAM预报+优化
葛洲坝	175.10	147.86	157.28	204.55	382.79
梯级总弃水量	294.33	290.93	265.87	409.18	516.46
与基准值差	0.00	-3.40	-28.46	114.84	222.13

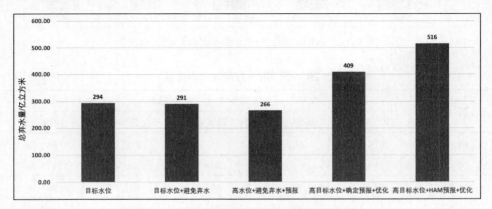

图 5.59 来水近 5 年梯级总弃水量对比图

来水采用预报值时，不同来水方案梯级总弃水量（亿立方米）如表 5.25、图 5.60 所示。不同来水方案及调度方案，发电量（亿千瓦时）及弃水量（亿立方米）见表 5.26 和表 5.27。

表 5.25 预报来水时不同方案弃水量对比表

对比项	预报来水				
	调度方案 1	调度方案 2	调度方案 3	调度方案 4	调度方案 5
	目标水位	目标水位+避免弃水	高水位+避免弃水+预报	高目标水位+确定预报+优化	高目标水位+HAM预报+优化
溪洛渡	94.93	124.22	104.80	121.21	104.80
向家坝	137.82	175.38	151.12	198.12	192.81
三峡	0.00	0.00	0.00	12.96	0.00
葛洲坝	276.88	221.30	267.96	329.53	365.87
梯级总弃水量	509.63	520.90	523.89	661.82	663.48
与基准值差	0.00	11.27	14.26	152.19	153.85

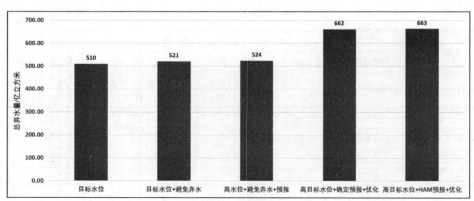

图 5.60　预报来水时不同方案梯级总弃水量对比图

表 5.26　不同来水方案发电量比较　　　　　　　单位：亿千瓦时

对比项	调度方案 1：目标水位				
	30%频率	50%频率	70%频率	近 5 年平均	预报方案
溪洛渡	625.21	600.09	558.46	603.44	635.08
向家坝	339.08	326.59	306.18	331.88	347.76
三峡	1060.83	956.19	841.56	910.54	973.35
葛洲坝	186.71	182.46	175.18	189.35	193.96
梯级总发电量	2211.83	2065.33	1881.39	2035.20	2150.15

对比项	调度方案 2：目标水位+避免弃水				
	30%频率	50%频率	70%频率	近 5 年平均	预报方案
溪洛渡	654.68	626.33	589.52	628.34	661.71
向家坝	346.53	331.10	314.39	336.42	352.39
三峡	1097.55	960.96	843.41	912.61	976.18
葛洲坝	186.66	184.37	177.04	190.56	196.22
梯级总发电量	2285.41	2102.77	1924.37	2067.93	2186.50

对比项	调度方案 3：高水位+避免弃水+预报				
	30%频率	50%频率	70%频率	近 5 年平均	预报方案
溪洛渡	656.23	625.52	582.63	635.78	670.25
向家坝	344.29	330.92	315.35	337.67	352.69
三峡	1117.06	1022.02	1000.20	1093.28	1160.26
葛洲坝	185.03	183.15	173.59	184.91	189.15
梯级总发电量	2302.61	2161.61	2071.77	2251.64	2372.35

对比项	调度方案 4：高目标水位+确定预报+优化				
	30%频率	50%频率	70%频率	近 5 年平均	预报方案
溪洛渡	671.35	628.43	599.66	654.02	691.33
向家坝	343.75	317.12	309.72	332.02	348.61
三峡	1203.79	1087.36	996.77	1090.81	1167.31
葛洲坝	175.14	170.56	171.45	182.43	186.00
梯级总发电量	2394.02	2203.47	2077.60	2259.28	2393.25
对比项	调度方案 5：高目标水位+HAM 预报+优化				
	30%频率	50%频率	70%频率	近 5 年平均	预报方案
溪洛渡	673.88	640.61	590.14	642.31	686.13
向家坝	342.77	321.79	304.35	336.55	349.89
三峡	1180.24	1087.88	988.90	1055.95	1145.48
葛洲坝	173.21	175.42	167.70	172.94	184.05
梯级总发电量	2370.09	2225.71	2051.10	2207.75	2365.55

表 5.27　不同来水方案弃水量比较　　　　　单位：亿立方米

对比项	调度方案 1：目标水位				
	30%频率	50%频率	70%频率	近 5 年平均	预报方案
溪洛渡	305.18	140.02	41.43	41.63	94.93
向家坝	357.34	184.98	77.41	77.61	137.82
三峡	100.92	0.00	0.00	0.00	0.00
葛洲坝	782.30	446.65	215.27	175.10	276.88
梯级总弃水量	1545.73	771.65	334.11	294.33	509.63
对比项	调度方案 2：高水位+避免弃水				
	30%频率	50%频率	70%频率	近 5 年平均	预报方案
溪洛渡	360.82	185.14	24.32	32.74	104.80
向家坝	399.69	227.33	95.27	110.33	192.81
三峡	0.00	0.00	0.00	0.00	0.00
葛洲坝	782.30	396.65	178.23	147.86	365.87
梯级总弃水量	1542.81	809.12	297.82	290.93	663.48

对比项	调度方案 3：高水位+避免弃水+预报				
	30%频率	50%频率	70%频率	近 5 年平均	预报方案
溪洛渡	343.58	165.24	6.85	19.64	104.80
向家坝	383.53	204.08	70.01	88.96	151.12
三峡	0.00	0.00	0.00	0.00	0.00
葛洲坝	750.41	330.33	154.33	157.28	267.96
梯级总弃水量	1477.52	699.65	231.19	265.87	523.89
对比项	调度方案 4：高目标水位+确定预报+优化				
	30%频率	50%频率	70%频率	近 5 年平均	预报方案
溪洛渡	343.58	231.81	53.97	70.97	104.80
向家坝	418.56	283.10	117.19	133.45	192.81
三峡	190.34	229.82	1.45	0.21	0.00
葛洲坝	932.01	581.63	195.80	204.55	365.87
梯级总弃水量	1884.49	1326.36	368.41	409.18	663.48
对比项	调度方案 5：高目标水位+HAM 预报+优化				
	30%频率	50%频率	70%频率	近 5 年平均	预报方案
溪洛渡	345.30	209.35	81.30	24.67	104.80
向家坝	420.99	263.80	135.68	109.00	192.81
三峡	564.48	93.74	0.00	0.00	0.00
葛洲坝	980.39	496.53	261.81	382.79	365.87
梯级总弃水量	2311.16	1063.42	478.79	516.46	663.48

3. 六库系统多方案评估比较

到 2021 年 8 月，金沙江下游的葛洲坝六库梯级水库已经全面建成，可以发挥多功能作用。尽管白鹤滩全部机组要到 2022 年底才能全部发电，并不影响其水库的调度应用。本节假定白鹤滩所有机组全部投产，利用 1980—2014 年的历史径流系列，对六库做评估模拟演算，比较三种不同调度方法的统计值，结果见表 5.28。

表 5.28　三种不同调度方法评估模拟

对比项	区间平均水量/亿立方米	下泄水量/亿立方米	方案 1：目标水位			方案 2：目标水位+避免弃水			方案 3：优化算法		
			平均水位/米	年发电量/亿千瓦时	年均弃水量/亿立方米	平均水位/米	年发电量/亿千瓦时	年均弃水量/亿立方米	平均水位/米	发电量/亿千瓦时	年均弃水量/亿立方米
乌东德	1230.85	1230.85	967.78	404.64	90.38	968.67	411.42	90.61	973.69	422.44	110.67
白鹤滩	142.16	1373.01	809.45	676.45	113.45	810.69	694.69	88.55	819.12	703.66	115.47

续表

	区间平均水量/亿立方米	下泄水量/亿立方米	方案 1：目标水位			方案 2：目标水位+避免弃水			方案 3：优化算法		
			平均水位/米	年发电量/亿千瓦时	年均弃水量/亿立方米	平均水位/米	年发电量/亿千瓦时	年均弃水量/亿立方米	平均水位/米	发电量/亿千瓦时	年均弃水量/亿立方米
溪洛渡	55.74	1428.75	581.08	608.42	185.32	586.92	654.75	158.84	596.73	639.09	260.85
向家坝	0.00	1428.75	376.77	338.36	215.08	378.28	348.57	207.59	379.92	320.62	324.80
三峡	2875.56	4285.57	160.40	926.33	100.85	161.27	961.37	41.77	171.18	1055.43	375.70
葛洲坝	0.00	4285.57	65.00	182.50	573.15	65.00	184.68	526.84	65.00	173.17	712.14
总计	4304.31			3136.70	1278.22		3255.47	1114.20		3314.41	1899.63

3 个调度方案：方案 1 是目标水位调度，保持水库水位在目标水位值；方案 2 是目标水位+避免弃水，即当有弃水发生时，可以蓄水，尽量避免弃水，除非达到水位约束上限；方案 3 按优化算法调度，建议保持高水位，以发电量最大为目标。表中给出的统计值有 3 个：平均水位、年发电量、年均弃水量。从平均水位来看，方案 1 最低，方案 3 最高。从年发电量来看，方案 1 最低，方案 3 最高。从年均弃水量来看，方案 2 最小，方案 3 最大。方案 3 弃水量最大，运行水位最高，但发电量却最大，说明了水头效益和流量效益有一个权衡。长系列模拟表明，维持高水位运行，尽管弃水可能较多，但发电量不减反而增加，说明了水头效益比流量效益对发电量更重要。方案 2 比方案 1 更为合理一些，它以方案 1 为基础，同时尽量避免弃水，如果发生弃水，就适当抬高水位，洪水过后又马上恢复到目标水位值。这样的方案在实际中更容易采用，所以结果是弃水量大大减少，比如三峡从 100 亿立方米下降到 41 亿立方米，发电量从 926 亿千瓦时提高到 961 亿千瓦时，效益明显。优化方案维持高水位运行，增加了弃水量，三峡弃水增加到 375 亿立方米，但年均发电量也由 926 亿千瓦时提高到 1055 亿千瓦时。年发电量超过 1000 亿千瓦时一直是三峡电站运行效益检验的一个标杆。通过优化调度，可以达到年均超过 1000 亿千瓦时，效益巨大。这里的结果比较仅仅是对六库系统可能的调度方法进行的初步探讨。实际生产中受到的约束条件更多、更复杂，不可能达到理想的状态。模拟计算说明，六库联合调度的效益是巨大的，值得深入研究。三个方案的水库模拟过程如图 5.61～图 5.108 所示。

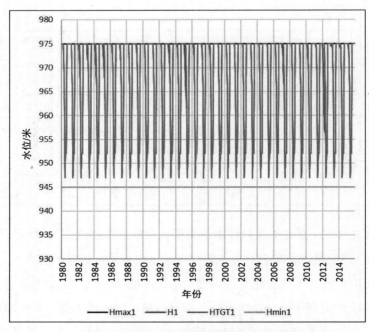

图 5.61　方案 1 乌东德水库模拟水位过程

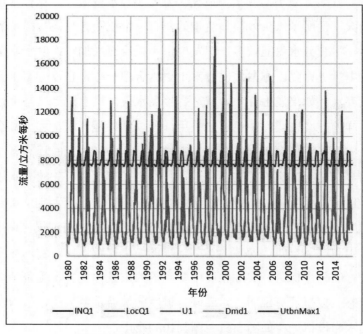

图 5.62　方案 1 乌东德水库模拟流量过程

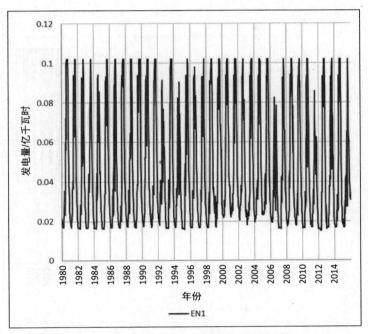

图 5.63　方案 1 乌东德水库模拟发电量过程

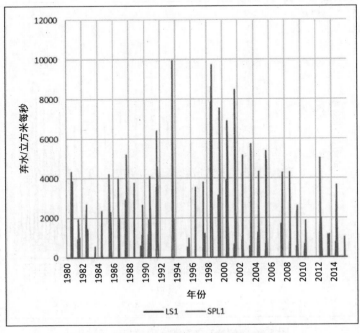

图 5.64　方案 1 乌东德水库模拟弃水过程

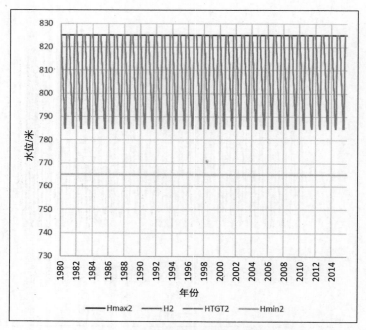

图 5.65　方案 1 白鹤滩水库模拟水位过程

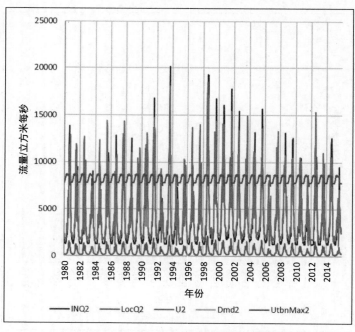

图 5.66　方案 1 白鹤滩水库模拟流量过程

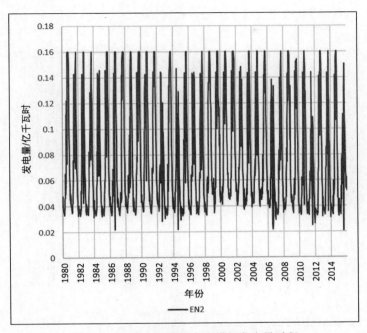

图 5.67　方案 1 白鹤滩水库模拟发电量过程

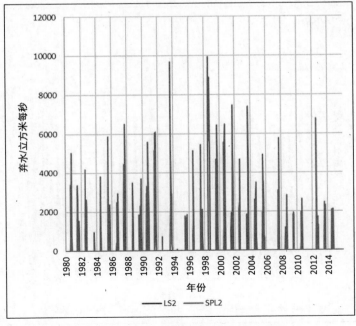

图 5.68　方案 1 白鹤滩水库模拟弃水过程

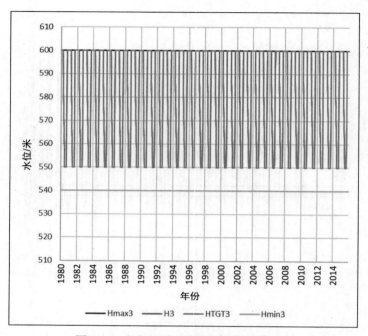

图 5.69　方案 1 溪洛渡水库模拟水位过程

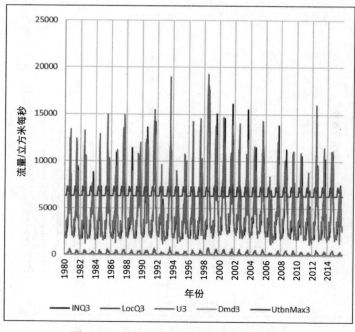

图 5.70　方案 1 溪洛渡水库模拟流量过程

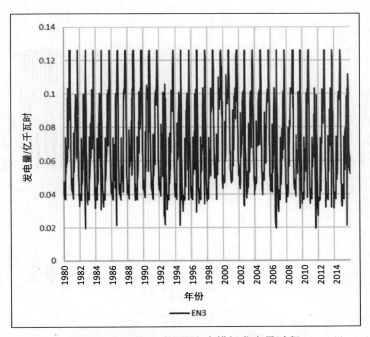

图 5.71　方案 1 溪洛渡水库模拟发电量过程

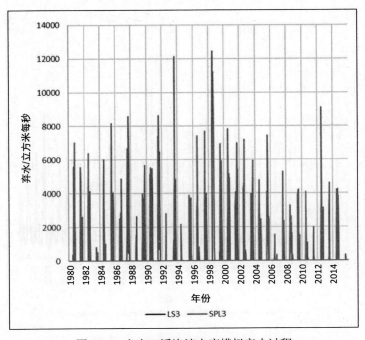

图 5.72　方案 1 溪洛渡水库模拟弃水过程

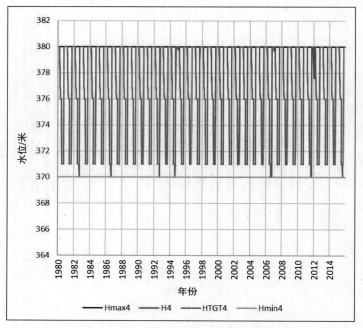

图 5.73　方案 1 向家坝水库模拟水位过程

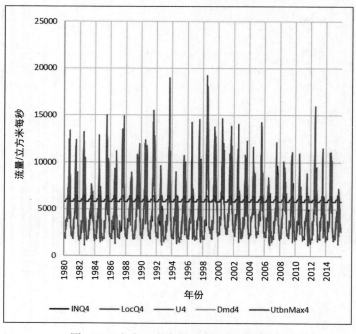

图 5.74　方案 1 向家坝水库模拟流量过程

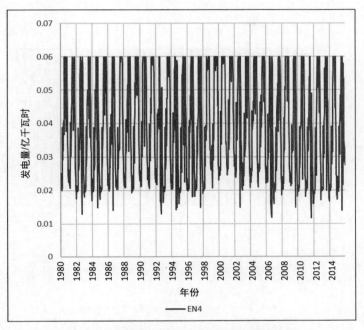

图 5.75　方案 1 向家坝水库模拟发电量过程

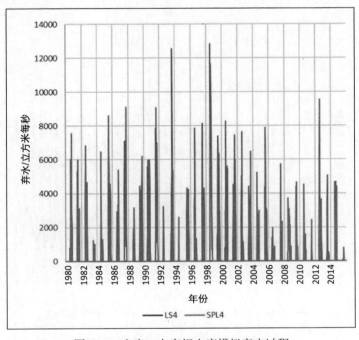

图 5.76　方案 1 向家坝水库模拟弃水过程

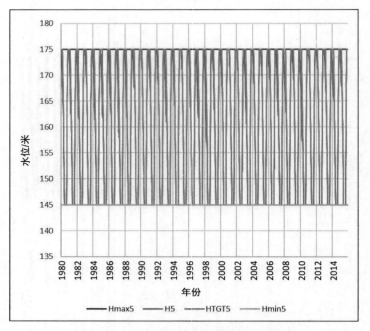

图 5.77　方案 1 三峡水库模拟水位过程

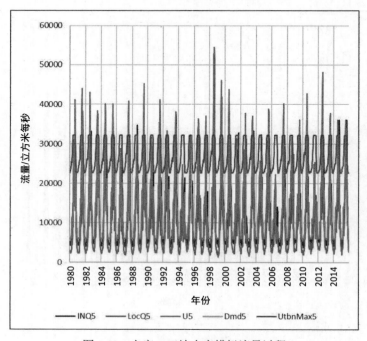

图 5.78　方案 1 三峡水库模拟流量过程

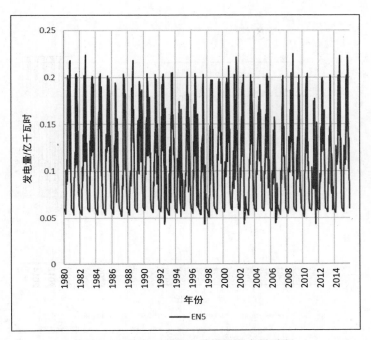

图 5.79　方案 1 三峡水库模拟发电量过程

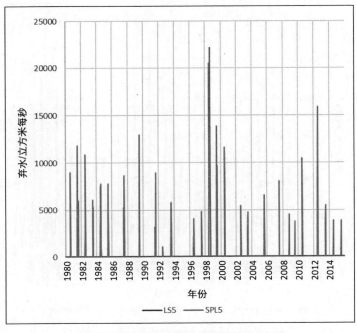

图 5.80　方案 1 三峡水库模拟弃水过程

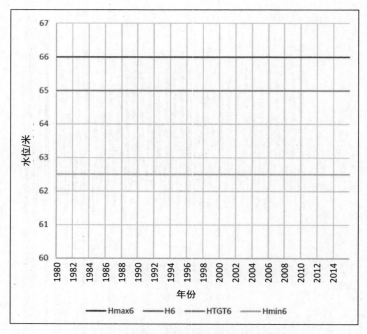

图 5.81　方案 1 葛洲坝水库模拟水位过程

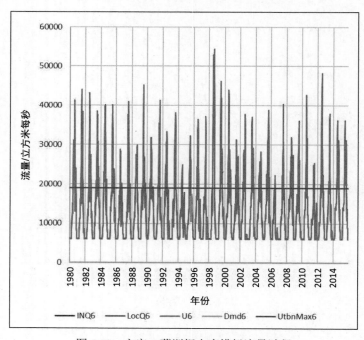

图 5.82　方案 1 葛洲坝水库模拟流量过程

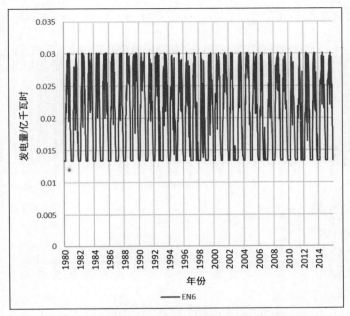

图 5.83　方案 1 葛洲坝水库模拟发电量过程

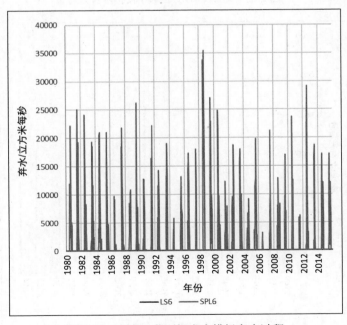

图 5.84　方案 1 葛洲坝水库模拟弃水过程

以上为方案 1 的水库（水位、流量、发电量、弃水）模拟过程。

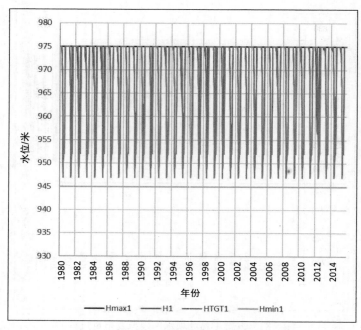

图 5.85　方案 2 乌东德水库模拟水位过程

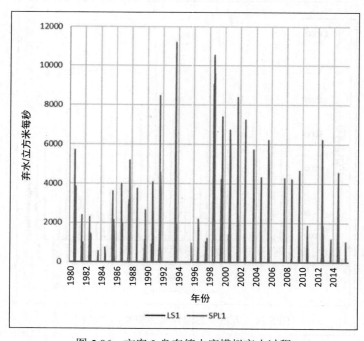

图 5.86　方案 2 乌东德水库模拟弃水过程

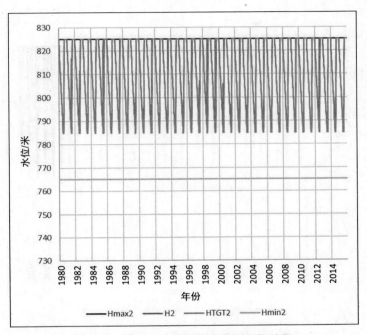

图 5.87　方案 2 白鹤滩水库模拟水位过程

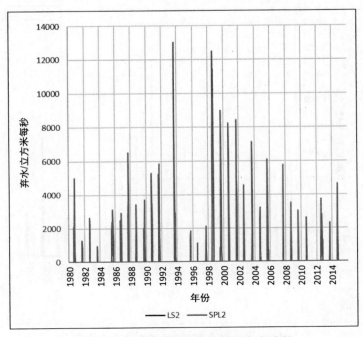

图 5.88　方案 2 白鹤滩水库模拟弃水过程

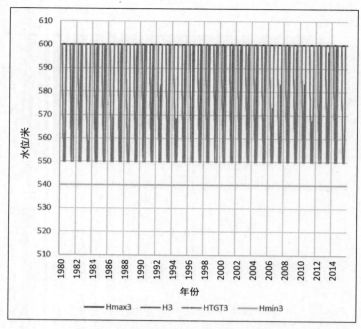

图 5.89 方案 2 溪洛渡水库模拟水位过程

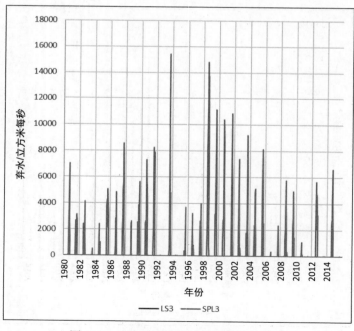

图 5.90 方案 2 溪洛渡水库模拟弃水过程

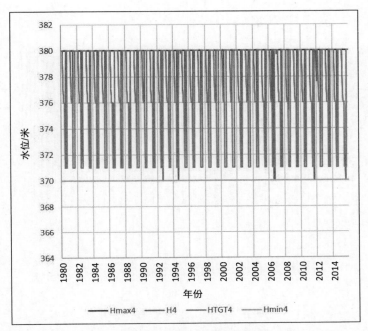

图 5.91　方案 2 向家坝水库模拟水位过程

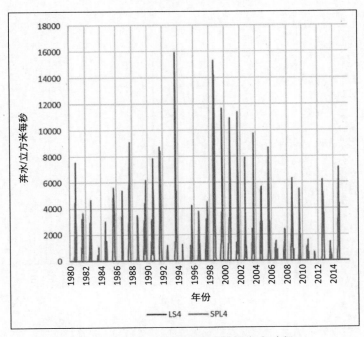

图 5.92　方案 2 向家坝水库模拟弃水过程

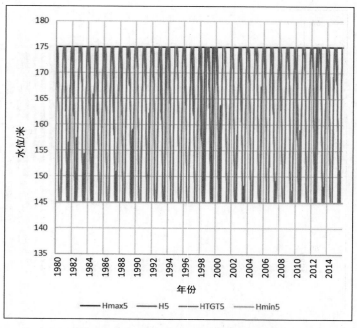

图 5.93　方案 2 三峡水库模拟水位过程

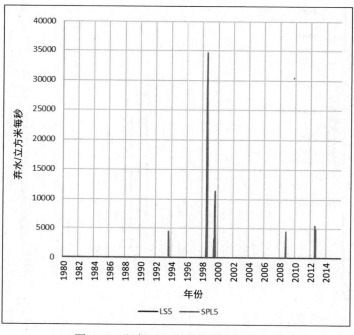

图 5.94　方案 2 三峡水库模拟弃水过程

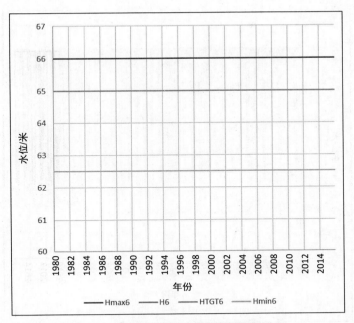

图 5.95 方案 2 葛洲坝水库模拟水位过程

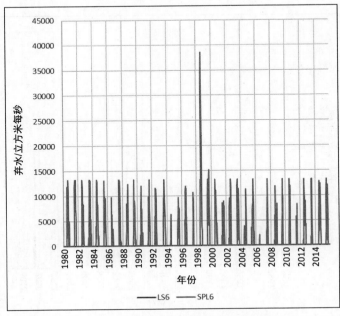

图 5.96 方案 2 葛洲坝水库模拟弃水过程

以上为方案 2 的水库模拟水位过程和弃水过程过程。

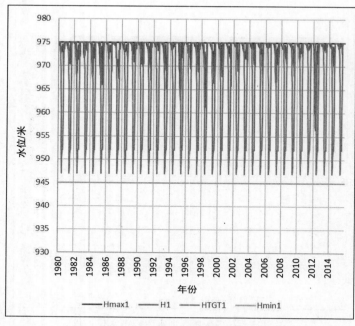

图 5.97　方案 3 乌东德水库模拟水位过程

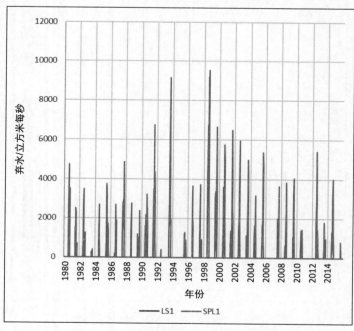

图 5.98　方案 3 乌东德水库模拟弃水过程

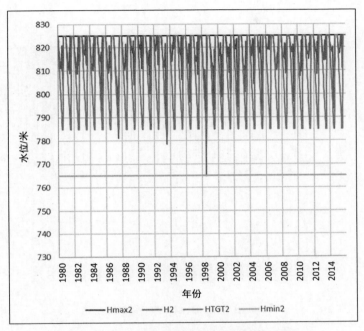

图 5.99 方案 3 白鹤滩水库模拟水位过程

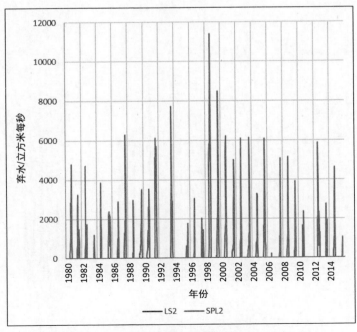

图 5.100 方案 3 白鹤滩水库模拟弃水过程

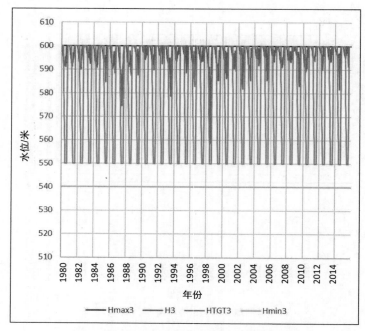

图 5.101　方案 3 溪洛渡水库模拟水位过程

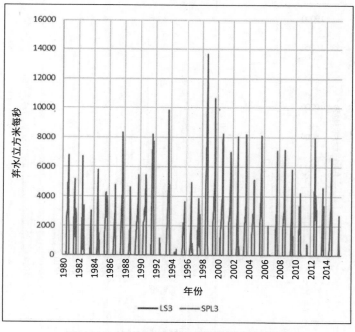

图 5.102　方案 3 溪洛渡水库模拟弃水过程

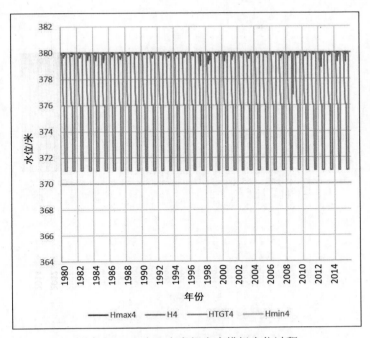

图 5.103 方案 3 向家坝水库模拟水位过程

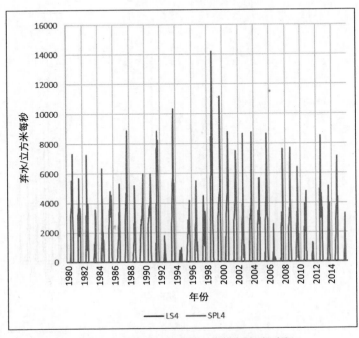

图 5.104 方案 3 向家坝水库模拟弃水过程

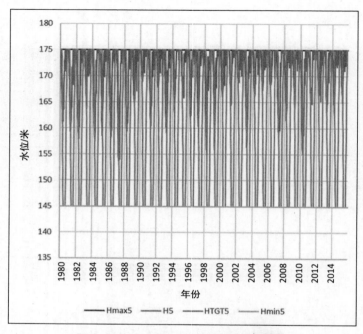

图 5.105 方案 3 三峡水库模拟水位过程

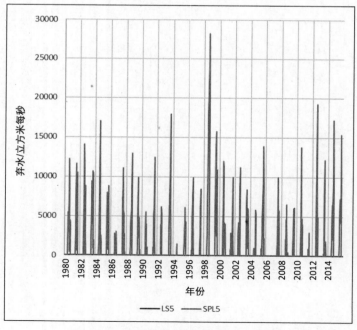

图 5.106 方案 3 三峡水库模拟弃水过程

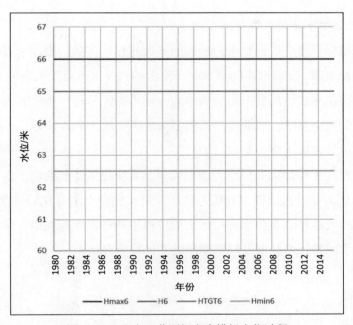

图 5.107　方案 3 葛洲坝水库模拟水位过程

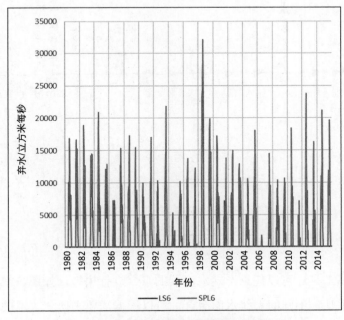

图 5.108　方案 3 葛洲坝水库模拟弃水过程

以上为方案 3 水库模拟水位和弃水过程。

4. 包括上游水库的系统整体模拟

前面的模型只考虑了长江电力所属的 6 座水库。其实，金沙到葛洲坝区间存在很多支流及水库，支流水库的调节对干流上的水库来水有很大影响。严格来说，水库群系统模拟应该将所有有影响的水库一同考虑。但是，由于管理所属单位不同，很难做到数据共享，前面提出的模型只考虑干流上的 6 座水库，上游支流水库的影响以边界约束考虑。

本书开发的水库群调度模型为通用模型，只要提供必要的输入数据，就可以快速模拟系统调度过程。图 5.109 为包括干流和支流上所有比较大的共 30 座水库。所有区间天然径流系列都采用历史值资料进行还原计算获得。除发电机组数据外，所有水库特征值和调度规则都通过其他项目获得。

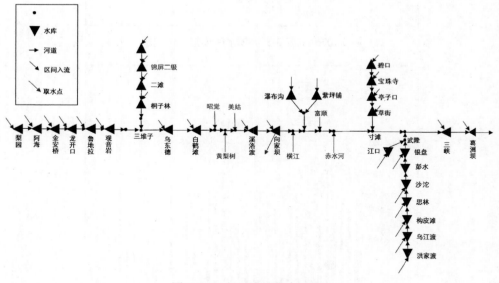

图 5.109　长江流域水库群组 1

通用建模工具还可以任意选定水库群的组合进行模拟，如图 5.110～图 5.119 所示，展示了几种不同的系统水库组合，可以根据需要来研究关注的子系统。

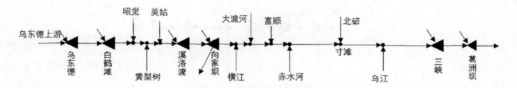

图 5.110　长江流域水库群组 2

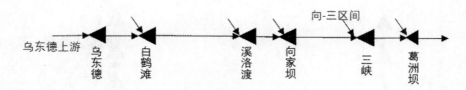

图 5.111　长江流域水库群组 3

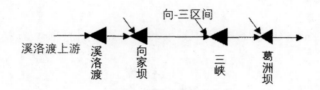

图 5.112　长江流域水库群组 4

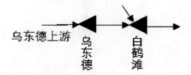

图 5.113　长江流域水库群组 5

图 5.114　长江流域水库群组 6

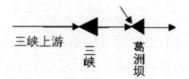

图 5.115　长江流域水库群组 7

图 5.116　长江流域水库群组 8

图 5.117　长江流域水库群组 9　　　　图 5.118　长江流域水库群组 10

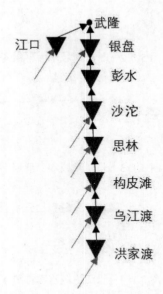

图 5.119　长江流域水库群组 11

　　利用相似法，可以生成任意时刻所有区间的预报天然径流。利用决策支持系统的通用水库调度模型，就可以模拟整个水库群系统调度过程。

　　图 5.120～图 5.158 显示了主要站点的区间预报过程。

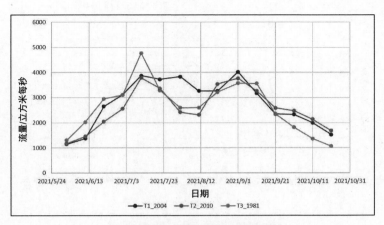

图 5.120 梨园区间入流预报集合

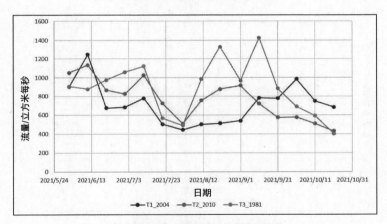

图 5.121 紫坪铺区间入流预报集合

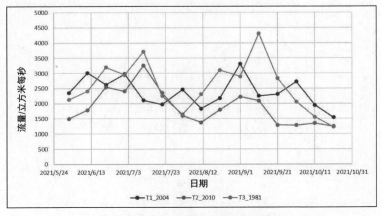

图 5.122 瀑布沟区间入流预报集合

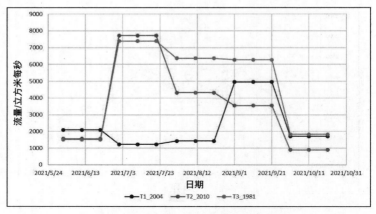

图 5.123　草街区间入流预报集合

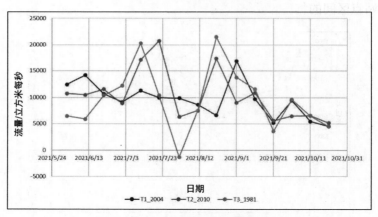

图 5.124　三峡区间入流预报集合

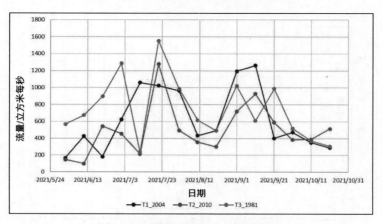

图 5.125　溪洛渡区间入流预报集合

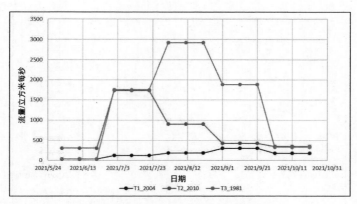

图 5.126 亭子口区间入流预报集合

主要站点区间的相似预报过程：

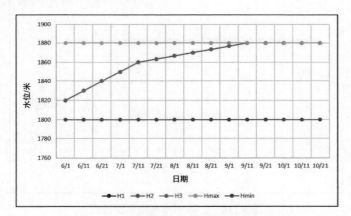

图 5.127 锦屏一级水库模拟水位过程

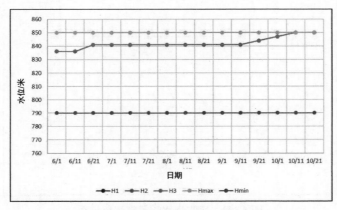

图 5.128 瀑布沟水库模拟水位过程

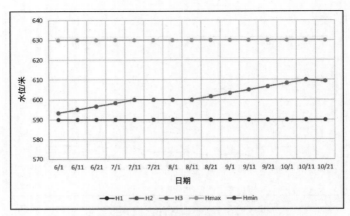

图 5.129　构皮滩水库模拟水位过程

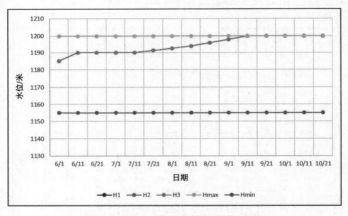

图 5.130　二滩水库模拟水位过程

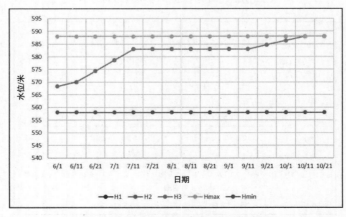

图 5.131　宝珠寺水库模拟水位过程

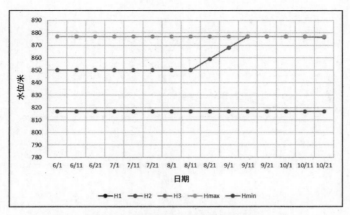

图 5.132　紫坪铺水库模拟水位过程

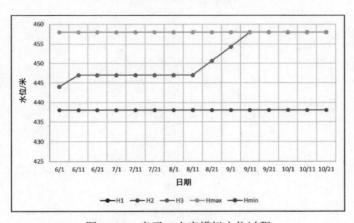

图 5.133　亭子口水库模拟水位过程

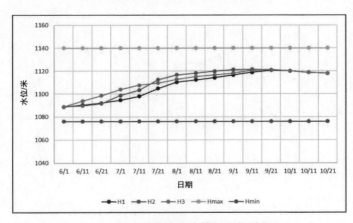

图 5.134　洪家渡水库模拟水位过程

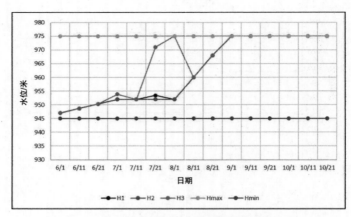

图 5.135　乌东德水库模拟水位过程

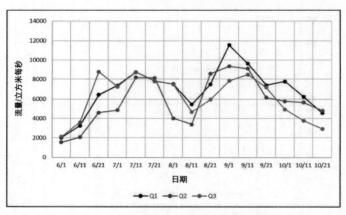

图 5.136　乌东德水库模拟流量过程

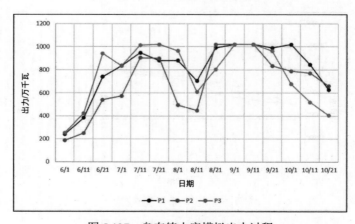

图 5.137　乌东德水库模拟出力过程

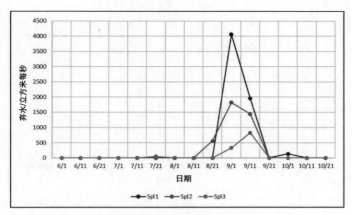

图 5.138　乌东德水库弃水过程

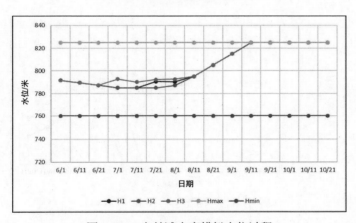

图 5.139　白鹤滩水库模拟水位过程

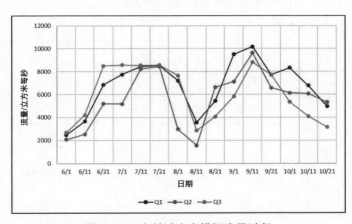

图 5.140　白鹤滩水库模拟流量过程

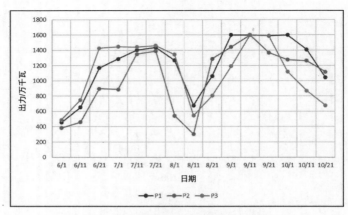

图 5.141　白鹤滩水库模拟出力过程

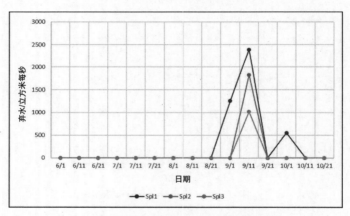

图 5.142　白鹤滩水库弃水过程

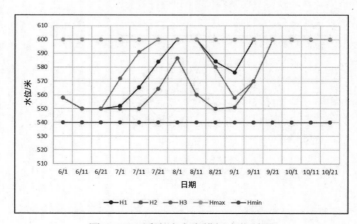

图 5.143　溪洛渡水库模拟水位过程

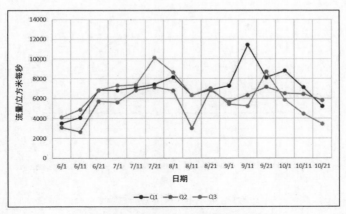

图 5.144 溪洛渡水库模拟流量过程

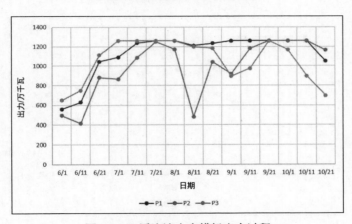

图 5.145 溪洛渡水库模拟出力过程

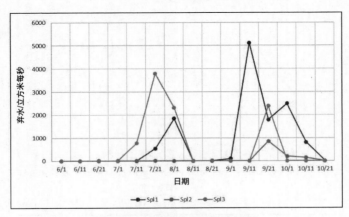

图 5.146 溪洛渡水库弃水过程

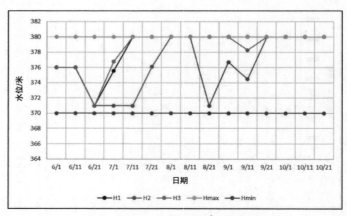

图 5.147　向家坝水库模拟水位过程

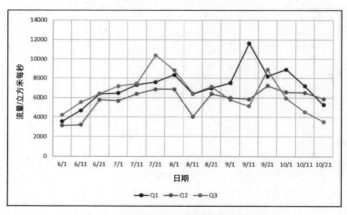

图 5.148　向家坝水库模拟流量过程

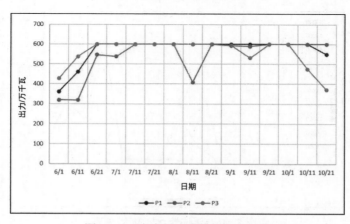

图 5.149　向家坝水库模拟出力过程

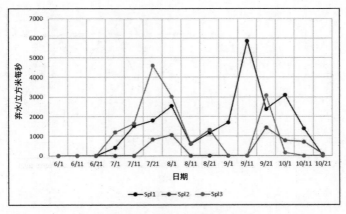

图 5.150 向家坝水库弃水过程

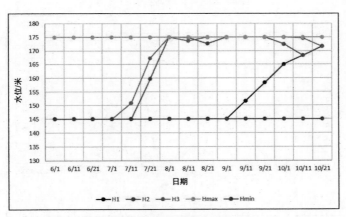

图 5.151 三峡水库模拟水位过程

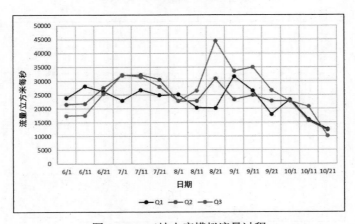

图 5.152 三峡水库模拟流量过程

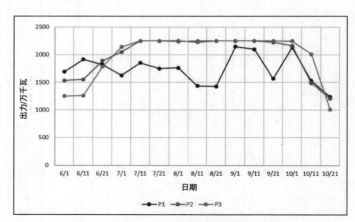

图 5.153　三峡水库模拟出力过程

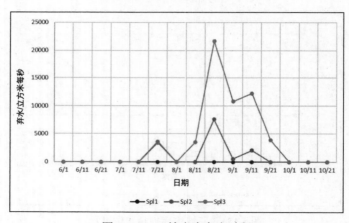

图 5.154　三峡水库弃水过程

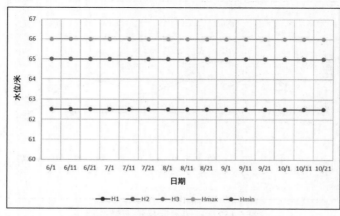

图 5.155　葛洲坝水库模拟水位过程

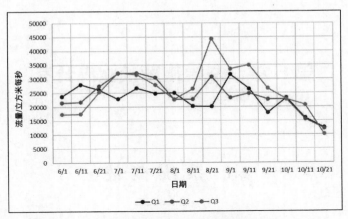

图 5.156 葛洲坝水库模拟流量过程

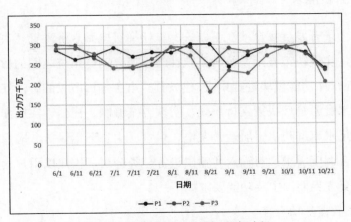

图 5.157 葛洲坝水库模拟出力过程

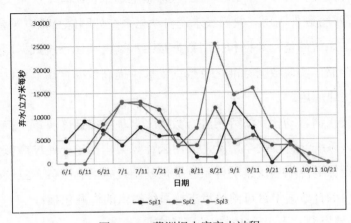

图 5.158 葛洲坝水库弃水过程

第6章　系统集成及软件开发

6.1　系 统 概 述

6.1.1　开发需求

本书致力于开发支撑金沙江下游——三峡梯级电站水资源管理决策支持系统的数据平台，实现决策支持系统与三峡梯级水调自动化系统之间的数据传输和应用交互；对各软件功能模块进行集成，建设具有自主知识产权的金沙江下游——三峡梯级电站水资源管理决策支持系统，实现方案编制、评估、实施和反馈的一体化功能，满足水库群防洪、航运、发电、供水、生态环境保护、应急、电力市场等多目标综合调度需求；对输入和输出进行分类分层，构建以用户为中心、面向对象的人机交互界面。主要功能要求如下：

1．系统数据基础平台

设计和开发支撑金沙江下游——三峡梯级电站水资源管理决策支持系统的数据基础平台，平台硬件利用三峡梯级水调自动化系统外网综合数据平台硬件设施，不单独采购。系统的基础数据和应用数据按照水调自动化系统数据库的编码和应用方式统一存储，实现数据标准化及数据支撑，提高数据存储效率，实现信息的高效共享和快速应用。

三峡梯级水调自动化系统外网综合数据平台是梯级调度决策支持系统的统一支撑平台，该系统运行于安全Ⅲ区，采用云计算架构搭建，通过虚拟化的共享存储资源池和计算资源池为决策支持系统提供基础设施信息服务。三峡梯级水调自动化系统外网综合数据平台可向决策支持系统提供的资源包括：

（1）存储资源。不少于10TB的存储容量。

（2）计算资源。不少于 2 台虚拟服务器，每台服务器配置 16 核 2.8GHz CPU，64GB 内存。服务器可运行国产安全 Linux 操作系统或 Windows Server 2012 操作系统。

2.　系统功能集成和接口

研究水库群联合优化调度系统相关集成技术，建设金沙江下游——三峡梯级电站水资源管理决策支持系统，集成完善的水库及河道仿真模拟方法库、长中短期及实时优化调度工具库、预报及调度运行评估模型库，并为后续功能扩展升级提供二次开发接口，实现课题 1～3 的应用功能。

实现决策支持系统与三峡梯级水调自动化系统之间的数据传输和应用交互，系统整体功能和架构作为三峡梯级水调自动化系统的集成模块，以功能模块的形式供三峡梯级水调自动化系统用户调用。主要内容包括统一的数据库平台设计和搭建、数据通信与处理模块的设计和开发、配置管理功能模块的设计和开发、可变时空尺度的空间信息与三维可视化信息管理模块的设计和开发、业务应用的 GIS 可视化展示及制作。

实现决策支持系统根据业务应用的发展需求进行弹性伸缩，在有新的业务需求时，可以实现系统的灵活扩展和应用的快速部署上线。系统提供丰富的二次开发 API（包括底层接口函数、控制协议、开发工具等）资源，支持用户对相关功能模块进行二次开发。

3.　系统人机交互及查询展示功能

对输入和输出进行分类分层，构建以用户为中心、面向对象的人机交互界面。开发批量处理数据输入、参数设置和多元化结果输出的交互功能和界面，输出结果包括报表、结构化文档等形式；开发流域水资源全景调度情景推演仿真交互界面；创建梯级电站调度体系图形化建模工具，开发具有高度可扩展性与普适性的通用流域水资源管理组件化平台。

信息查询与展示功能应能对系统中所有采集和处理的数据方便地进行查询，同时结合用户的需求，能以图形、表格等形式展示出来。通过各种专业图形将数据可视化呈现，从而更加直观、快捷地将数据信息传达给用户。系统能在画面布局功能的支持下，将各种图形展示方式在屏幕上灵活地排列分布，并支持用户的互动操作。通过交互式数据可视化表达方式，使得用户可对呈现的数据进行挖掘、整合，辅助用户进行视觉化分析与决策思考。

4. 用户及权限管理功能

系统应实现严格的用户及权限管理，严格控制用户登录身份，保证其对本系统的资源安全使用。系统用户及权限管理要求如下：

（1）系统应具有专用的身份鉴别模块，对登录系统的用户身份的合法性进行核实，只有通过系统身份验证的用户才能登录系统并在规定的权限内进行操作。

（2）系统应对同一用户采用两种或两种以上组合的鉴别技术实现用户身份鉴别。系统应能实施强制性口令复杂度检查，并可设定口令更换期限，应用软件口令应加密存储。

（3）系统应提供登录失败处理功能，可采取结束会话、限制非法登录次数、锁定账户或自动退出等措施进行登录失败处理。系统应能对单个账户的多重并发会话进行限制。

5. 系统管理功能

系统管理与监控功能包括如下几种：

（1）系统日志管理。系统应对系统应用程序的运行日志及用户的操作日志进行管理，管理员可通过统一的界面对各个服务器运行程序的运行日志进行管理。系统还可根据运行日志进行报警。

（2）应用软件管理。系统应可对应用软件进行管理，主要配置、操作等管理界面集中在管理中心，并提供统一的菜单和权限管理。

6.1.2 建设要求

1. 设计原则

（1）整体规划、分步实施。全面梳理三峡生产运行管理方面的业务，综合考虑其当前及中长期的业务发展需求，并构建面向全金沙江下游、全业务范围的水资源决策支持模型及系统，支撑金沙江下游的中长期发展战略。在此基础上，分析了各类业务应用的重要程度，梳理不同业务之间的相互依赖关系，按照业务重要程度和依赖关系对业务应用进行合理分类，确定各类业务应用建设的优先顺序，为该项目进行分期实施提供科学合理的依据。

（2）全面统筹、平稳过渡。金沙江下游——三峡梯级电站水资源管理决策支持模型研究及系统开发项目与三峡水调自动化平台升级改造同步进行，建设应统筹考虑其实际情况，包括已建水调自动化系统、在建水调自动化系统、数据库迁移、生产业务应用需求、企业中长期发展战略等相关因素，将其纳入该项目的设计中，避免设备、设施的重复建设，重复投资。系统建设时充分考虑与已有和在建自动化设备和系统的兼容，制订合理的系统平稳过渡方案，确保从传统技术体系、管理模式向先进技术体系、管理模式的平稳过渡，保障三峡各项业务不受影响。

（3）统一标准、规范设计。充分重视技术标准的重要性，构建涵盖数据接入、通信、存储、安全管理、业务应用等各个环节的全面技术体系。认真整理水电、软件开发相关的国际、国内现行技术标准，在对各类技术标准进行深入研究和分析对比的基础上，优选与该项目相关的科学合理的技术标准。在此基础上，根据体系架构和各类业务应用体系，补充制订统一的基础服务、信息交互、模型管理、组件管理、信息通信监管等功能规范，形成统一、规范化的技术体系。

（4）开放通用、实用合理。该系统平台采用开放和通用的接口，并确保各业务模块实用合理。水资源管理决策支持系统提供直接与生产相关的应用、信息化平台，涉及大量的业务应用模块，各模块之间还存在大量的协同互动。开放、通用的接口可以提高相关业务应用的聚合度，提升各应用模块之间的信息共享和协同互动能力，保障不同厂家之间的业务应用能够高效集成，使得系统具备良好的开放性、可扩展性和易维护性。此外，开放、通用的接口可以降低各业务模块之间的耦合度，有效减小业务模块的设计和开发难度，确保业务应用模块的实用性和合理性。

2. 建设原则

（1）实用性和先进性原则。本软件各项功能以实用性为指导原则，考虑影响因素尽可能全面和准确，对无法定量或不确定因素，采用自动提示和人工干预的方式解决。在实用性的基础上，积极尝试现代技术进步成果，保证本系统的先进性。

（2）安全性和可靠性原则。水库调度工作责任重、风险大，本系统的构建以保证梯级水库及电站运行安全为前提，以可靠的基础数据、模型、算法、约束为支撑，提供可靠的计算结果供梯级水库联合调度决策使用。在功能访问时，必须通过系统身份鉴别和访问控制要求，对用户登录密码进行强行加密。

（3）全面性和针对性原则。影响水库联合调度的因素繁多，不仅包括本身的自然特性、工程特性，还包括很多管理方面和人为方面的因素，还有现代科学技术和理论方面的局限，使得梯级水库联合调度的不确定性和风险较大。本软件的构建须尽可能地将影响水库调度的因素考虑周全，并在现行科学技术的支撑下，考虑预测的不确定性和调度风险，针对长江流域梯级电站初期运行阶段和正常运行阶段的特点，以及现行水库调度、电力调度的程序和习惯，体现软件的全面性和针对性，并最终实现真正用于指导长江流域梯级水库联合调度的辅助决策功能。

（4）交互式原则。梯级水库联合调度在现行条件下还无法做到全自动控制，人为的经验和判断仍然是软件无法替代的，因此本软件的设计将全方位地考虑人机交互，允许运行管理人员从不同方面对软件的运算过程进行干预和调整，并提供良好的人机交互方式，如曲线拖拽、批量修改、数据联动、智能记忆等功能。

（5）整体性原则。本系统与现有的水调自动化系统进行集成，可进行数据互通，要求本系统数据访问、程序调用接口与水调自动化系统保持一致，无缝衔接，最终形成统一的标准和服务。

（6）开放性和扩展性原则。本软件采用规范的设计，预留良好的接口，使软件具有良好的纵向和横向兼容性，以方便本软件与集控中心其他系统间进行数据交换，同时适应未来其他梯级电站增加和功能模块扩充的需要。

（7）界面友好性原则。界面友好，操作简单，维护方便。

6.1.3　设计依据

除非另有规定，系统符合以下所列的所有适用的标准。

- NB/T 35003—2013《水电工程水情自动测报系统技术规范》
- GB 17621—1998《大中型水电站水库调度规范》
- GB/T 22482—2008《水文情报预报规范》
- GB 50201—2014《防洪标准》

- DL 516—2017《电力调度自动化运行管理规程》
- DL/T 1033.3—2006《电力行业词汇—第 3 部分：发电厂、水力发电》
- 国家发展和改革委员会 2014 第 14 号令《电力监控系统安全防护规定》
- SL 224—98《水库洪水调度考评规定》
- GB 8566—88《软件开发规范》
- GB 8567—88《计算机软件产品开发文件编制指南》
- GB 9386—88《计算机软件需求说明编制指南》
- GB 9385—88《计算机软件测试文件编制指南》
- GB/T 12505—90《计算机软件配置管理计划规范》
- GB/T 12504—90《计算机软件质量保证计划规范》
- GB/T 14394—93《计算机软件可靠性和可维护性管理》
- 《计算机软件工程规范国家标准汇编 2003 版》
- ISO 6592《计算机应用系统文件编制指南》
- ISO/IEC：12207《信息技术—软件生存周期过程》
- ISO/TC 176《软件配置管理》
- GB/T 11457—89《软件工程术语》

6.2 总 体 框 架

本次文档为项目的最终验收，系统兼容主流浏览器的最新版本，包含 IE 浏览器（Internet Explorer）、FireFox 火狐浏览器及 360 安全浏览器，响应性能主要以数据的获取和计算时间为主，界面和后台响应时间无延迟，系统详细性能见测试文档和试运行文档。

6.2.1 建设思路

在《金沙江下游——三峡梯级电站水资源管理决策支持模型研究及系统开发招标要求》的指导下，系统遵循"统一技术标准、统一运行环境、统一安全保障、统一数据中心"的原则，设计思路如图 6.1 所示。

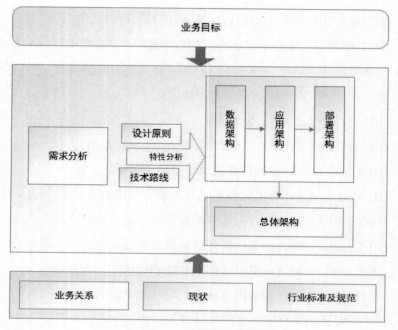

图6.1　系统设计思路

专业模块与用户控件的软件开发平台方面，考虑到需要与水调自动化系统进行数据通信及将来的应用及扩展要求，本系统采用多种编程语言和多种体系架构混合的模式进行软件开发，主要包括基于Java后台业务组织系统，基于VB或Java等语言的水利专业算法模型，基于JavaScript、html5、React等技术的Web应用模块等，并具有严格的软件开发制度与大量的成功工程经验以保证系统的安全性、稳定性与易维护性。决策支持系统已购得上述所有技术或平台的正版授权。

数据和模型接口封装成标准的Java标准接口，界面数据服务以Web Services的形式发布，采用JSON标准格式进行参数的传递。本系统提供主流计算机语言的Web Services接口解决方案。它可以在网络（通常为Web）中被描述、发布、查找以及调用。由于Web Services是基于网络和遵守一系列的技术规范，因此应用软件之间可以实现跨平台、跨编程语言的连接和互操作。从外部使用者角度而言，Web Services是一种部署在Web上的对象和组件。

二维GIS方面，决策支持系统将建立符合OGC标准的统一基础空间数据平台，提供基于免费软件平台GeoServer的GIS应用。空间数据平台涉及的相关数据，如流域边界，河流分段断面的选取等，已根据长江电力现有数据要求进行统一划分。

6.2.2　体系架构

1. 总体结构

决策支持系统涉及的建设范围广、技术复杂，在实施过程中，根据不同的建设内容，已选择合适的技术策略。决策支持系统采用的系统集成功能如图 6.2 所示。

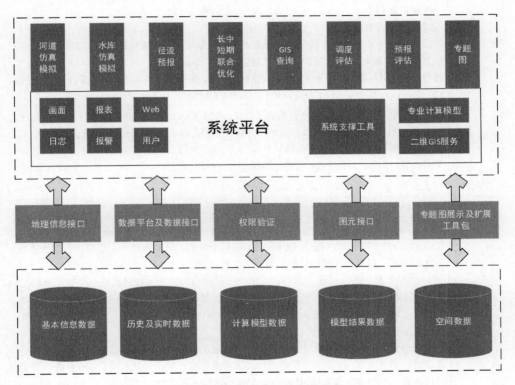

图 6.2　系统集成功能块框架示意图

该系统由数据库层、服务层、平台层、功能层四部分构成。数据库层包含基本信息数据库、历史及实时水雨情数据库、计算模型数据库、模型结果数据库、空间数据库；服务层包含空间数据管理、结构化数据管理、Web 服务管理、通用数据库访问接口；平台层是指组件、报表及 GIS 平台、通用工具；功能层包含河道仿真模拟、水库仿真模拟、径流预报、长中短期优化调度、GIS 查询、调度评估、预报评估、专题图等功能模块。

　　根据系统建设原则和设计思路，本系统选择先进成熟的技术、软件架构、开源产品，系统总体技术路线选型原则见表 6.1。

表 6.1　系统总体技术路线选型原则

分类	选型原则
架构选型	系统采用分层技术架构； 系统采用面向服务（SOA）的架构，提供 RESTful 风格的服务； 通信协议采用 HTTP（S），数据格式采用 JSON； 采用组件化设计思路，系统分为基础数据层、模型层、业务逻辑层、应用服务层和可视化展现层的逻辑分层，层间通信采用 HTTP（S）等协议； 将相应模块封装成与语言无关的服务，供程序调用。各子系统以服务的形式提供，能独立运行并交互，具有一定的可扩展性，如 C++提供 CGI 程序，Java 提供 Spring boot 等
技术选型	Web 界面展现技术：采用成熟界面展现技术，包括 JavaScript、Bootstrap、HTML5、React、Openlayers3 等。支持 IE 8 以上版本、火狐、360 或 Google Chrome 等主流浏览器； 服务端开发技术：选择 Java 路线，JDK/JRE 1.8，Jsp 2.0（Java EE 1.6 标准）； 编码规范：Java、JavaScript 代码、数据序列化等相关文件、数据统一采用 UTF-8 编码
中间件	Tomcat 8，0，Java1.8，　GeoServer 2.11.1
数据库	支持多种关系型数据库，包括 Oracle、DM、SQL Server 等
开发工具	Eclipse：里面集成 Tomcat 和 jdk 运行测试环境，版本：Mars.1 Release（4.5.1）； Maven：项目对象模型（Project Object Model，POM），可以通过一小段描述信息来管理项目的构建，报告和文档的软件项目管理工具，版本：3.5.0； SVN：SVN 是 Subversion 的简称，是一个开放源代码的版本控制系统，相较于 RCS、CVS，它采用了分支管理系统，它的设计目标就是取代 CVS。互联网上很多版本控制服务已从 CVS 迁移到 Subversion。说得简单一点 SVN 就是用于多个人共同开发同一个项目，共用资源的目的； SpringMVC：Spring 是一个开放源代码的设计层面框架，它解决的是业务逻辑层和其他各层的松耦合问题，因此它将面向接口的编程思想贯穿整个系统应用。Spring 是于 2003 年兴起的一个轻量级的 Java 开发框架，由 Rod Johnson 创建。简单来说，Spring 是一个分层的 JavaSE/EE full-stack（一站式）轻量级开源框架，版本：4.3.14； React：是 Facebook 开发的一款 JS 库，用于构建"可预期的"和"声明式的"Web 用户界面，它已经使 Facebook 更快地开发 Web 应用； Webpack：是一个现代 JavaScript 应用程序的静态模块打包器（module bundler），和传统的 gulp、bower 类似； Visual Studio Code：前台开发工具，版本：1.29.1
部署模式	数据库和应用服务器分开部署，各一台服务器

2. 数据中心层

本系统建立统一的企业级数据中心（数据仓库），实现应用的数据管理，包含基本信息数据，历史及实时数据，计算模型数据，流域空间数据的收集、转换、存储。同时，作为三峡数据管理平台和数据资源归集平台，为三峡调度应用、考核评估、决策分析、流域数字化平台展现以及公司未来数据深化应用奠定了基础。

（1）数据仓库包含两层含义：一层是数据的存储方式；另一层为数据的获取方式。从数据的存储方式来讲，需要集合关系性数据库、实时内存数据库、文件数据、集群数据库和云数据，数据中心的全要素建立需要考虑多方面的内容，本次建设主要针对应用数据和文件；从数据的获取方式来说，数据存储多种多样，但如果我们能把数据存取方式统一，则所有的硬件资源和软件资源才能统一，本次系统建设主要针对本次业务构建数据获取和推送服务。

（2）企业级数据中心定位为三峡调度应用、考核评估与决策分析、流域数字化平台，以及公司未来数据深化应用的主要数据源，同时，也是三峡应用数据的管理和存储中心。

（3）企业级数据中心内容包括基本信息数据、历史及实时数据、计算模型数据、流域空间数据，未来还将包括公司非结构化的文档信息。

（4）企业级数据中心模型应该首先建立在全公司、全流域、各业务统一的企业数据模型和数据标准上，并按照系统从设计、开发、调试、部署、运行、维护的全生命周期，以安全稳定、移植方便、存取高效为目标进行构建。

（5）数据中心以 Oracle 和 DM 两种关系型数据库进行构建，前期以 Oracle 为主，投运部署后以 DM 为主，同时支持两种数据库，通过平台配置可自由切换数据连接。

3. 支撑平台层

应用支撑平台是连接数据中心和应用系统的桥梁，是以应用服务器、中间件技术为核心的基础软件技术支撑平台，其作用是实现资源的有效共享和应用系统的互联互通，为应用系统的功能实现提供技术支持、多种服务及运行环境，是实现应用系统之间、应用系统与其他平台之间进行信息交换、传输、共享的核心。

4. 业务应用层

水资源管理决策支持业务应用层主要提供面向各业务的应用组件。按照业务功能的不同，可以将应用组件分为水库河道仿真模拟、水库群优化调度、预报调度运行评估三大类。水库河道仿真模拟为水库群优化调度提供支撑，能够更加真实、准确地反映水流关系，预报调度运行评估对水文预报、水库群优化调度进行评估，判别预报、调度模型适应性，能够更加科学、合理地优化模型结果，得出更加实用、准确的预报及调度方案。

5. 技术标准体系

该决策支持系统是一项专业化应用系统，涉及知识繁多，覆盖范围广阔，建设周期相对较长，需要多家建设单位相互协作共同完成。因此需制订相应的标准体系，是规范、统一本系统建设和运行管理的重要基础，也是系统信息和软、硬件资源共享、系统有效开发和顺利集成、系统安全运行和平稳更新完善的重要保证。

6. 信息安全机制

对于三峡公司来说，为了满足最根本的安全需求，需要建设主动、开放、有效的系统安全体系，实现网络安全状况可知、可控和可管理，形成集防护、检测、响应、恢复于一体的安全防护体系。

6.2.3　技术框架

1. 后端框架

后端框架结构如图 6.3 所示，涉及的主要技术：Java（JDK/JRE1.8），Spring4.3.14，Spring MVC4.3.14，Maven3.5.0，Tomcat 8，SVN，Oracle 11g。

（1）控制层。控制器接受用户的输入并调用模型和视图去完成用户的需求，所以当单击 Web 页面中的超链接和发送 HTML 表单时，控制器本身不输出任何东西和做任何处理。它只是接收请求并决定调用哪个模型构件去处理请求，然后再确定用哪个视图来显示返回的数据。

Controller 接收前端传入的参数，调用具体的 Service，返回 JSON 格式的数据。通过 SpringMVC 的注解@Controller、@RequestMapping、@ResponseBody 调用 CommonController 的方法，传入用户字符串、功能号字符串、JSON 字符串等参

数，调用映射的 Service 接口方法，返回 map 格式再转成 JSON 格式数据返回前台，完成请求。

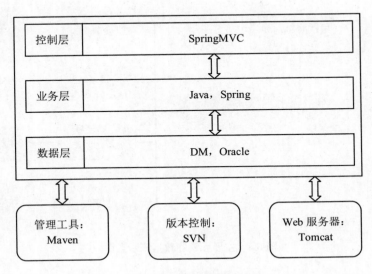

图 6.3　后端框架结构图

主要应用了 SpringMVC 框架技术：

SpringMVC 的 action 是单例，请求交给 dispatherServlet，查询 handlerMapping，找到对应的 handler。

handler 业务逻辑处理完返回一个 ModelAndView，交给视图解析器（ViewResolver）解析，渲染页面到客户端。

（2）业务层。业务层是专业业务组织和模型计算的最核心部件集合，其主要元素和数据流如图 6.4 所示（图 6.4 以数据单向流动作为示意），首先控制器 Controller 接收请求并决定调用哪个 Service 去处理业务，然后在 Service 层，通过用户和功能组成的标志从缓存集合类 DataCenter 取具体的 DataSet 方案数据集。业务操作主要是对 DataSet 的操作，可读取 DataSet 的拓扑对象组织形成拓扑结构树，通过对象找到计算模型、输入和输出数据定义，并通过拓扑对象与数据定义之间的关联关系查询数据，对 DataSet 里的初始化数据可以人工改动，调用提供的模型算法计算并存储结果到 DataSet 数据集。

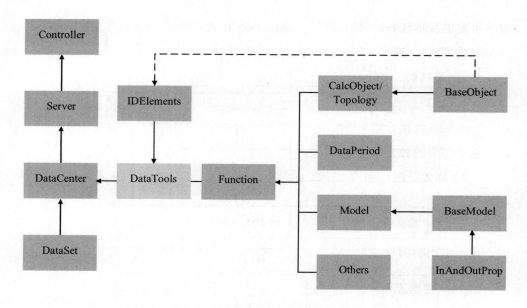

图 6.4　主要元素和数据流示意图

2. 搭建环境

（1）开发环境。后端通过 Eclipse 进行开发，里面集成 Tomcat 和编译。Eclipse 是一个开放源代码的、基于 Java 的可扩展开发平台。就其本身而言，它只是一个框架和一组服务，用于通过插件组件构建开发环境。Eclipse 附带了一个标准的插件集，包括 Java 开发工具（Java Development Kit，JDK）。

前端通过 webpack 构建的自动化前端项目，在基于 dev 环境的 webpack 配置进行代码的开发。在开发环境中，webpack 对文件进行编译、打包，并把文件放置 webpack 内置的 dev-server 里，并在浏览器打开当前项目。webpack 支持热更新，实时展示当前代码的最新状态，摒弃了传统的 Ctrl+s 这种低功效的打开浏览器模式，提高了开发效率。

（2）测试环境。在进行一个版本的开发后，对于前台和后台分别提取最新的项目文件，在测试数据库的环境下，进行联调、文案修改、bug 修复。并进行当前阶段的需求分析、功能确定等，确定后再发布当前版本。

（3）生产环境。在 Eclipse 中进行项目打包，打成 war 包放到服务器上的 Tomcat 的 webApps 文件夹下。在 webpack 的 production 环境进行前端打包，输出最终确定的版本代码，并发布在 Tomcat 的 webApps 文件夹下或 Nginx 服务器下（分布式考虑），通过后台连接真实数据库并接受用户访问。

3．部署规则

（1）独立原则。任何的部署都应该是独立的，即使有多个部署任务，也不能进行一半后就直接开始下一个，尤其是做整体构建或者自动化设计时，尤为应该保持单个部署的独立性。

（2）高效原则。任何部署都应该朝着高效部署的方向发展，应该要简化部署的过程，尽可能地使用自动化的手段。

（3）正确性原则。任何的部署都意味着有新的改动，而新的改动应该是正确的，也不能影响旧功能（相应的测试工作应该及时跟上）。

6.2.4　数据流程

本系统原始数据从水情数据库进行实时接入，支持 Oracle 和 DM 两种方式，数据采用定时读取和手动补传两种方式，整个数据的流向如图 6.5 所示。

数据库：数据库提供 Oracle 和 DM 两种数据库，目前梯调中心水调数据库在进行升级改造，由 Oracle 改造成国产数据库 DM，因此在过渡阶段需要支持两种数据库，后期做到无缝切换。

静态配置缓存：TemplateCache 为数据模板定义缓存，本系统为各类型数据的存储定义了各种各样的模板，在容器服务启动时各模板也会伴随着进行启动，以便业务程序调用；ObjectCache 为实例对象缓存，在模板定义的基础之上，需要为各类型数据创建实例，实例是模板对象的具体表现形式，其对应于实际业务的数据。

后台缓存：DataBase 为某一业务方案的数据集合，多个业务方案 DataBase 一起放置于 DataCenter 中。

前台缓存：前台缓存作为一个全局变量，放置在名称为 database 的 Map 中，前台缓存通过 redux 与各组件缓存进行数据绑定和交互。

组件缓存：组件是各界面展示元素的最小单元，每一个组件都有两类数据，一类放置在 props 中，一类放置在 state 中，props 渲染后不能再进行更改，state 数据是组件渲染效果的状态存储缓存，存储一些变化数据。

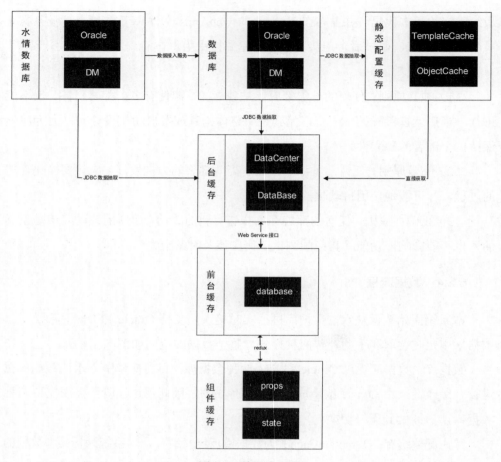

图 6.5　数据流程图

以上各类缓存，某些是单向数据流，某些是双向数据流，具体以图形箭头为准。

6.2.5　接口服务

1．接口设计

接口服务为界面到后台的数据传输接口，采用 SpringMVC 框架，在权限服务调用层，spring-mvc.xml 文件中进行配置，配置如下：

```
<mvc:interceptors>
    <bean class="org.springframework.web.servlet.i18n.LocaleChangeInterceptor"/>
    <mvc:interceptor>
```

```
          <!-- 匹配的是 url 路径，如果不配置或/**，将拦截所有的 Controller -->
          <mvc:mapping path="/wrm/**" />
          <mvc:exclude-mapping path="/wrm/login" />
          <mvc:exclude-mapping path="/wrm/logout" />
          <bean class="com.wrm.service.interceptor.AuthInterceptor"></bean>
      </mvc:interceptor>
      <!-- 当设置多个拦截器时，先按顺序调用 preHandle 方法，然后逆序调用每个拦截
   器的 postHandle 和 afterCompletion 方法 -->
      </mvc:interceptors>
```

在具体的业务组织，还需调用权限验证模块，进行权限的验证。

在 SpringMVC 标准的框架里，涉及的调用有 Controller 层和 Service 层，Controller 负责业务的转发，Service 层负责业务的组织，开发人员的每一次业务编写，都需在 Controller 层和 Service 层中添加代码。本系统把 Controller 进行了简化，采用@PathVariable 来进行业务的转发，Controller 层只有一个函数来处理转发，Service 层采用反向注册的方式把其注册到转发池中，当接收到@PathVariable 路由参数时，用该参数作为 key 到转发池中查找对应的业务方法，然后利用反射调用业务方法进行业务的处理。为了标准化输入输出，本系统把输入放在参数 JSONObject object 中，JSONObject 为阿里的 json 解析工具，输出放在参数 Map<String,Object> result 中，业务人员只需要从以上两个集合中去取参数和放入数据即可进行前后台的串接。

2. 应用系统

（1）厂内经济运行。

tla_newSchDatas：点击新方案弹出框。

tla_saveDatas：点击新方案确认初始化数据。

tla_schemeList：方案列表。

tla_querySchCon：查看方案详细内容。

tla_delScheme：删除方案。

tla_modelParam：模型参数。

tla_operatList：水库列表，数据点号列表。

tla_clickStList：点击站点列表。

tla_clickDataList：点击数据列表。

tla_tab0：总负荷。

tla_tab1：机组设置。

tla_tab2：全厂结果。

tla_tab3：机组结果。

tla_saveTab0：总负荷-表格数据修改保存。

tla_calc：计算。

（2）中期预报评估。

forEva2_initDatas：点击新方案弹出框。

forEva2_saveDatas：点击新方案确认初始化数据。

forEva2_clickStList：点击站点列表。

forEva2_schemeList：方案列表。

forEva2_querySchCon：查看方案详细内容。

forEva2_delScheme：删除方案。

forEva2_operatList：水库列表，数据点号列表。

inflowInput：入库流量。

saveInflow：入库流量-保存。

forflowInput：预报流量及误差。

calc：计算。

calcResult：计算结果。

correctResult：预报修正结果。

forEva2_queryCon：根据当前预报评估方案返回默认时间段。

forEva2_getforSch：根据时间段、树对象号查询预报方案列表。

forEva2_getforDatas：根据时间段、树对象号查询预报方案数值。

forEva2_correct：校正计算。

saveCalcRes：计算结果-保存。

（3）短期预报评估。

forEva2_initDatas：点击新方案弹出框。

forEva2_saveDatas：点击新方案确认初始化数据。

forEva2_clickStList：点击站点列表。

forEva2_schemeList：方案列表。

forEva2_querySchCon：查看方案详细内容。

forEva2_delScheme：删除方案。

forEva2_operatList：水库列表，数据点号列表。

inflowInput：入库流量。

saveInflow：入库流量-保存。

forflowInput：预报流量及误差。

calc：计算。

calcResult：计算结果。

correctResult：预报修正结果。

forEva2_queryCon：根据当前预报评估方案返回默认时间段。

forEva2_getforSch：根据时间段、树对象号查询预报方案列表。

forEva2_getforDatas：根据时间段、树对象号查询预报方案数值。

forEva2_correct：校正计算。

saveCalcRes：计算结果-保存。

（4）集合预报。

fore_newSchDatas：点击新方案弹出框。

fore_timeLinkage：开始时间、结束时间和时段数。

orgSelSections：供选择的断面列表。

fore_saveDatas：点击新方案确认初始化数据。

fore_schemeList：方案列表。

fore_clickStList：点击站点列表。

fore_operatList：根据水库列表组织页面内容。

fore_tab0：历史数据。

fore_tab1：计算结果。

fore_calc：计算。

fore_publish：方案发布。

（5）河道仿真。

river_initDatas：点击新方案弹出框。

river_timeLinkage：开始时间、结束时间和时段数。

river_saveDatas：点击新方案确认初始化数据。

river_schemeList：方案列表。

river_detail：点击详细数据弹出框。

river_deleteScheme：删除方案。

river_changeScheme：切换方案。

river_calc：计算。

（6）长期优化调度。

dsp_newSchemeDatas：点击新方案弹出框。

detailSchemeDatas：点击详细数据弹出框。

deleteScheme：删除方案。

initSchemeDatas：点击新方案确认初始化数据。

loadSchemeList：方案列表。

loadTopoList：站点、数据列表，页面内容。

dsp_publish：方案发布。

dsp_getforSchDatas：预报流量提取。

dsp_saveparentSchDatas：从长期/中期方案提取的数据保存到 DataSet。

dsp_getparentSchDatas：从长期优化方案提取末水位、平均出流、平均出力从中期优化方案提取目标初水位、水位、出库、出力。

queryShowTabItem：查询需要显示的 tab 页。

changeTopoList：切换断面列表。

changeShowDataList：切换显示数据列表。

loadViewData：站点、数据列表，页面内容。

modifyTableData：修改表格数据。

showSingleTab：单值结果表格加载。

saveSingleTab：单值结果表格保存。

showSingleChart：单值结果表格加载。

showProcessTab：统计结果。

saveProcessTab：统计结果修改保存。

show2DProcessTab：加载二维表格数据。

save2DProcessTab：计算结果修改保存。

show2DProcessChart1：多坐标系折现/柱状图（二维表数据，根据数据类型展示在不同坐标系）。

showProcessChart1：多坐标系折现/柱状图（double[]数据，根据数据类型展示在不同坐标系）。

showForeFlowChart1：预报流量输入（基础折线图）。

show2DProcessChart2：时间轴图形（二维表数据，水面线）。

（7）中期优化调度。

dsp_newSchemeDatas：点击新方案弹出框。

detailSchemeDatas：点击详细数据弹出框。

deleteScheme：删除方案。

initSchemeDatas：点击新方案确认初始化数据。

loadSchemeList：方案列表。

loadTopoList：站点、数据列表，页面内容。

dsp_publish：方案发布。

dsp_getforSchDatas：预报流量提取。

dsp_saveparentSchDatas：从长期/中期方案提取的数据保存到 DataSet。

dsp_getparentSchDatas：从长期优化方案提取末水位、平均出流、平均出力从中期优化方案提取目标初水位、水位、出库、出力。

queryShowTabItem：查询需要显示的 tab 页。

changeTopoList：切换断面列表。

changeShowDataList：切换显示数据列表。

loadViewData：站点、数据列表，页面内容。

modifyTableData：修改表格数据。

showSingleTab：单值结果表格加载。

saveSingleTab：单值结果表格保存。

showSingleChart：单值结果表格加载。

showProcessTab：统计结果。

saveProcessTab：统计结果修改保存。

show2DProcessTab：加载二维表格数据。

save2DProcessTab：计算结果修改保存。

show2DProcessChart1：多坐标系折现/柱状图（二维表数据，根据数据类型展示在不同坐标系）。

showProcessChart1：多坐标系折现/柱状图（double[]数据，根据数据类型展示在不同坐标系）。

showForeFlowChart1：预报流量输入（基础折线图）。

show2DProcessChart2：时间轴图形（二维表数据，水面线）。

（8）短期优化调度。

dsp_newSchemeDatas：点击新方案弹出框。

detailSchemeDatas：点击详细数据弹出框。

deleteScheme：删除方案。

initSchemeDatas：点击新方案确认初始化数据。

loadSchemeList：方案列表。

loadTopoList：站点、数据列表，页面内容。

dsp_publish：方案发布。

dsp_getforSchDatas：预报流量提取。

dsp_saveparentSchDatas：从长期/中期方案提取的数据保存到 DataSet。

dsp_getparentSchDatas：从长期优化方案提取末水位、平均出流、平均出力从中期优化方案提取目标初水位、水位、出库、出力。

queryShowTabItem：查询需要显示的 tab 页。

changeTopoList：切换断面列表。

changeShowDataList：切换显示数据列表。

loadViewData：站点、数据列表，页面内容。

modifyTableData：修改表格数据。

showSingleTab：单值结果表格加载。

saveSingleTab：单值结果表格保存。

showSingleChart：单值结果表格加载。

showProcessTab：统计结果。

saveProcessTab：统计结果修改保存。

show2DProcessTab：加载二维表格数据。

save2DProcessTab：计算结果修改保存。

show2DProcessChart1：多坐标系折现/柱状图（二维表数据，根据数据类型展示在不同坐标系）。

showProcessChart1：多坐标系折现/柱状图（double[]数据，根据数据类型展示在不同坐标系）。

showForeFlowChart1：预报流量输入（基础折线图）。

show2DProcessChart2：时间轴图形（二维表数据，水面线）。

（9）长期调度评估。

dsp_newSchemeDatas：点击新方案弹出框。

detailSchemeDatas：点击详细数据弹出框。

deleteScheme：删除方案。

initSchemeDatas：点击新方案确认初始化数据。

loadSchemeList：方案列表。

loadTopoList：站点、数据列表，页面内容。

dsp_publish：方案发布。

dsp_getforSchDatas：预报流量提取。

dsp_saveparentSchDatas：从长期/中期方案提取的数据保存到 DataSet。

dsp_getparentSchDatas：从长期优化方案提取末水位、平均出流、平均出力从中期优化方案提取目标初水位、水位、出库、出力。

queryShowTabItem：查询需要显示的 tab 页。

changeTopoList：切换断面列表。

changeShowDataList：切换显示数据列表。

loadViewData：站点、数据列表，页面内容。

modifyTableData：修改表格数据。

showSingleTab：单值结果表格加载。

saveSingleTab：单值结果表格保存。

showSingleChart：单值结果表格加载。

showProcessTab：统计结果。

saveProcessTab：统计结果修改保存。

show2DProcessTab：加载二维表格数据。

save2DProcessTab：计算结果修改保存。

show2DProcessChart1：多坐标系折现/柱状图（二维表数据，根据数据类型展示在不同坐标系）。

showProcessChart1：多坐标系折现/柱状图（double[]数据，根据数据类型展示在不同坐标系）。

showForeFlowChart1：预报流量输入（基础折线图）。

show2DProcessChart2：时间轴图形（二维表数据，水面线）。

（10）方案管理。

deleteScheme：删除方案。

sch_storeDataSet：保存数据集数据入库。

sch_openSch：从数据库读取数据集数据并打开到 dataSet（打开方案）。

sch_loadMakeUsers：方案管理-加载方案制作人员。

sch_querySchemes：方案管理-查询。

sch_refreshSch：方案管理-页面内容。

3. 配置管理

（1）配置管理单位管理。

query_dataUnit：查询单位列表。

save_dataUnit：保存单位。

（2）功能配置。

getFuncTree：获取功能树。

getFuncData：获取功能配置数据。

changeFunc：保存功能修改数据。

（3）模型配置。

getModelTree：获取模型树。

getModelData：获取模型配置数据。

changeModel：保存模型修改数据。

（4）对象配置。

getTree：获取对象树。

getData：获取对象配置数据。

change：保存对象修改数据。

（5）部门管理。

query_company：查询部门。

add_company：新增部门。

update_company：修改部门。

delete_company：删除部门。

（6）用户管理。

query_user：查询用户。

add_user：新增用户。

update_user：修改用户。

delete_user：删除用户。

query_userIdAndAccount：查询用户编码和名称。

（7）用户组管理。

query_group：查询用户组。

query_userGroup：查询用户组及用户。

query_groupRole：查询用户组角色。

add_group：新增用户组。

add_userGroup：新增用户组用户。

add_groupRole：新增用户组角色。

update_group：修改用户组。

delete_group：删除用户组。

（8）角色管理。

query_role：查询角色。

query_roleResource：查询角色资源。

add_role：新增角色。

add_roleResource：新增角色资源。

update_role：修改角色。

delete_role：删除角色。

query_roleIdAndName：查询角色编码和名称。

（9）资源管理。

query_resources：查询资源列表。

query_resource：查询资源。

add_resource：新增资源。

update_resource：修改资源。

delete_resource：删除资源。

4．系统工具

（1）曲线查询。

curve_getDatas：加载曲线页面内容。

queryCurveDatas：查询曲线数据。

（2）历史数据查询。

his_queryCon：根据选择的时段类型查询默认时间段。

his_getDatas：根据时间段、对象号、时段类型返回数据。

（3）沿程水面线。

fz_createForeZ1：创建水位预测 DataSet（调度）。

fz_initDatas：点击新方案弹出框（工具）。

fz_timeLinkage：开始时间、结束时间和时段数。

fz_saveDatas：点击新方案确认初始化数据（工具）。

fz_detail：方案详情（工具）。

fz_calc：计算（工具）。

（4）机组检修。

thd_orgHyStList：供选择的电厂列表。

thd_genP：机组检修出力。

thd_setGenOvH：设置检修。

5. 专题展示

（1）洪水过程演进。

river_single：单方案数据。

schc_showTabs：查询需要显示的 tab 页。

schc_loadView：多方案对比页面内容。

timeAxisChart：时间轴图形。

barChart：基础柱状图（最大数据）。

multiChart：多坐标系图（根据显示项）。

（2）调度计划。

dspthm_single：单方案数据。

funcList：功能列表。

viewContent：单方案和历史同期页面内容。

stepContent：梯级统计出力，装机利用率，耗水率图形和表格。

endZChart：方案和历史同期末水位图形。

statisticsEnergy：方案和历史同期电量图形。

rsvrContent：单站入库流量、弃水流量、水位、出力过程表格、图形，期末水位组织。

compare_viewContent：多方案对比页面内容。

compare_stepContent：多方案对比梯级统计出力，装机利用率，耗水率图形和表格。

compare_endZChart：多方案对比末水位图形。

compare_statisticsEnergy：多方案对比电量图形。

compare_rsvrContent：多方案对比单站入库流量、弃水流量、水位、出力过程表格、图形，期末水位组织。

（3）年计划方案。

dspthm_single2：单方案数据。

dspthm_compare2：多方案对比数据。

viewContent2：单方案和历史同期页面内容。

stepContent2：梯级统计出力，出力频率，装机利用率，耗水率图形和表格。

statisticsEnergy2：方案和历史同期电量图形。

disWChart：方案和历史同期弃水图形。

rsvrContent2：单站入库流量、弃水流量、水位、出力过程表格、图形。

compare_viewContent2：多方案对比页面内容。

compare_stepContent2：多方案对比梯级统计出力，装机利用率，耗水率图形和表格。

compare_statisticsEnergy2：多方案对比电量图形。

compare_disWChart2：多方案对比弃水图形。

compare_rsvrContent2：多方案对比单站入库流量、弃水流量、水位、出力、出力频率过程表格、图形。

（4）年计划滚动方案。

dspthm2_rollPlan：年计划滚动计算。

viewContent：页面内容。

singleProcess：单站过程值图形和表格。

stepProcess：梯级过程值图形和表格。

energyStatistics：各水库及梯级电量统计图形。

completeRate：各水库及梯级年计划完成率图形。

energyDeviation：各水库及梯级总电量偏差（方案减去年计划）。

waterDeviation：各水库及梯级总来水量偏差（方案减去年计划）。

（5）月修正滚动计划。

dspthm2_rollPlan：月修正滚动计算。

viewContent：页面内容。

singleProcess：单站过程值图形和表格。

stepProcess：梯级过程值图形和表格。

energyStatistics：各水库及梯级电量统计图形。

completeRate：各水库及梯级年计划完成率图形。

energyDeviation：各水库及梯级总电量偏差（方案减去年计划）。

waterDeviation：各水库及梯级总来水量偏差（方案减去年计划）。

（6）消落期方案。

dspthm3_xxDspPlan：消落期调度计划。

viewContent：多方案对比、历史同期对比页面内容。

singleProcess：多方案对比、历史同期对比单站过程值。

singleStatistics1：多方案对比、历史同期对比单站统计表格（来水量）。

singleStatistics2：多方案对比、历史同期对比单站统计表格（水位）。

singleStatistics3：多方案对比、历史同期对比单站统计表格（电量）。

stepEnergyStc：多方案对比、历史同期对比梯级电量统计图形和表格。

stepInWaterStc：多方案对比、历史同期对比梯级来水量统计图形和表格（溪洛渡，三峡）。

stepOutWaterStc：多方案对比、历史同期对比梯级消落水量统计图形和表格。

（7）蓄水期方案。

dspthm3_xxDspPlan：蓄水期调度计划。

viewContent：多方案对比、历史同期对比页面内容。

singleProcess：多方案对比、历史同期对比单站过程值。

singleStatistics1：多方案对比、历史同期对比单站统计表格（来水量）。

singleStatistics2：多方案对比、历史同期对比单站统计表格（水位）。

singleStatistics3：多方案对比、历史同期对比单站统计表格（电量）。

stepEnergyStc：多方案对比、历史同期对比梯级电量统计图形和表格。

stepInWaterStc：多方案对比、历史同期对比梯级来水量统计图形和表格（溪洛渡，三峡）。

stepOutWaterStc：多方案对比、历史同期对比梯级蓄水水量统计图形和表格。

6.2.6　界面设计

本系统采用 B/S 开发模式，主要为业务人员提供方案配置和业务制作、分析、管理、对比功能。

如图 6.6 所示，上部分为主菜单栏，左边为二级、三级菜单栏，中间为内容面板，其中，内容面板框架如图 6.7 所示。

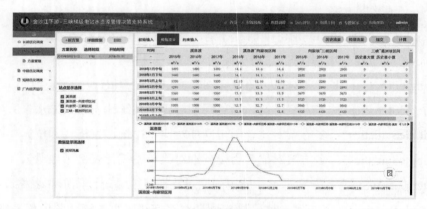

图 6.6　应用系统界面框架

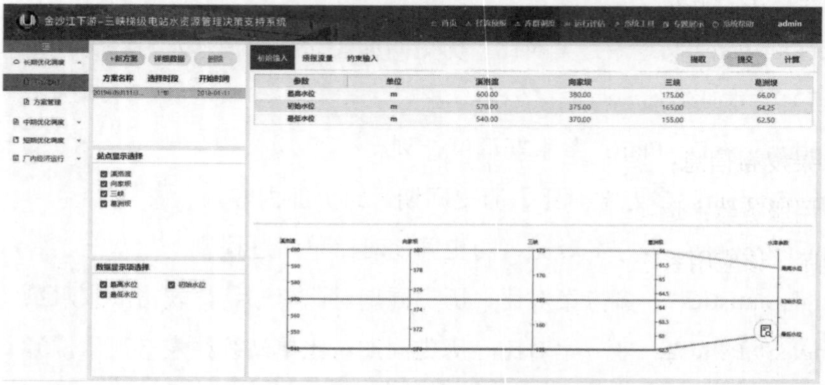

图 6.7　内容面板布局

内容面板中，左边分为方案列表、断面列表、显示项目列表，中间上部为页面切换和控制栏，如果有需要，左边为流域拓扑对象选择栏，中间为内容展示区域。此种布局能最大限度地利用展示空间，丰富展示内容。

6.2.7 硬件要求

决策支持系统以 B/S 进行系统搭建，计算放于后台服务器进行，为了高效地进行计算，需把数据库和 GIS 服务分别放置于单独的服务器中，因此，部署需提供一台数据库服务器，一台应用服务器，一台 GIS 服务器，如图 6.8 所示。对于后期升级，可让 GIS 服务器作为备用计算服务器。

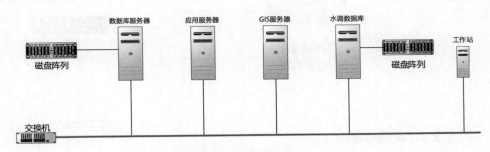

图 6.8 硬件网络拓扑图

数据库服务器：安装 DM 数据库或 Oracle 数据库，进行该应用系统所需要的历史、实时数据、基本对象数据、计算模型数据、模型结果数据及空间数据的存储。历史、实时数据从水调数据库中 RTSQ、HOURDB、WDS_ST_RSVR_R 表进行实时通信接入，5 分钟更新一次数据；基本对象数据在该系统的配置模块中进行配置；计算模型数据包含模型参数等相关信息；模型结果数据包含方案完整信息和结果发布信息；空间数据为 GIS 地图及相关配置信息。

应用服务器：运行数据通信程序，运行 Tomcat 后台服务程序，运行 Nginx 代理服务程序。该应用系统前端和后端都可放在 Tomcat 下，如做分布式发布，前端放在 Nginx 代理服务器下，由 Nginx 服务器去调用后端 Tomcat 的 JavaWeb 服务。

GIS 服务器：利用 GeoServer 运行 GIS 地图服务，能展示长江电力提供的地图资源，并对调度和评估结果进行展示。

如图 6.9 所示，应用数据库的数据从水调数据库进行接入，当采用分布式计算时，应用服务器和 GIS 服务器调用应用数据库中的数据进行程序计算和组织，工作站 Web 浏览器通过链接访问 Nginx 代理服务器，Nginx 代理服务器中的前端程序通过 Nginx 进行负载均衡，调用应用服务器和 GIS 服务器中后端 Java 程序进行处理并返回数据。

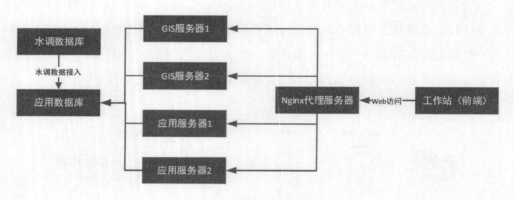

图 6.9 各服务器数据流

6.2.8 数据库建设

因为本系统为非实时系统，数据量相对较少，整个数据库设计采用通用库表结构，使表尽量少，以便将来扩展。前部为系统标志 WRM（Water Resources Management），中间为数据类型（TB：基础数据类型；TD：时间历史数据类型；SP：系统平台数据类型；RD：结果数据类型；GC：图元数据类型；GA：图元权限类型），结尾为数据库表说明，目前字段类型以 Oracle 数据库为准，针对达梦数据库，仅某些字段表述名称不一致而已。

本数据库设计尽量遵循以下原则：

- 字段允许适当冗余，以提高查询性能，但必须考虑数据一致。冗余字段应遵循：
  - ➢ 不是频繁修改的字段；
  - ➢ 不是 varchar 超长字段，更不能是 text 字段；

- 单表行数超过 500 万行或者单表容量超过 2GB，才进行分库分表，本系统数据小时表后期可做分表；
- id 必须是主键，每个表必须有主键，且保持增长趋势的；
- 字段尽量设置为 NOT NULL，为字段提供默认值；
- 每个字段和表必须提供清晰的注释；
- 时间统一格式：'YYYY-MM-DD HH：MM：SS'。

系统数据见表 6.2。

表 6.2　系统数据表

应用	表名称
WCP_GA_GROUP	图元用户组
WCP_GA_GROUPROLE	用户组对应的角色表
WCP_GA_RESOURCE	资源定义表
WCP_GA_ROLE	角色定义表
WCP_GA_ROLERESOURCE	角色与资源的对应表
WCP_GA_USER	用户表
WCP_GA_USERTRACK	用户登录记录痕迹
WCP_GC_DATA	图元数据表
WCP_GC_IDX	图元索引表
WCP_GC_PAGE	页面发布表
WCP_RD_ERROR	预报误差存储表
WCP_RD_GENSTATE	机组状态表
WCP_RD_PUBDATA	发布结果数据表
WCP_RD_PUBIDX	发布结果索引表
WCP_RD_PUBLISH	简单发布获取表
WCP_RD_SCHDATA	方案数据存储表
WCP_RD_SCHIDX	方案索引表
WCP_SP_COMPANY	平台公司和部门的组织表
WCP_SP_GROUP	平台用户组表
WCP_SP_GROUPROLE	平台用户组与角色的对应关系表

续表

应用	表名称
WCP_SP_RESOURCE	平台资源表
WCP_SP_ROLE	平台角色表
WCP_SP_ROLERESOURCE	平台角色对应的可操作资源表
WCP_SP_USER	平台用户表
WCP_SP_USERGROUP	平台用户与用户组的对应关系表
WCP_SP_USERINDUSTRY	平台用户行业对应表
WCP_SP_USERTRACK	平台用户登录信息存储表
WCP_TB_APPLY	应用配置服务存储表
WCP_TB_APPLYFORM	应用配置服务数据表
WCP_TB_CURVED	曲线数据存储表
WCP_TB_DATACUSTOM	自定义字典表
WCP_TB_DATAUNIT	数据单位表
WCP_TB_DAY10DB	历史数据旬表
WCP_TB_DAYDB	历史数据日表
WCP_TB_FIELDMAP	字段映射表，把类简化
WCP_TB_HOURDB	历史数据小时表
WCP_TB_IDCONTRAST	点号对应的约束表
WCP_TB_IDCURVE	曲线点号定义表
WCP_TB_IDELEMENT	数据点号定义表
WCP_TB_INDUSTRY	行业定义表
WCP_TB_INDUSTRYCOMPANY	行业与公司定义表
WCP_TB_INTERFACE	接口服务定义表
WCP_TB_INTERFACEFORM	接口服务数据定义表
WCP_TB_MONTHDB	历史数据月表
WCP_TB_OBJCACHE	模板缓存定义
WCP_TB_OBJDATA	对象实例数据定义表
WCP_TB_OBJIDX	对象实例索引表
WCP_TB_PRESET	预设约束存储

应用	表名称
WCP_TB_PROJECT	项目编码表
WCP_TB_PROJECT_USER	项目用户对应表
WCP_TB_REAL	实时数据表
WCP_TB_TEMPDATA	建模的模板对象
WCP_TB_TEMPIDX	模型对象索引
WCP_TB_TIMING	定时程序定义表
WCP_TB_TOPONODE	拓扑节点定义表
WCP_TB_YEARDB	历史数据年表
WDS_ST_RSVR_R	水库数据历史表

6.3　系统平台

6.3.1　平台介绍

EfficientBI（高效的商业智能平台）是一款立足于水利信息化，进行设计开发的专业、快速开发工具。该平台能够根据用户需求、功能设计和界面要求进行系统建设。作为专业的平台工具，它能快速、高效地创建页面和后台，同时支持多人协作设计和版本控制管理。

相较于传统的 BI 技术，EfficientBI 不只局限于针对报表信息而展开的分析、挖掘、解决方案生成，而是一套从业务需求梳理→后台数据整合→前端信息展示的全过程分析组织方式，EfficientBI 通过强大的智能操作平台和可视化界面完成从数据整合、分析到辅助决策生成各阶段的构架组织，并按照客户需求搭建完整的解决方案。EfficientBI 的一大优势在于编辑可视化、成果可视化。编辑可视化是指用户在利用平台进行系统建设的过程中，可以在平台的可视化界面上直观地看到自身页面的搭建过程，方便用户对界面进行直观编辑，不论后台输入、前端展示，用户都能全程对所作操作进行监控。成果可视化是指用户所编辑成果能够通过发布的形式直接进行成果显示，达到所想即所见，方便用户对设计界面进行修改处理。通过编辑可视化和成果可视化这两大优势，EfficientBI 能够保证用户设计思路与设计结果保持一致。

EfficientBI 的自助式主题设计提供了用户进行自主设计展示方式的可能性，用户能够根据功能需求、情景模式进行自主设计，可视化拖拽式数据流处理满足用户的便捷设计方式。当用户需要对已做好的页面进行修改编辑时，传统开发模式往往表现乏力，而可视化编辑平台能够发挥操作平台的优势，支持用户自主定义，当需要编辑修改页面时，平台能够快速响应，用户能够按照自身意愿进行快速编辑。

EfficientBI 将网站的搭建分为系统建模、图形编辑、报表编辑、系统管理 4 个部分，从而完成网站开发中前后台的分离式编辑、统一式管理，同时提供了报表功能的编辑，并能够依据不同行业、不同项目进行业务逻辑梳理，本平台以其便捷、快速、高效、人性化操作模式打破了传统系统开发效率低、业务结构复杂、用户体验差的缺陷。

6.3.2　对象配置

模板管理—对象配置：该模块下对象配置用于水电站、流域、区间、闸门、发电机组、河流、气象、区间、蒸发站、水库、区域、雨量站、水文站、子流域等常规对象配置。以水电站对象为例，对象配置对其点号、名称、上级水库点号、描述、左右岸标识、下游点号进行了基本属性定义，包括属性名称、属性类型、属性单位，供后台及实例配置功能模块使用，如图 6.10 所示。

实例配置—对象配置：该模块下模型配置用于定义金沙江下游——三峡梯级电站水资源管理决策系统所需实现功能。对象配置模块下将本系统的对象分为水库、水文站、水电站三个部分，分别对本系统所需的基础内容进行常规设置，以三峡水库对象为例，该模块定义了该对象的点号、名称、所在电站点号、开机顺序、厂家、最大水头、最小水头、额定水头、额定出力、发动机额定功率、最大功率、机组过流曲线、设计预想出力、实际预想出力等信息，如图 6.11 所示。构建出系统对象所需的基本信息，供后台直接调用，达到统一设置，统一管控，减少冗杂的重复定义及错误设置。

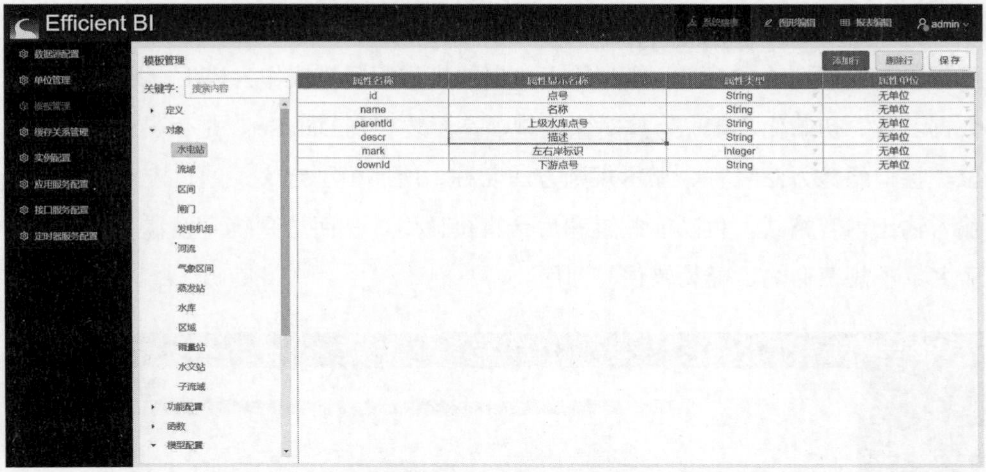

图 6.10　水电站对象功能模板管理—对象配置平台界面

图 6.11　三峡机组对象功能实例配置—对象配置平台界面

6.3.3　模型配置

模板管理—模型配置：该模块下的模型配置用于模型定义、功能模型输入输出、调度模型参数集合、调度模型各水库系数、模型调度目标共 5 种功能基础配置。通过功能设置可对这 5 种功能下的属性名称、属性显示名称、属性类型、属性单位的基础属性定义，供金沙江下游——三峡梯级电站水资源管理决策系统进行整体设计。以模型输入输出的模型配置为例，模板管理下的模型输入输出的模型配置界面如图 6.12 所示，模型输入输出的模型配置模块作为模板，规定数据 id、数据名称、初始化步骤、所属对象类型、是否装载到 DataSet、是否显示、显示单位、接口函数方法名称、显示规则方法名称、所属模型定义，通过宏观定义相关输入输出内容格式，供功能配置和后台直接调用，从而达到统一设置，避免重复命名、不规范命名、类型错误等问题。

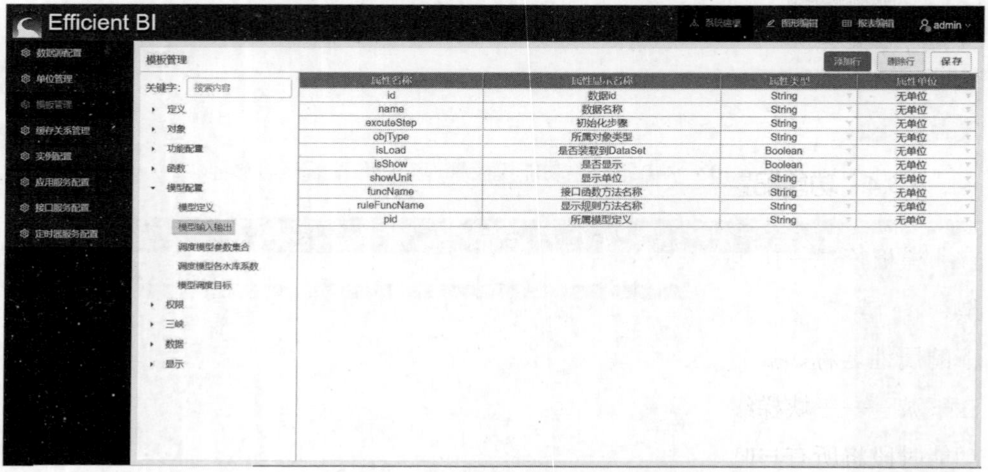

图 6.12　模型输入输出功能模板管理—模型配置平台界面

实例配置—模型配置：该模块下模型配置用于定义金沙江下游——三峡梯级电站水资源管理决策系统所需实现功能。功能配置模块下将本系统的业务功能分为发电调度模型、厂内经济运行、模型参数、中长期调度评估模型、中期预报评估、短期预报评估、河道模型、水位预测、调度水位预测。通过各个业务的模型配置完成相关基本信息的分离式设计、统一式管理。该模块将各个模型的输入输出进行总体配置。以中长期调度评估模型为例，该功能规定了中长期调度评估模型的所有输入输出项的基本定义，包括该模型所用到的水位、目标水位、最低水位、库容、入库流量、区间流量等 20 种输入输出基本信息进行定义，规定数据唯一的数据 id 及数据对应类型是否进行缓存，同时给出接口函数方法对应的后台代码的指向性位置设置，如图 6.13 所示。

图 6.13　中长期预报评估模型功能实例配置—模型配置平台界面

6.3.4　功能配置

模板管理—功能配置：该模块下功能配置用于功能定义、功能时段、功能模型、功能拓扑、节点拓扑共 5 种功能基础配置。通过功能设置可对这 5 种功能下的属性名称、属性显示名称、属性类型、属性单位的基础属性定义，对金沙江下游——三峡梯级电站水资源管理决策系统进行整体设计。以功能时段为例，功能时段将所有与时段有关的属性进行统一定义，规定时段点号、时段名称、时段类型、时段类型数、默认时段数、默认调度时期、起始时间、结束时间、所属功能点号的基本属性类型和属性名称，供后台直接调用，从而达到统一设置，避免重复命名、不规范命名、类型错误等问题，如图 6.14 所示。

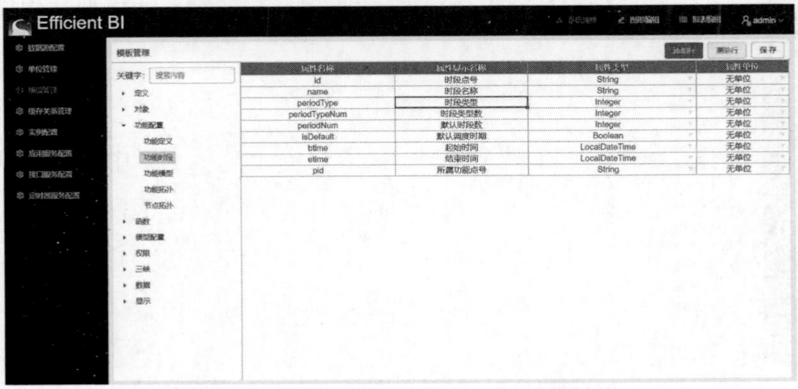

图 6.14　时段配置功能模板管理—功能配置平台界面

实例配置—功能配置：该模块下功能配置用于定义金沙江下游——三峡梯级电站水资源管理决策系统所需实现功能。功能配置模块下将本系统的业务功能分为来水预报、长期发电调度、中期发电调度、短期发电调度、厂内经济运行、长期调度评估、中期预报评估、短期预报评估、河道模型、水位预测、调度水位预测。通过各个业务的功能配置完成相关基本信息的分离式设计、统一式管理。长期发电调度功能配置下分别对功能时段、功能模型、功能拓扑、节点拓扑、显示 Tab 页、界面显示进行了配置，如图 6.15 所示。依据长期发电调度的规则，功能时段配置为月和旬两个时段；依据长期发电调度的功能水库，功能模型分为溪洛渡、向家坝、三峡、葛洲坝，同时为各对象定义对象点号，方便后台直接获取对象点号即可直接获取该水库；功能拓扑、节点拓扑分别针对溪洛渡、向家坝、三峡、葛洲坝及其区间进行相关基本信息设置，同时设置相关拓扑关系，供后台区分水库间拓扑结构；依据最终系统长期发电调度页面所具有的 Tab 页，在功能配置中的显示 Tab 页结构进行页面标志、Tab 项标志、Tab 项名称等基本设置；功能配置中的界面显示配置项，提供了相对于 Tab 页对应的页面内容设置，包括页面标志、Tab 标志、数据存储位置、存储数据方法等，通过"显示 Tab 页结构"和"界面显示"构建出界面内容所需的基本设置，供后台直接调用，达到统一设置，统一管控，减少冗杂的重复定义及错误设置。

图 6.15　长期发电调度功能实例配置—功能配置平台界面

6.3.5　接口服务配置

接口服务配置平台界面如图 6.16 所示，指定接口名称、路由、配置公式，配置公式可指定调用后台代码的路径，并提供给图像编辑页面接口调用路径。图形编辑界面通过事件绑定的形式进行加载数据，指定调用接口名称，通过接口服务配置实现前后端事件绑定，如图 6.17 所示。

图 6.16　接口服务配置平台界面

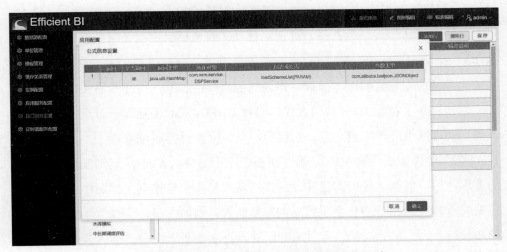

图 6.17　接口服务配置—公式信息设置平台界面

6.3.6 图形编辑

在项目管理界面选择相应的项目便进入该项目的图形编辑页面，通过图形编辑页面可以直接进行界面设计。图形编辑主界面如图 6.18 所示。

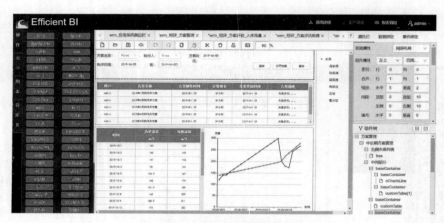

图 6.18 图形编辑主界面

1. 左侧控制面板

图形编辑主界面左侧分别为操作、组件、图表、自定义 4 部分，通过 4 部分的相互控制进行组件的布局、拖动、组合等方式。

（1）操作面板（图 6.19）。操作面板共分为 3 部分，分别为操作、容器、布局。

其中"操作"可分为选择、框选、移动，对组件、面板等基础组件进行相关操作。

"容器"中包含面板，面板可作为其他组件的容器，进行布局和组件盛放。

"布局"共包含 10 种布局方式，通过 10 种布局的相互配合，满足各种布局要求，实现网页分辨率自适应，实现用户自定义组件摆放位置。

（2）组件面板（图 6.20）。组件面板中常用组件共 63 种，逐渐满足用户基本的要求，用户能够选择所需组件，并直接从组件库中拖拽到主界面中就可以完成相关配置。63 个组件中包含了常见的功能组件，例如按钮、日期、输入框、标签、侧边导航、Tab 页等功能，同时组件库通过不断地更新完善，加入其他的功能组件，用以加强可视化平台的可拓展性。

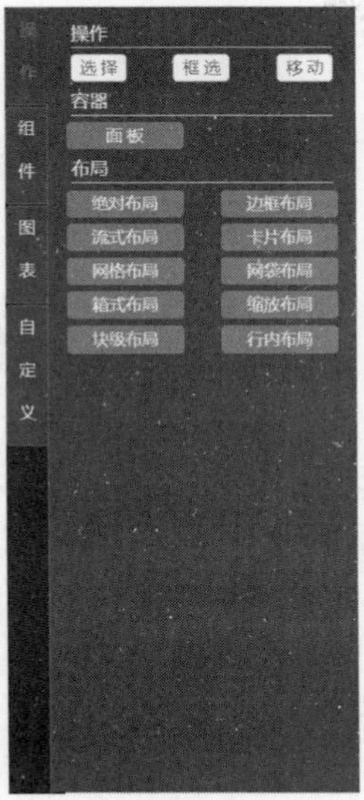

图 6.19　操作面板

图 6.20　组件面板

（3）图表面板（图 6.21）。图表面板中共有 8 种基础图表类型，包含常用的表格、折线图、饼图、雷达图等，满足常用的数据展示方式，另外图表面板可以根据需求进行组件添加，不断地拓展图表功能，另外还包括 GIS 查询等特定的行业需求。

图 6.21　图表面板

（4）自定义面板。该面板中可以根据用户的实际需求进行组件、图表的自定义添加，满足特定项目需求。

2. 右侧控制面板

右侧控制面板包含属性栏、数据绑定、事件绑定、组件树 4 个功能区。

（1）属性栏（图 6.22）。属性栏能够根据不同的组件做出相应的设置，定义组件、布局的样式。属性栏中的属性包括位置尺寸、文本、字体、文字对齐方式、背景色、背景图片、边框、文本缩进、透明度、内边距、圆角半径、阴影等属性，用户能够通过属性设置进行组件、面板的样式设定。

图 6.22　属性栏

（2）数据绑定（图 6.23）。数据绑定能够进行组件显示内容的定制，用户可以利用数据绑定进行数据显示内容的制订，且提供了对应绑定方式和输入内容格式。

图 6.23　数据绑定

（3）事件绑定（图 6.24）。事件绑定提供了单击事件、双击事件、初始化事件等 14 种绑定方式，用于各种组件面板的触发方式，完成多页面的交互。

图 6.24　事件绑定

（4）组件树（图 6.25）。组件树用于显示各组件及面板的逻辑关系，方便用户自身对页面的梳理及各组件的控制。用户每增加一个面板或者组件，组件树都会做出相应反应，每个组件都会反映在组件树中，同时组件树支持重命名、删除等操作。

图 6.25　组件树

3. 中间控制面板

中间控制面板可分为 3 部分：头部图元列表、中部菜单列表、下部操作面板，如图 6.26 所示。头部图元列表可用于切换图元，进行不同图元间的操作。

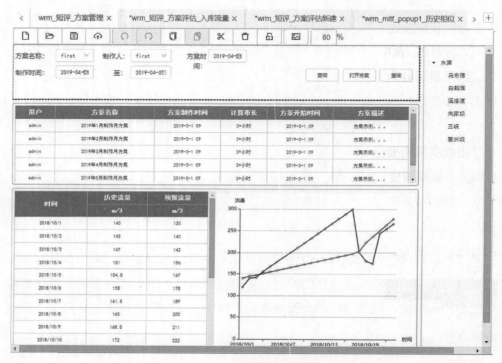

图 6.26　中间图元编辑面板

中部菜单列表用于新建、保存、打开图元、保存图元、发布、撤销、复制、剪切、删除、锁定、图片上传、缩放比例等基础设置。

下部操作面板为整体页面的显示部分，用户主要操作均在此面板进行，用户可以通过拖拽的方式放入组件、面板、布局。拖拽式操作和自助化分析可以极大地提升开发速度。

通过 EfficientBI 平台提供的强大的可视化图形编辑功能，平台能够利用布局功能、面板功能、组件、属性编辑、数据绑定、事件绑定将页面的布局、开发集于一体，用户可以直观地通过界面和组件、布局的搭配完成不同网页页面的编辑，快速完成页面的搭建并易于修改，为将来的系统扩充和升级提供了便利。

6.3.7 专题展示

1. 洪水过程演进

设置开始时间，结束时间，单击查询按钮可查看特定时间段内的具体方案；单击切换视图按钮，查看方案里的具体数据，右侧展示图形。

方案对比：选中下方方案列表（多选），单击方案对比按钮，即可查看详细数据。

结果展示分为流量、水位、最大流量、最高水位、流量水位 5 个具体图形；单击 Tab 页即可查看具体内容。

2. 调度计划

根据实际需要选择开始时间、结束时间、方案类型（长期优化调度，中期优化调度，短期调度计划），单击查询按钮即可查看相关信息，结果展示分为梯级和单站。梯级结果图形展示包括出力、装机利用率、耗水率 3 个指标；单站信息包括入库流量、弃水流量、末水位、出力，其结果展示为方案数据和历史同期数据的对比，如图 6.27 所示。单击图表切换按钮，可查看图形对应的相应的数据。

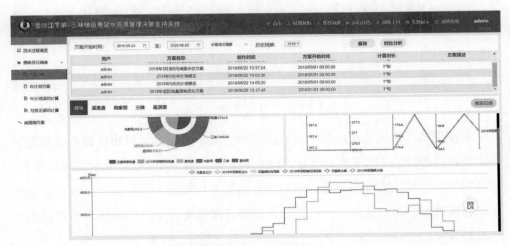

图 6.27 调度计划主界面

可根据实际情况选中所需的两种或多种方案，点击方案对比按钮，进行方案对比数据的查看，其结果展示也分为梯级和单站。梯级结果图形展示包括总出力、装机利用率、耗水率 3 个指标；单站信息包括入库流量、弃水流量、水位。点击图表切换可查看详细数据，点击返回按钮即可返回主页面。

3. 年方案计划

根据实际需要选择开始时间、结束时间、历史同期（选择需对比的年份，可多选），点击查询按钮即可查看相关信息，结果展示分为梯级和单站。梯级结果图形展示包括出力、出力频率、装机利用率、耗水率 4 个指标；单站信息包括入库流量、弃水流量、末水位、出力频率，其结果展示为方案数据和历史同期数据的对比。点击图表切换按钮，可查看图形对应的相应的数据，界面右下方显示弃水流量和梯级电量的对比信息，如图 6.28 所示。

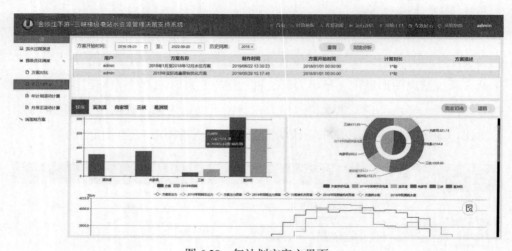

图 6.28　年计划方案主界面

可根据实际情况选中所需的两种或多种方案，点击方案对比按钮，进行方案对比数据的查看，其结果展示也分为梯级和单站。梯级结果图形展示包括总出力、装机利用率、耗水率三个指标；单站信息包括入库流量，弃水流量，水位。点击图表切换可查看详细数据，点击返回按钮即可返回主页面。

4. 年计划滚动计算

根据实际需要选择年，点击查询按钮即可查看相关信息，结果展示分为梯级和单站。梯级结果图形展示包括来水、电量、电量偏差、年计划完成率；单站信息包括水位、来水量、电量、电量偏差，其结果展示为方案数据和年计划方案的对比。点击图表切换按钮，可查看图形对应的相应的数据，界面右下方显示电量统计对比、年计划完成率、电量偏差、来水量偏差，如图 6.29 所示。

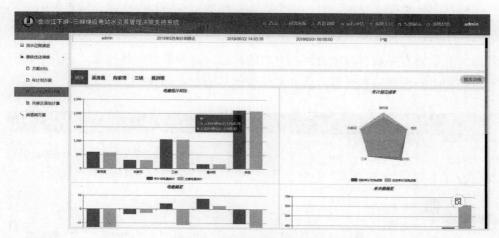

图 6.29　年计划滚动计算主界面

5.　月修正滚动计算

根据实际需要选择年、月，点击查询按钮即可查看相关信息，结果展示分为梯级和单站。梯级结果图形展示包括来水、电量、电量偏差、月计划完成率；单站信息包括水位、来水量、电量、电量偏差，其结果展示为方案数据和月计划方案的对比。点击图表切换按钮，可查看图形对应的相应的数据，界面右下方显示电量统计对比、月计划完成率、电量偏差、来水量偏差，如图 6.30 所示。

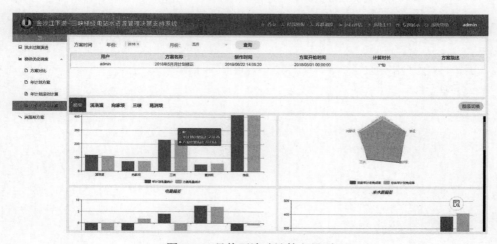

图 6.30　月修正滚动计算主界面

6. 消落期调度计划

根据实际需要选择年、月，点击查询按钮即可查看相关信息，结果展示分为梯级和单站。梯级结果图形展示来水量统计；单站信息包括水位、来水量、电量；其结果展示为方案数据和历史同期方案的对比。点击图表切换按钮，可查看图形对应的相应的数据，界面右方显示具体数据，如图 6.31 所示。

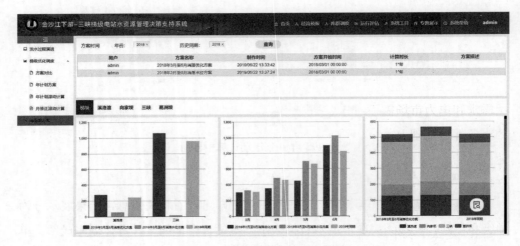

图 6.31　消落期调度计划主界面

第 7 章　研究成果及展望

7.1　决策支持系统的成果

决策支持系统在综合考虑防洪、供水、航运、生态环境保护等水资源综合利用需求和电力市场需求，分析梯级水库群长中短期及实时优化调度的目标函数及约束条件的基础上，分别构建了各层次调度模型及嵌套耦合模型，并找到多种快速有效的优化算法；研究了滚动优化的综合调度集成技术；研制了可用于指导生产管理的水库群长中短期优化调度模型及电站实时优化运行模型；建立了适应生产调度需求的常规调度模型；并开发了相应的软件功能。

1. 建立了长中短期嵌套耦合水库群调度模型

根据前期调研，国内各种时间尺度的水库群调度模型都是独立研制开发、独立运行的。决策支持系统在建模及系统开发阶段，就考虑了长中短期水库群调度模型的嵌套耦合问题，梳理了长中短期水库群调度的业务流程，决策支持系统建立的长中短期嵌套耦合的水库群调度模型是国内第一个可用于同时指导长中短期调度实际的模型。

2. 提出了解决葛洲坝水量出入库不平衡问题的新方法

葛洲坝水量出入库不平衡问题是一个长期困扰葛洲坝运行调度的难题。前期研究多聚焦如何提高出入库流量的计算精度，从而解决不平衡问题。决策支持系统研究发现，在现有条件下，提高出入库流量计算精度的空间很小，所以决策支持系统另辟蹊径，通过研究出入库流量的误差规律，进而解决调度过程中葛洲坝出入库水量不平衡问题。

3. 建立了高精度水库水面线、河道站点水位快速预报模型

由于动库容影响，三峡水库沿程水面线及河道站点水位预测精度不高。前期

项目研究通过建立二维、三维河道水力学模型，提高了预报精度，但时效性不够。决策支持系统通过大数据挖掘，建立了高精度水库水面线、河道站点水位快速预报模型，在提高预报精度的同时，计算时间大幅缩短。

4. 建立了实用的水文预报评估方法

决策支持系统研制的评估模型，可对前期开发的众多水文预报模型进行系统评估，并根据评估结果，提出了相应的预报修正算法，可改进预报效果，减少不确定性。

5. 建立了长期调度评估模型

决策支持系统研制了长期调度模型，可快速检验对比多种调度方案。根据评估结果，可改进调度策略，显著提高水库群系统运行效益。

6. 提出了利用运行数据修正出力计算相关特征曲线的流程和方法

出力相关特征曲线是水库调度模拟的基础和依据。项目实施过程中发现，部分出力相关特征曲线精度不高，限制了精细化调度的实现。针对该问题，提出了基于不断累积的运行数据，动态修正出力相关特征曲线的流程和方法，以不断提高特征曲线精度，从而为精细化调度的实现打下坚实基础。

7. 开发了水库群优化调度模型的通用工具

实际工作中，为评估或研究需要，常需要修改水库群优化调度模型，该工作技术含量高、工作量较大。为降低水库群优化调度的建模难度和工作量，开发了水库群优化调度模型通用工具，可实现灵活建模、快速求解。

7.2　研 究 展 望

1. 进一步耦合预报模型

真正的调度决策支持系统，除调度、评估模块外，还应包含预报模块。本项目因时间限制，没有研制开发专用的预报模块，后期可考虑将评估优秀的已有预报模型与本系统耦合开发，以形成功能更加完善的水资源管理决策支持系统。

2. 根据需要增加新能源后的统一调度方法

"双碳"愿景下，目前国内新能源开发又进入了一个高潮，长江电力依托金沙江下游水电基地，制订了宏伟的新能源开发计划。目前长江电力在新能源调度运行方面，经验不多，后期可考虑在决策支持系统调度、评估模块中加入新能源，以探索水电与新能源协同调度方法。

　　3. 研究电力市场环境下的调度方法

　　决策支持系统模型建立时充分考虑了电力市场需求，但鉴于我国电力市场尚处于起步阶段，交易规则存在不确定性，后期还需根据电力市场的推进情况，完善电力市场环境下调度方法的研究。

参 考 文 献

[1] 郭文献，夏自强，王远坤，等．三峡水库生态调度目标研究[J]．水科学进展，2009，20（4）：554-559.

[2] 梅亚东，杨娜，翟丽妮，等．雅砻江下游梯级水库生态友好型优化调度[J]．水科学进展，2009，20（5）：721-725.

[3] 吴杰康，郭壮志，秦砺寒，等．基于连续线性规划的梯级水电站优化调度[J]．电网技术，2009，33（8）：24-29.

[4] 田峰巍，解建仓．用大系统分析方法解决梯级水电站群调度问题的新途径[J]．系统工程理论与实践，1998，18（5）：112-117.

[5] 王少波，解建仓，孔珂．自适应遗传算法在水库优化调度中的应用[J]．水利学报，2006，37（4）：480-485.

[6] 刘攀，郭生练，李玮，等．遗传算法在水库调度中的应用综述[J]．水利水电科技进展，2006，26（4）：78-83.

[7] 胡铁松，万永华，冯尚友．水库群优化调度函数的人工神经网络方法研究[J]．水科学进展，1995，6（1）：53-60.

[8] 袁鹏，常江，朱兵，等．粒子群算法的惯性权重模型在水库防洪调度中的应用[J]．四川大学学报：工程科学版，2006，38（5）：54-57.

[9] 王少波，解建仓，汪妮．基于改进粒子群算法的水电站水库优化调度研究[J]．水力发电学报，2008，27（3）：12-15.

[10] 徐刚，马光文，梁武湖，等．蚁群算法在水库优化调度中的应用[J]．水科学进展，2005，16（3）：397-400.

[11] 徐刚，马光文．基于蚁群算法的梯级水电站群优化调度[J]．水力发电学报，2005，24（5）：7-10.

[12] 原文林，黄强，万芳. 基于免疫进化的蚁群算法在梯级水库优化调度中的应用研究[J]. 西安理工大学学报，2008，24（4）：395-400.

[13] 刘群明，陈守伦，刘德有. 流域梯级水库防洪优化调度数学模型及 PSODP 解法[J]. 水电能源科学，2007，25（1）：34-37.

[14] 李玮，郭生练，郭富强，等. 水电站水库群防洪补偿联合调度模型研究及应用[J]. 水利学报，2007，38（7）：826-831.

[15] AMPITIYAWATTA A D，郭生练，李玮. 清江梯级水库 HEC-ResSim 模型调度规则研究[J]. 水力发电，2008，34（1）：15-17.

[16] 张铭，丁毅，袁晓辉，等. 梯级水电站水库群联合发电优化调度[J]. 华中科技大学学报：自然科学版，2006，34（6）：90-92.

[17] 张双虎，黄强，黄文政，等. 基于模拟遗传混合算法的梯级水库优化调度图制定[J]. 西安理工大学学报，2006，22（3）：229-233.

[18] 刘攀，郭生练，张文选，等. 梯级水库群联合优化调度函数研究[J]. 水科学进展，2007，18（6）：816-822.

[19] 刘攀，郭生练，郭富强，等. 清江梯级水库群联合优化调度图研究[J]. 华中科技大学学报：自然科学版，2008，36（7）：63-66.

[20] 郭生练，陈炯宏，刘攀，等. 水库群联合优化调度研究进展与展望[J]. 水科学进展，2010，21（04）：496-503.

[21] 李玮，郭生练，朱凤霞，等. 清江梯级水电站联合调度图的研究应用[J]. 水力发电学报，2008，27（5）：10-15.

[22] 高仕春，万飚，梅亚东，等. 三峡梯级和清江梯级水电站群联合调度研究[J]. 水利学报，2006，37（4）：504-510.

[23] 刘宁. 三峡-清江梯级电站联合优化调度研究[J]. 水利学报，2008，38（3）：264-271.

[24] 陈炯宏，郭生练，刘攀，等. 三峡梯级-清江梯级五库联合优化调度效益分析. 水力发电，2009，35（1）：92-95.

[25] 艾学山，冉本银. FS-DDDP 方法及其在水库群优化调度中的应用[J]. 水电自动化与大坝监测，2007，31（1）：13-16.

[26] 刘攀, 郭生练, 雒征, 等. 求解水库优化调度问题的动态规划-遗传算法[J]. 武汉大学学报: 工学版, 2007, 40 (5): 1-6.

[27] 刘心愿, 郭生练, 刘攀, 等. 基于总出力调度图与出力分配模型的梯级水电站优化调度规则研究[J]. 水力发电学报, 2009, 28 (3): 26-31.

[28] CHANG L C, CHANG F J. Intelligent control for modeling of real-time reservoir operation[J]. Hydrological Processes, 2001, 15(9): 1621-1634.

[29] LUND J R, GUZMAN J. Derived operating rules for reservoirs in series or in parallel[J]. Journal of Water Resources Planning and Management, 1999, 125(3): 143-153.

[30] JOHN W L. Optimal operation of multi-reservoir systems: State-of-the-art review[J]. Journal of Water Resources Planning and Management, 2004, 130(2): 93-111.

[31] NEEDHAM J, WATKINS D, LUND J, et al. Linear programming for flood control in the Iowa and Des Moines rivers[J]. Journal of Water Resources Planning and Management, 2000, 126(3): 118-127.

[32] SHIM K C, FONTANE D, LABADIE J. Spatial decision support system for integrated river basin flood control[J]. Journal of Water Resources Planning and Management, 2002, 128(3): 121-190.

[33] BARROS M, TSAI F, YANG S L, et al. Optimization of large-scale hydropower system operations[J]. Journal of Water Resources Planning and Management, 2003, 129(3): 178-188.

[34] PENG C S, Buras N. Practical estimation of inflows into multi-reservoir system[J]. Journal of Water Resources Planning and Management, 2000, 126(5): 331-334.

[35] FREDERICKS J, LABADIE J, ALTENHOFEN J. Decision support system for conjunctive stream-aquifer management[J]. Journal of Water Resources Planning and Management, 1998, 124(2): 69-78.

[36] HSU N S, CHENG K W. Network flow optimization model for basin-scale

water supply planning[J]. Journal of Water Resources Planning and Management, 2002, 128(2): 102-112.

[37] LI Xungui, WEI Xia. An improved genetic algorithm-simulated annealing hybrid algorithm for the optimization of multiple reservoirs[J]. Water Resources Management, 2008, 22(8): 1031-1049.

[38] CHANDRAMOULI V, RAMAN H. Multi-reservoir modeling with dynamic programming and neural networks[J]. Journal of Water Resources Planning and Management, 2001, 127(2): 89-98.

[39] LIU P, GUO S L, XIONG L H, et al. Deriving reservoir refill operating rules by using the proposed DPNS model[J]. Water Resources Management, 2006, 20(3): 337-357.

[40] ALEXANDRE M B, DARRELL G F. Use of multi-objective particle swarm optimization in water resources management[J]. Journal of Water Resources Planning and Management, 2008, 134(3): 257-265.

[41] SUIADEE W, TINGSANCHALI T. A combined simulation-genetic algorithm optimization model for optimal rule curves of a reservoir: A case study of the Nam Oon irrigation project-Thailand[J]. Hydrological Processes, 2007, 21(23): 3211-3225.

[42] REDDY M J, KUMAR D N. Multi-objective particle swarm optimization for generating optimal trade-offs in reservoir operation[J]. Hydrological Processes, 2007, 21(21): 2897-2909.

[43] CHEN L, MCPHEE J, YEH W W G. A diversified multi-objective GA for optimizing reservoir rule curves[J]. Advances in Water Resources, 2007, 30(5): 1082-1093.

[44] ANDERSON E A. National Weather Service River Forecast System – Snow accumulation and ablation model. NOAA Technical Memorandum NWS HYDRO-17. Office of Hydrology, National Weather Service, NOAA, Silver Spring, MD, 1973: 217.

[45] GEORGAKAKOS A P, YAO H, MULLUSKY M. G, et al. Impacts of climate variability on the operational forecast and management of the upper Des Moines River basin[J]. Water Resources Research, 1998, 34(4): 799-821.

[46] GEORGAKAKOS A P, YAO H, K P GEORGAKAKOS. Upstream regulation adjustments to ensemble streamflow predictions. HRC Technical Report No. 7. Hydrologic Research Center, San Diego, CA, 2010: 76.

[47] GEORGAKAKOS K P, GEORGAKAKOS A P, H. YAO. Characterizing Uncertainty in Upstream Regulation Actions for Operational Ensemble Streamflow Prediction. First Progress Report NOAA NA08NWS4620023, Hydrologic Research Center, San Diego, CA, 58. (Available from the authors)

[48] GEORGAKAKOS K P, R L Bras. Real-time statistically linearized adaptive flood routing[J]. Water Resources Research, 1982, 18(3): 513-524.

[49] GEORGAKAKOS K P, N E GRAHAM. Potential benefits of seasonal inflow prediction uncertainty for reservoir release decisions[J]. Journal of Applied. Appl. Meteorology and Climatology, 2008, 47(5): 1297-1321.

[50] GEORGAKAKOS K P, R. KRZYSZTOFOWICZ. (eds.) Special Issue on Probabilistic and Ensemble Forecasting[J]. J. Hydrology, 2001, 249, 1-196.

[51] GEORGAKAKOS K P. A Generalized stochastic hydrometeorological model for flood and flash-flood forecasting, 1 Formulation[J]. Water Resources Research, 1986, 22(13), 2083-2095.

[52] GRAHAM N E, K P GEORGAKAKOS. Toward understanding the value of climate information for multiobjective reservoir management under present and future climate and demand scenarios[J]. Journal of Applied. Meteorology and Climatology, 2010, 49(4): 557-573.

[53] KISTENMACHER M, A P GEORGAKAKOS. Ensemble Forecasting of Water Resources Systems[J]. Journal of Hydrology, in review, 2014.

[54] NRC (National Research Council) Completing the Forecast: Characterizing and Communicating Uncertainty for Better Decisions Using Weather and Climate

Forecasts. National Academies Press, Washington, D. C., 2006: 178.

[55] SPERFSLAGE J A, K P GEORGAKAKOS. Implementation and testing of the HFS operation as part of the National Weather Service River Forecast System (NWSRFS). HRC Technical Report No. 1. Hydrologic Research Center, San Diego, CA, 1996: 213.

[56] TSINTIKIDIS D, GEORGAKAKOS K P, SPERFSLAGE J A, et al. Precipitation uncertainty and rain gauge network design within the Folsom Lake watershed. J. of Hydrologic Engineering 7(2), 2002: 175-184.

[57] YAO H, A P GEORGAKAKOS. Assessment of Folsom Lake Response to Historical and Potential Future Climate Scenarios[J]. Journal of Hydrology, 2001, 249, 176-196.

附录 1 DP 及 ELQG 优化算法

1. 确定性问题动态规划算法（Dynamic Programming，DP）

多阶段决策问题可以描述为：寻找一组决策（控制）系列 $u(k)$，$k = 0,1,2,\cdots,N-1$，使得下面的目标函数最大（或最小）：

$$J = \sum_{k=0}^{N-1} g[S(k),u(k),w(k),k] + g[S(N),N]$$

式中，$g[\ ]$ 为目标函数；$S(k)$ 为状态变量；$u(k)$ 为决策（控制）变量；$w(k)$ 为系统输入（已知）；$S(k)$，$u(k)$ 遵守以下系统动态（状态）方程：

$$S(k+1) = f[S(k),u(k),w(k),k)], k = 0,1,2,\cdots,N-1$$

和约束：

$$S(k) \in \Omega_S(k), \quad k = 0,1,2,\cdots,N$$

$$u(k) \in \Omega_u(S(k),k), \quad k = 0,1,2,\cdots,N-1$$

以上问题如果满足以下因果条件：$u(k)$ 显性影响本时段效益函数 $g[S(k),u(k),w(k),k]$ 以及隐性影响之后时段 $i > k$ 的时段效益 $g[S(i),u(i),w(i),i]$，$u(k)$ 不影响 k 时段之前的效益函数。则可以用动态规划方法求解，算法如下：

（1）初始化

$$J[S(N),N] = g[S(N),N]$$

（2）向后迭代优化计算，确定最优可达目标函数（Costs To Go）：

对 $k = N-1,N-2,\cdots,0$ 和所有

$$S(k) \in \Omega_S(k)$$

求解

$$\mu^*[S(k)] = \arg \min_{u(k) \in \Omega_u(S(k),k)} \{g[S(k),u(k),w(k),k] + J[S(k+1),k+1]\}$$

$$= \arg \min_{u(k) \in \Omega_u(S(k),k)} \{g[S(k),u(k),w(k),k] + J[S(k),u(k),w(k),k+1]\}$$

并计算保存对应最优可达目标函数值：

$$J[S(k),k] = g[S(k), \mu^*(k), w(k), k] + J\{f[S(k), \mu^*(k), w(k), k+1]\}$$

问题如果存在最优解，则最优值为：

$$J^*[S(0),0] = J[S(0),0]$$

（3）向前恢复计算获得最优状态和控制系列：

$$u^*(0) = \mu^*[S(0),0]$$

$$S^*(1) = f[S(0), u^*(0), w(0), 0]; \quad u^*(1) = \mu^*[S^*(1),1]$$

$$S^*(2) = f[S(1), u^*(1), w(1), 1]; \quad u^*(2) = \mu^*[S^*(2),2]$$

$$\cdots$$

$$S^*(N-1) = f[S(N-2), u^*(N-2), w(N-2), N-2]$$

$$u^*(N-1) = \mu^*[S^*(N-1), N-1]$$

$$S^*(N) = f[S(N-1), u^*(N-1), w(N-1), N-1]$$

以上算法为传统 DP，对一维优化问题比较实用和通用。对目标函数和约束没有形式要求。在决策支持系统中，该算法在厂内经济运行机组最优负荷分配中使用。

2. 无约束线性系统二次目标函数优化（LQ 问题）

寻找一组决策（控制）系列 $u(k)$，$k = 0,1,2,\cdots,N-1$，使得以下目标函数最小：

$$J = \sum_{k=0}^{N-1}\{S^T(k)Q(k)S(k) + u^T(k)R(k)u(k)\} + S^T(N)Q(N)S(N)$$

系统动态（状态）方程：

$$S(k+1) = A(k)S(k) + B(k)u(k), k = 0,1,2,\cdots,N-1$$

$S(0)$ 已知；

式中，$S(k)$ 为状态变量；$u(k)$ 为决策（控制）变量；$\{Q(k), k = 0,1,\cdots,N\}$ 和 $\{R(k), k = 0,1,\cdots,N-1\}$ 分别为 $n \times n$ 半正定和 $m \times m$ 正定矩阵。$S(k)$，$u(k)$ 无约束。

DP 求解步骤：

（1）初始化：

$$J[S(N),N] = S^T(N)Q(N)S(N) = S^T(N)K(N)S(N)Q(N) = K(N)$$

（2）$K = N-1, N-2, \cdots, 0$，向后递推迭代，求解最优控制函数：

$$\mu^*[S(k)] = -L(k)S(k)$$

$$= -\left[R(k) + B^T(k)K(k+1)B(k)\right]^{-1} B^T(k)K(k+1)A(k)S(k)$$

$$L(k) = [R(k) + B^T(k)K(k+1)B(k)]^{-1}[B^T(k)K(k+1)A(k)]$$

式中

$$K[N] = Q(N)$$

$$K(k) = Q(k) + A^T(k)K(k+1)A(k) - [B^T K(k+1)A(k)]^T [R(k)$$
$$+ B^T(k)K(k+1)B(k)]^{-1}[B^T(k)K(k+1)A(k)]$$

最优解：

$$J[S(0),0] = S^T(0)K(0)S(0)$$

（3） $K = 0,1,\cdots,N-1$ ，向前递推计算，获得最优控制系列和状态过程：

$$u^*(0) = -L(0)S(0)$$

$$S^*(1) = A(0)S(0) + B(0)u^*(0) ; \quad u^*(1) = -L(1)S^*(1)$$

$$S^*(2) = A(1)S(1) + B(1)u^*(1) ; \quad u^*(2) = -L(2)S^*(2)$$

$$\cdots$$

$$S^*(N-1) = A(N-2)S(N-2) + B(N-2)u^*(N-2)$$

$$u^*(N-1) = -L(N-1)S^*(N-1)$$

$$S^*(N) = A(N-1)S(N-1) + B(N-1)u^*(N-1)$$

3. 无约束线性系统二次目标函数优化通用形式

目标函数：

$$J = \sum_{k=0}^{N-1}\left\{ \frac{1}{2}S^T(k)H_{ss}(k)S(k) + \frac{1}{2}u^T(k)H_{uu}(k)u(k) + u^T(k)H_{us}(k)S(k) + \right.$$

$$\left. G_s^T(k)S(k) + G_u^T(k)u(k) \right\} + \frac{1}{2}S^T(N)H_{ss}(N)S(N) + G_s^T(N)S(N)$$

$S(0)$ 系统动态（状态）方程：

$$S(k+1) = A(k)S(k) + B(k)u(k), \quad k = 0,1,2,\cdots,N-1$$

已知；

式中， $S(k)$ 为状态变量； $u(k)$ 为决策（控制）变量； $A(k)$ 与 $B(k)$ 为系统输入，

$\{H_{ss}(k), k = 0,1,\cdots,N\}$ 为 $n\times n$ 半正定矩阵，$\{H_{uu}(k), k = 0,1,\cdots,N-1\}$ 为 $m\times m$ 正定矩阵，$\{H_{us}(k), k = 0,1,\cdots,N-1\}$ 为 $m\times n$ 矩阵，$\{G_S(k), k = 0,1,\cdots,N\}$ 为 $n\times 1$ 向量，$\{G_u(k), k = 0,1,\cdots,N-1\}$ 为 $m\times 1$ 向量。

$S(k)$，$u(k)$ 无约束。

DP 求解步骤：

（1）初始化：

$$J[S(N),N] = S^T(N)Q(N)S(N) = S^T(N)K(N)S(N)Q(N) = K(N)$$

（2） $K = N-1, N-2, \cdots, 0$ ，向后递推迭代，求解最优控制函数：

$$\mu^*[S(k)] = -D(k)[L(k)S(k) + A(k)]$$

$$D(k) = [H_{uu}(k) + B^T(k)K_M(k+1)B(k)]^{-1}$$

$$L(k) = [B^T(k)K_M(k+1)A(k) + H_{us}]$$

$$A(k) = [B^T(k)K_V(k+1) + G_u]$$

$K_M(k)$ 为半正定矩阵，

$$K_M[N] = H_{ss}(N)$$

$$K_M(k) = H_{ss}(k) + A^T(k)K_M(k+1)A(k) - $$
$$[B^T K_M(k+1)A(k) + H_{us}(k)]^T[H_{uu}(k) + $$
$$B^T(k)K_M(k+1)B(k)]^{-1}[B^T(k)K_M(k+1)A(k) + H_{us}(k)]$$
$$k = N-1, N-2, \cdots, 0$$

$K_V(k)$ 为向量，由下式给出：

$$K_V[N] = G_s(N)$$

$$K_V(k) = G_s(k) + A^T(k)K_V(k+1) - [B^T K_V(k+1)A(k) + $$
$$H_{us}(k)]^T[H_{uu}(k) + B^T(k)K_M(k+1)B(k)]^{-1}[B^T(k)K_V(k+1) + $$
$$G_u(k)], \quad k = N-1, N-2, \cdots, 0$$

最优达到函数：

$$J[S(k),k] = \frac{1}{2}S^T(k)K_M(K)S(k) + K_V^T(k)S(k) + K_c(K) ,$$

$$k = N-1, N-2, \cdots, 0$$

其中，

$$K_C[N] = 0$$

$$K_C(k) = K_C(k+1) - \frac{1}{2}[B^T(k)K_V(k+1)] +$$

$$G_u(k)^T[H_{uu}(k) + B^T(k)K_M(k+1)B(k)]^{-1}[B^T(k)K_V(k+1) +$$

$$G_u(k)], \quad k = N-1, N-2, \cdots, 0$$

最优解：

$$J[S(0),0] = \frac{1}{2}S^T(0)K_M(0)S(0) + K_V^T(0)S(0) + K_c(0)$$

（3） $K = 0,1,\cdots,N-1$ ，向前递推计算，获得最优控制系列 $u^*(k)$ ， $k = 0,1,2,\cdots,N-1$ 和状态过程 $S^*(k)$ ， $k = 0,1,2,\cdots,N$

$$u^*(0) = -D(0)[L(0)S(0) + A(0)]$$

$$S^*(1) = A(0)S(0) + B(0)u^*(0)$$

$$u^*(1) = -D(1)[L(1)S^*(1) + A(1)]$$

$$S^*(2) = A(1)S(1) + B(1)u^*(1)$$

$$u^*(2) = -D(2)[L(2)S^*(2) + A(2)]$$

$$S^*(3) = A(2)S(2) + B(2)u^*(2)$$

$$\cdots$$

$$u^*(N-1) = -D(N-1)[L(N-1)S^*(N-1) + A(N-1)]$$

$$S^*(N) = A(N-1)S(N-1) + B(N-1)u^*(N-1)$$

最优化必要条件：

对所有时段 $k = 0,1,\cdots,N-1$ ，以下矩阵

$$[B^T(k)K_M(k+1)B(k) + H_{uu}(k)]$$

必须为正定。如果此条件不满足，所求解的问题不是凸问题，获得的解不是最优解。

4. ELQG 求解非线性系统非二次目标函数优化问题

扩展线性二次高斯法（Extended Linear Quadratic Gaussian，ELQG）是求解大系统随机动态优化问题非常有效的方法。在决策支持系统中，长期和短期优化模型都采用 ELQG 求解。ELQG 首先由麻省理工学院的 Georgakakos 和 Marks 于

1987 年提出，后来由 Georgakakos、Yao 等人进一步改进，ELQG 是目前为止，求解水库群优化调度最有效的方法。

ELQG 是迭代算法，迭代过程从初始控制系列 $\{u(k); \ k=0,1,2,\cdots,N-1\}$ 开始，然后逐步改进，直至达到收敛标准。当目标函数不能进一步改善时迭代结束。

ELQG 算法可靠性高，计算效率高，特别适合求解不确定输入下的多水库优化调度问题。

系统状态方程为：

$$S(k+1)=F(S(k),u(k),w(k),k),k=0,1,\cdots,N-1$$

约束：

$$\mathrm{Prob}[H_i^{\min}(k)\leqslant H_i(k)]\geqslant \pi_i^{\min}(k)$$
$$\mathrm{Prob}[H_i(k)\leqslant H_i^{\max}(k)]\geqslant \pi_i^{\max}(k)$$
$$u_i^{\min}(k)\leqslant u_i(k)\leqslant u_i^{\max}(k)$$

目标函数：

$$J=\min_{u(0),u(1),\cdots,u(N-1)}\ \mathop{\mathrm{E}}_{w(0),w(1),\cdots,w(N-1)}\left[\sum_{k=0}^{N-1}g_k(S(k),u(k),w(k),k)+g_N(S(N))\right]$$

式中，$S(k)$、$u(k)$、$w(k)$ 分别为状态、控制、输入变量，且为矢量，维数根据系统确定；$\pi^{\min}$ and $\pi^{\max}$ 为可靠性参数；$g_k[S(k),u(k)]$ 为时段 k 效益函数，与时段 k 状态变量 $S(k)$ 和控制变量 $u(k)$ 有关，$g_N[S(N)]$ 为时段末效益函数，与时段末状态有关。

设 $u^0(k),\ k=0,\cdots,N-1$ 为初始控制系列，$S^0(k),\ k=0,\cdots,N$ 为对应的状态系列，$w(k)$ 以均值代替，

$$S^0(k+1)=F(S^0(k),u^0(k),w(k),k),\ k=0,1,\cdots,N-1$$

将原系统状态方程在初始值附近线性化：

$$S(k+1)=F(S^0(k),u^0(k),w(k),k]+\nabla_S(F_0)[S(k)-S^0(k)]+\nabla_u(F_0)[u(k)-u^0(k)]$$

或者

$$S(k+1)-S^0(k+1)=\nabla_S(F_0)[S(k)-S^0(k)]+\nabla_u(F_0)[u(k)-u^0(k)]$$

定义扰动变量

$$S_p(k)=S(k)-S^0(k),\ k=0,1,\cdots,N$$
$$u_p(k)=u(k)-u^0(k),\ k=0,1,\cdots,N-1$$

目标函数的二次近似为：

$$H_{SS}(k) = \nabla^2_{SS} g[S^0(k), u^0(k), w^0(k), k]$$

$$H_{uu}(k) = \nabla^2_{uu} g[S^0(k), u^0(k), w^0(k), k]$$

$$H_{us}(k) = \nabla^2_{us} g[S^0(k), u^0(k), w^0(k), k]$$

$$G_S(k) = \nabla_S g[S^0(k), u^0(k), w^0(k), k]$$

$$G_u(k) = \nabla_u g[S^0(k), u^0(k), w^0(k), k]$$

以上海瑟矩阵 H 和梯度向量 G 均在初始控制和状态上取值。

近似的二次目标函数为：

$$J = \text{Min}\, E \left\{ \sum_{k=0}^{N-1} \left[\frac{1}{2} S_p^T(k) H_{ss}(k) S_p(k) + \frac{1}{2} u_p^T(k) H_{uu}(k) u_p(k) + \right. \right.$$

$$\left. u_p^T H_{us}(k) S_p(k) + G_s^T(k) S_p(k) + G_u^T(k) u_p(k) \right] +$$

$$\left. \frac{1}{2} S_p^T(N) H_{ss}(N) S_p(N) + G_s^T(N) S_p(N) \right\}$$

状态方程：

$$S_p(k+1) = A(k) S_p(k) + B(k) u_p(k)$$

$$A(k) = \nabla_s(F_0), B(k) = \nabla_u(F_0), \quad k = 0, 1, \cdots, N-1$$

求解扰动最优问题，以及最优步长，更新初始控制系列和状态系列后继续迭代，直至收敛。新的控制系列为：

$$u^{\text{new}}(k) = u^0(k) + \alpha u_p^*(k)$$

$$S^{\text{new}}(k+1) = F(u^{\text{new}}(k), S^{\text{new}}(k), w(k), k), \quad k = 0, 1, \cdots, N-1$$

式中，α 是优化步长，由 Armijo 规则确定。以上求解过程必须保证每阶段的必要条件满足。

ELQG 求解过程的主要特点如下：

- ELQG 迭代是解析求解（优化方向由 Riccati 方程确定）；可靠性高（迭代保持收敛如果可行解存在）；计算效率高，可以证明在最优解附近算法具有二次收敛速度。

- 控制约束没有作为惩罚函数包括在目标函数里面，但是通过牛顿梯度寻优过程明确考虑。这种处理具有计算效率高的优点，它可使很多约束在同一次迭代中进入或者退出约束集，最优方向可以在约束边界内获得。

- 为了计算控制增量矩阵 $\{D(k), L(k), A(k), k = 0,1,\cdots,N\}$，必须要有状态概率分布，这个要求已经在迭代过程中解决。利用初始的正态近似计算出增量矩阵，然后计算对应的状态过程。根据经验，经过 2~3 次迭代后，概率分布会收敛到其真实值。

- 状态约束采用障碍惩罚函数在目标函数中考虑，这样的处理是有效和可靠的，处理状态约束需要知道状态变量的概率分布特征。计算过程如下：将控制过程应用到每条输入过程线，从而生成对应的状态过程线。状态过程线生成后，状态的概率分布就完全确定了。

ELQG 迭代过程直到目标函数不能继续改善为止，最后的控制过程即为问题的解。在满足凸条件下，所得解为全局最优解。否则，为局部最优解。从不同的初始点开始寻找所有局部最优解，可以获得全局最优解。

在随机输入的条件下，系统最优控制应用过程必须是滚动更新的。系统实施的仅仅是第一时段优化值 $u(0)$，待第一时段结束后，$w(0)$ 应用到系统，系统状态转移到新的观察值 $S(1)$，利用新的观测值 $S(1)$ 重新计算，获得对应的控制系列。这样，保证模型总是使用最新的更新数据。

附录 2 GTRM 河道模型研究报告

Yangtze River Routing Models

Developed by

Professor Aris Georgakakos, Georgia Tech, Atlanta

in cooperation with

Professor Huaming Yao, Yangtze University, Wuhan

1. River Routing Model Form

The Georgia Tech (GT) river routing model is based on the water balance equation:

$$S(k+1) = S(k) + w(k) - Q(k) - L(k); \quad k = 1, 2, \cdots, N$$

where $S(k)$ is the reach storage at the beginning of the time interval k, $w(k)$ is the reach inflow during k (comprising by the sum of the inflow at the upstream cross-section and any tributary inflow or lateral runoff along the reach, if any), $Q(k)$ is the reach outflow during k, and $L(k)$ are losses (due to evaporation, seepage, or overbank spillage) during k.

The reach outflow and losses [$Q(k)$ and $L(k)$, respectively] are functions of the reach storage:

$$Q(k) = f_Q[S(k/k+1), x]$$
$$L(k) = f_L[S(k/k+1), x]$$

where $S(k/k+1) = xS(k) + (1-x)S(k+1)$, and x is a model parameter. The functions f_Q and f_L can be seasonally varying.

Model development for a particular river reach requires calibration of parameters x and $S(1)$, and identification of the functions f_Q and f_L $f[S(k/k+1), x]$ based on available inflow-outflow data.

A detailed discussion of this model, its calibration procedure, and its application to real river systems is provided by Kim and Georgakakos, 2014.

2. Model Modification for the Yangtze River

The model formulation outlined above assumes that $w(k)$ represents the total inflow to this reach contributed from the upstream river system or from adjacent watersheds as runoff. In such cases, the loss term, $L(k)$, can be positive or negative to represent losses (as indicated above) or gains from groundwater aquifers. In both cases, these contributions are functions of the reach storage.

The available data for the Yangtze River do not appear to fulfil the previous assumptions in that the sum of the reach inflow is typically higher than the reach outflow, due mainly to unaccounted watershed runoff. Unaccounted runoff cannot be modelled by the loss term $L(k)$ because it is not a function of the reach storage but a function of watershed rainfall external to the routing model.

To circumvent this issue (until rainfall-runoff watershed models are developed), we will consider a modified version of the routing model based on the following water balance equation:

$$S(k+1) = S(k) + C_W w(k) - Q(k);\ k = 1, 2, \cdots, N$$

where $S(k)$, $w(k)$, and $Q(k)$ are as before, and C_w is a model parameter (greater than one) to represent the additional water contributions from unaccounted watershed runoff. This parameter can be seasonally varying.

3. Yangtze River Application

The GT routing model was calibrated for three river reaches of the Yangtze River. These reaches are schematically depicted on Figure 1:

Reach 1 starts at upstream node N3, ends at the entrance of Reservoir R3, and includes tributaries N6, N7 and N8.

Reach 2 starts at the exit of Reservoir R3 (river node N20), ends at the exit of Reservoir R4 (river node N21), and includes no tributaries. Namely, this reach contains Reservoir R4.

Reach 3 starts at the exit of Reservoir R4 (river node N21), ends at river node N17, and includes tributaries N9, N10, N12, N14 and N16.

Daily flow data for the above main river nodes and tributaries are available (intermittently) for the period from 2015/02/20 to 2018/07/16.

4. Model Calibration

Model Calibration aims to determine the unknown parameters and functions such that the errors between the model-predicted and observed reach outflows are minimized in some statistical sense.

The GT model calibration process is unique in that it does not require any assumption for the form of the reach outflow function $f_Q[S(k/k+1), x]$ but derives it as part of the calibration process.

The following table summarizes the optimal parameters and functions identified for the Yangtze River reaches, including the average and percent absolute errors for the 2015/02/20 – 2018/07/16 time period. Several comments are noted next.

Table 1: Optimal model parameters and performance statistics for the Yangtze River reaches

	$S(1)$	x	$AvgC_w$	$f_Q[S(k/k+1), x]$	Avg Abs Error	Avg Outflow	% Abs Error
	$m^3 \times 10^9$				cms	cms	
Reach 1	-0.3752	0.681	1.190	12Monthly Fnctns	275.00	4125.46	6.67
Reach 2	2.6242	0.000	1.068	3Seasonal Fnctns	637.62	4175.60	15.27
Reach 3	-8.9973	0.619	1.118	Single Fnctn	810.31	10227.24	7.92

At any given time k, the model storage represents the river reach storage as computed by the water balance equation. This storage can be positive or negative depending on the cumulative inputs and outputs. In reaches where all inputs and outputs are accounted for in a physically meaningful sense, $S(k)$ is the water volume contained in the reach at the beginning of interval k, and $S(1)$ is the volume at the beginning of the routing process. In the case of the Yangtze River reaches, where some water balance contributions are unknown, $S(k)$ is the cumulative difference between inputs and outputs up to the beginning of time k, and $S(1)$ is the initial reach storage such that the model storage sequence $\{S(k), k=1,2,\cdots,N\}$, combined with the outflow function f_Q, generates outflows as close as possible to the actually observed values. In such cases, the absolute storage values may not have a physical sense, but storage changes do, and are representative of the actual reach storage changes over the same time period.

Parameter x captures the relative importance of $S(k)$ and $S(k+1)$ in determining the reach outflow over interval k. When $x>0.5$, the reach outflow is mostly influenced by $S(k)$, when $x<0.5$, the reach outflow is dominated by $S(k+1)$, and when $x=0.5$, both storage values are equally important. Table 1 shows that in Reaches 1 and 3, the beginning storage $S(k)$ has a higher weight (approximately two thirds) than the end storage $S(k+1)$ in determining the outflow $Q(k)$, while in Reach 2, all of the weight is assigned to $S(k+1)$. Why does this occur in Reach 2? The answer to this question highlights one of the reasons why physically-based river routing models are preferable to statistical, input-output representations of the river routing process. Although the only information we avail the model calibration process is a series of inflows and outflows, the optimal value of parameter x correctly signifies that the reach response is consistent with that of a fairly small physical reservoir, where outflows largely depend on the storage at the end of interval k. This is because during high and normal flow periods, the end storage is likely to exceed reservoir capacity and by necessity, outflows will have to equal excess inflow. In the rest of the time, reservoir outflows follows some release rule, prescribed by a controlled or uncontrolled outlet structure which determines outflows again primarily based on the value of the end storage $S(k+1)$. In the analysis to follow, we shall see that the calibrated parameters not only tell us something about the nature of the river reach, but they can also determine the capacity of this reservoir as well as its likely release rule. By contrast, "black-box" (statistical or neural network) models are not able to provide such insights.

As indicated above, the purpose of parameter C_w is to "close" the volume gap between observed reach inflows and outflows. The optimal parameter values (identified as part of the calibration process) indicate that on average, outflows exceed inflows by 19% in Reach 1, 6.8% in Reach 2, and 11.8% in Reach 3. Of course, this statement applies to the inflows and outflows accounted for by the available measurements, not to the actual inflows and outflows, which must remain in balance. We also expect that these volume gaps may vary in different times of the year, and for this reason, the calibration process identifies monthly C_w optimal values. The monthly parameter values are reported in Table 2, and indicate that inflow-outflow gaps indeed vary by month. For a few months in Reach 2, these coefficients are less than one, indicating that inflows are higher than outflows. The average of the monthly C_w values in Table 2 equals the annual average C_w value reported in Table 1.

Table 2: Optimal monthly C_w values

	Monthly C_w Parameter Values											
	Jan	Feb	Mar	Apr	May	June	July	Aug	Sept	Oct	Nov	Dec
Reach 1	1.157	1.148	1.115	1.178	1.156	1.224	1.204	1.207	1.167	1.237	1.252	1.230
Reach 2	1.048	1.057	1.070	1.328	1.280	0.921	0.967	1.015	0.918	1.052	1.049	1.114
Reach 3	1.092	1.130	1.122	1.150	1.179	1.097	1.109	1.119	1.097	1.119	1.115	1.087

The function f_Q is the heart of the routing model. The procedure to identify this function is based on information theory seeking to minimize the absolute error between predicted and observed outflows. From a modeling standpoint, this criterion is preferable to the minimization of the root mean square error (typically used by regression and neural networks approaches), because it does not place excessive weight on large (but legitimate) errors and outlier points. In the interest of parsimony, the model calibration process first identifies a single f_Q function to be applied at all times of the year. If this function provides adequate prediction accuracy, the calibration process ends. Otherwise, model calibration continues with identification of seasonal or monthly f_Q functions that demonstrably improve the prediction skill.

Table 1 indicates that 12 monthly f_Q functions were required for Reach 1; 3 seasonal f_Q functions for Reach 2; and a single f_Q function for Reach 3. The seasonal functions of Reach 2 pertained to the following monthly groups: (1) November through June; (2) July, September, and October; and (3) August. Figures 2, 3, and 4 depict the forms of selected f_Q functions for each reach.

As the figures show, the release-storage functions have arbitrary forms, including linear and nonlinear segments and breaks. Most importantly, these features reveal characteristic outflow behaviors of the river reaches. For example, the range and breaks in the functions of Reach 2 indicate a typical reservoir regulation rule. Based on the shape of these functions, we estimate that the active conservation storage capacity of the R3 reservoir is approximately 850 million cubic meters. Within the conservation zone, reservoir releases range between 250 and 500 million cubic meters per day and aim to satisfy the main reservoir water uses. Beyond the conservation zone, there is reservoir storage allocated for flood control of approximately 300 million cubic meters, where reservoir releases are increased beyond the previous range but remain less than inflow to prevent downstream flooding. Lastly, above the flood control storage zone, the release-storage function rises with a 1:1 slope because outflow must equal inflow, which in turn, must equal storage change.

All release-storage functions contain similar important insights on river response at different hydrologic conditions. Understanding these responses allows one to predict river flows even beyond the range of observed conditions, and represents an important advantage of physically-based routing models over statistical, "black-box" models.

The optimal release-storage functions are provided in tabular form but can also be approximated analytically by piecewise linear and nonlinear functions.

Table 1 shows that the average percent absolute errors between predicted and observed outflows are 6.67% for Reach 1, 15.27% for Reach 2, and 7.92% for Reach 3. We note that these are average errors across the full flow range, and that errors are generally smaller than average at low and normal flows (associated with certain months of the year) and increase at higher flows. Considering that river flow data typically entail measurement (sensor related) errors in the range 6% to 10%, these results show that model performance is very good for Reaches 1 and 3. Reach 2 exhibits relatively larger errors, but this is due to the fact that this reach is a reservoir, and its outflows contain additional uncertainties associated with changing regulation needs and objectives.

It is important to note that flow measurement errors provide a very useful reference for the development of models aiming to predict river flows. The scientific literature and practice is fraught with flow forecasting models claiming high prediction accuracy based on applications where prediction errors are estimated to be considerably below the inherent flow measurement error range. Such approaches and claims must be questioned because they likely suffer from one or both of the following shortcomings: (i) Portions of the model input data have been derived based on the output flow data to be predicted or (ii) the model structure is too detailed and model calibration has resulted in "fitting" the particular time series values rather than identifying the underlying variable relationships (model overfitting).

The first situation can occur when upstream variable data have missing records which are subsequently filled in using regression relationships with downstream flow measurements. This artificially inflates model prediction skill, because the input data already have precise knowledge of the flows to be predicted.

The second situation is commonly encountered in the development of statistical, "black-box" models (such as multiple regression and neural network models) with many parameters. In such cases, reference to the typical flow measurement error range (mentioned earlier) can delineate the model complexity level that the available data can effectively support.

To illustrate this subtle situation, consider a simple case of developing a model that uses data of one input variable X to predict the values of another variable Y through an unknown function $f(X)$. In this simple case, the function $f()$ is the model to be developed. Furthermore, function $f()$ is to be determined based on available measurements of the variables X and Y. As is the case with river flows, assume also that the available measurements are unbiased (i.e., on average, they yield values in the vicinity of the actual magnitude of the variable being measured) but contain random errors with standard deviation, say, equal to 7% of the actual variable value. Let's denote the measurement data by $\{X_i + e_{xi}, i = 1, 2, \cdots, N\}$ and $\{Y_i + e_{yi}, i = 1, 2, \cdots, N\}$, where X_i and Y_i are the actual (yet unknown) variable values and $X_i + e_{xi}, Y_i + e_{yi}$ are the resulting measurements. The assumption of random errors implies that the errors e_{xi} and e_{yi} are not related at the same time or at different times. It also implies that the actual values of the variable Y can never be estimated with accuracy better than the standard deviation of e_{yi}. This cannot occur even under the most utopic circumstances where model development yields the exact function $f(X)$ and the input variable X contains no errors! Even in such unrealistically perfect circumstances, while model predictions will provide estimates of the true Y_i values, the errors between these predictions and the Y measurements (i.e., $Y_i + e_{yi}$) cannot be less than e_{yi}.

Thus, if a model claims prediction accuracy better than the inherent measurement accuracy of its input-output variables, it has likely been over-fitted to the available dataset and misrepresents the underlying variable relationships. Such a model is bound to suffer large prediction errors when applied to circumstances that are dissimilar to those used in the calibration process.

5. Model Performance in Forecasting Operations

The Yangtze routing models described above were used in sequential prediction experiments mimicking real time forecasting operations. Figures 5, 6, and 7 compare predicted versus observed outflows and demonstrate that the Yangtze models would generally provide useful information for river and reservoir management.

Specifically regarding reservoir system management, physically based routing models are much more attractive than statistical, "black-box" models, because they involve very few state variables. In the case of the Yangtze River, the reach from N3 to N17 can be represented by only three storage variables. By contrast, statistical models would require consideration of many more lagged variables to describe system conditions in the reservoir management model.

References

Kim, D.-H., and A.P. Georgakakos, 2014: Hydrologic Routing Using Nonlinear Cascaded Reservoirs. Water Resources Research, 50, pp. 7000–7019 (doi:10.1002/2014WR015662).

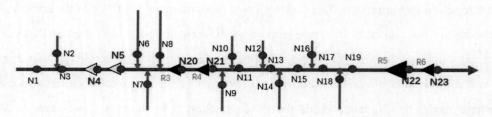

Figure 1: Yangtze River schematic depicting river, inflow, and outflow nodes

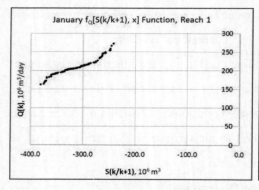
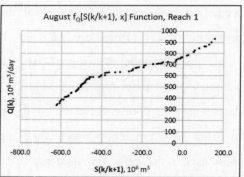

Figure 2: Selected release-storage functions for Reach 1

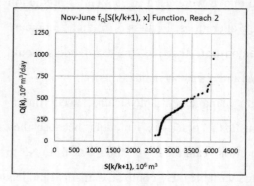
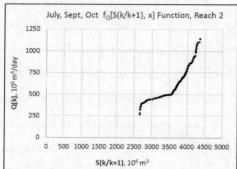

Figure 3: Seasonal release-storage functions for Reach 2

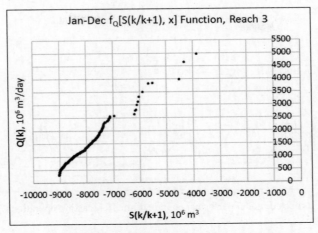

Figure 4: Optimal release-storage function for Reach 3

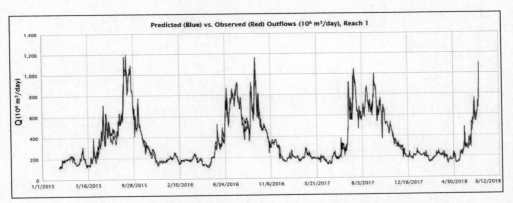

Figure 5: Expected model performance in real time forecasting operations, Reach 1

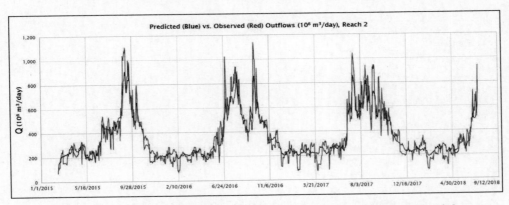

Figure 6: Expected model performance in real time forecasting operations, Reach 2

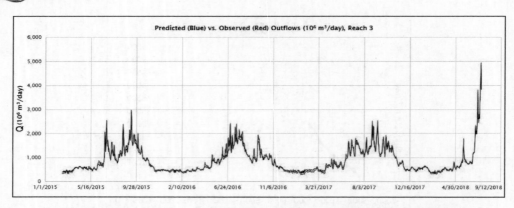

Figure 7: Expected model performance in real time forecasting operations, Reach 3